Aydin Salimiasl

Takım aşınmasının bulanık mantıkla ve yapay sinir ağlarıyla tahmini

AF888392

Aydin Salimiasl

Takım aşınmasının bulanık mantıkla ve yapay sinir ağlarıyla tahmini

Türkiye Alim Kitapları

Impressum / Künye
Bibliografische Information der Deutschen Nationalbibliothek: Die Deutsche Nationalbibliothek verzeichnet diese Publikation in der Deutschen Nationalbibliografie; detaillierte bibliografische Daten sind im Internet über http://dnb.d-nb.de abrufbar.
Alle in diesem Buch genannten Marken und Produktnamen unterliegen warenzeichen-, marken- oder patentrechtlichem Schutz bzw. sind Warenzeichen oder eingetragene Warenzeichen der jeweiligen Inhaber. Die Wiedergabe von Marken, Produktnamen, Gebrauchsnamen, Handelsnamen, Warenbezeichnungen u.s.w. in diesem Werk berechtigt auch ohne besondere Kennzeichnung nicht zu der Annahme, dass solche Namen im Sinne der Warenzeichen- und Markenschutzgesetzgebung als frei zu betrachten wären und daher von jedermann benutzt werden dürften.

Deutsche Nationalbibliothek tarafından yayınlanan bibliyografik bilgiler: Deutsche Nationalbibliothek, bu yayını Deutsche Nationalbibliografie'de listeler; detaylı bibliyografik bilgi İnternet'te http://dnb.d-nb.de sitesinde mevcuttur.
Bu kitapta bahsedilen herhangi bir marka ve ürün adı, tescilli marka, marka veya patent korumasına tabidir ve ilgili sahiplerin ticari veya tescilli markalarıdır. Marka, ürün, ortak ve ticari adların, ürün açıklamalarının v.s. işbu eserde özel işaretleme olmadan bile kullanılması, bu çeşit adların, tescilli marka ve marka korunması kanunu açısından kısıtlanmamış ve böylece herkes tarafından kullanılabilir olarak hiç bir şekilde yorumlanamaz.

Coverbild / Kitap kapağı resmi: www.ingimage.com

Verlag / Yayıncı:
Türkiye Alim Kitapları
ist ein Imprint der / yayınevinin bir ticari markasıdır
OmniScriptum GmbH & Co. KG
Bahnhofstraße 28, 66111 Saarbrücken, Deutschland / Almanya
Email / E-posta: info@turkiye-alim-kitaplary.com

Herstellung: siehe letzte Seite /
Basım yeri: son sayfaya bakın
ISBN: 978-3-639-81270-1

Copyright / Telif hakkı © 2016 OmniScriptum GmbH & Co. KG
Alle Rechte vorbehalten. / Her hakkı saklıdır. Saarbrücken 2016

TAKIM AŞINMASININ BULANIK MANTIKLA VE YAPAY SİNİR AĞLARIYLA TAHMİNİ

AYDIN SALIMIASL

TORNALAMA İŞLEMLERİNDE TAKIM AŞINMASININ BULANIK MANTIKLA VE YAPAY SİNİR AĞLARIYLA TAHMİNİ

ÖZET

Talaş kaldırma süresince izlenmeyen takım aşınması,artık parça sayısını artırmakla beraber, aynı zamanda takım zayıflamasının sonucu olarak takımın kırılmasına ve pahalı sistemlerde maliyeti yüksek hasarlara yol açabilmektedir. Bu çalışmada, takım yanak aşınmasını tahmin etmek için kuvvet, titreşim ve zamana bağlımodeller türetilmiştir. Talaş kaldırma işlemi; SAE 4140 malzemesi, SANDVIK TNMG 16 04 04-QM H13A kesici ucu, üç farklı kesme hızı (110, 135, 160 *m/min*), üç farklı ilerleme oranı (0,17; 0,22;0,27 *mm/rev*) ve üç farklı talaş derinliği (0,75;1,25; 1,75 *mm*) kullanılarak yapılmıştır. Deneysel çalışma, Johnford TC-35 CNC takım tezgâhı kullanılarak ve tam faktöriyel deney tasarım yöntemi uygulanılarak, dört farklı takım yanak aşınması aralıklarında (başlangıç, 0,1; 0,2; 0,3 *mm*) gerçekleştirilmiştir. Veriler toplandıktan sonra, takım yanak aşınması tahmin sistemleri MATLAB yazılımı ortamında geliştirilmiştir. Tahmin işlemlerinin geliştirilmesinde; kesme parametreleri, kesme kuvveti, titreşim genliği ve zaman girdi olarak kullanılmıştır. Tahmin işlemleri tasarımında; bulanık mantık, yapay sinir ağları ve analitik yöntemleri ayrı ayrı geliştirilmiş ve bu önerilen tahmin modellerinin verimliliklerinin belirtilmesi için birbirleri ile karşılaştırılmıştır. Kıyaslama sonucunda, takım yanak aşınmasının tahmini için, bulanık mantığın ve yapay sinir ağlarının ve izlenmesi için matematiksel modellerin uygun olduğu tespit edilmiştir. Doğruluk ve güvenilir olma açısından en uygun yöntemlerin sırasıyla, YSA, bulanık mantık ve matematiksel modeller olduğu görülmüştür. Maliyet, deney sayısı ve uygulanabilir olma açısından en uygun yöntemler ise sırasıyla, bulanık mantık, YSA ve matematiksel modeller olacağı öngörülmüştür. Kesme kuvvetinin tahmini için en uygun yöntemin sırasıyla YSA,bulanık mantık ve matematiksel modellerin olacağı ispatlanmıştır. CNC takım tezgâhının tahrik sisteminin modellenmesi sonucunda elde edilen sensörsüz izleme sistemi göz önüne alınarak, takım yanak aşınmasının izlenmesi için ilerleme ve mil motorlarının akım değerlerinin güvenilir şekilde olarak kullanılabileceği yapılan benzetimle ortaya konulmuştur.

ESTIMATIONS OF TOOL WEAR IN TURNING PROCESSES USING OF FUZZY LOGIC AND ARTIFICIAL NEURAL NETWORK MODELS

ABSTRACT

Tool wear in a machining operation without having a monitoring system, will result in scraped parts and also it makes the tool to weaken and break which in turn causes a high cost damages. In this study, different models based on the cutting forces, the vibration signals and the time have been used to predict the amount of flank wear on the cutting tool. The cutting operation was carried out on a Johnford TC-35 CNC machine tool with a SAE 4140 material and a SANDVIK TNMG 16 04 04-QM H13A insert in three different cutting speeds (110, 135, 160 *m/min*), three different feed rates(0,17; 0,22; 0,27 *mm/rev*) and three different cutting depths (0,75; 1,25; 1,75 *mm*). Full factorial was applied to design the experiments in four different tool wear intervals including; initial, 0,1; 0,2; 0,3 *mm*. After gathering the data,tool flank wear prediction model was developed in MATLAB environment.The cutting parameters;the cutting forces, the vibration signal amplitudes and the time were used as input variables for developing the prediction procedure. For establishing the prediction procedure, neural networks, fuzzy logic and mathematical models were individually developed and were significantly compared with each other. Fuzzy logic and neural network methods were found appropriate for tool wear estimatingand the mathematical model wasfound suitable for tool wear monitoring. In terms of the accuracy and reliability, neural network, fuzzy logic and mathematical models were respectively found the most appropriate methods. However, in terms of the cost, experiment sizes and practicality, fuzzy logic, neural network and mathematical models have been respectively provedto be the most helpful methods for tool wear estimating. In estimating the cutting forces, neural network, fuzzy logic and mathematical models wererespectively seen the most reliable methods.Using variations ofcurrents, the feed and the spindle motors tool wear monitoring in machining process was foundto be a reliable methodas a result of the simulation of the machine tool drive and sensorless system.

İÇİNDEKİLER

Sayfa

ÇİZELGELERİN LİSTESİ

Çizelge **Sayfa**

Çizelge **Sayfa**

ŞEKİLLERİN LİSTESİ

Şekil **Sayfa**

Şekil **Sayfa**

Şekil **Sayfa**

Şekil **Sayfa**

Şekil **Sayfa**

Şekil **Sayfa**

Şekil **Sayfa**

Şekil **Sayfa**

RESİMLERİN LİSTESİ

Resim **Sayfa**

SİMGELER VE KISALTMALAR

Bu çalışmada kullanılmış bazı simgeler ve kısaltmalar, açıklamaları ile birlikte aşağıda sunulmuştur

Simgeler	**Açıklama**
V	Kesme hızı, *m/min*
d_0	Kaldırılmış talaş derinliği, *mm*
d_{an}	Kaldırılmamış anlık talaş derinliği, *mm*
F_r	Radyal kuvveti, *N*
φ	Kayma açısı, °
τ_s	Kayma düzlemindeki kayma gerilmesi, N/m^2
σ_s	Normal gerilme, N/m^2
F_c	Esas kesme kuvveti, *N*
F_f	İlerleme kuvveti, *N*
F_R	Talaş üzerinde oluşan bileşke kuvvet, *N*
γ	Talaş açısı, °
α	Serbest kenar boşluk açısı, °
F	Bileşke kesme kuvveti, *N*
F_s	Kayma kuvveti, *N*
F_{ns}	Kayma kuvvetine dik kuvvet, *N*
F_{Ti}	Titreşimi etkileyen kuvvet, *N*
β	Sürtünme açısı, °
d_w	Talaş genişliği, *mm*
V_S	Kesilme hızı, *m/min*
V_C	Talaş akış hızı, *m/min*
l_S	Kayma düzlemi uzunluğu, *mm*
r_c	Talaş basınç oranı
A_s	Talaş kesiti alanı, mm^2
λ	Talaş yığılma faktörü
ρt	Talaş gerecinin özgül ağırlığı, gr/mm^3
g	1 mm uzunluğundaki talaşın ağırlığı, gr/mm
W'	Talaş uzunluğu, *mm*

W	İşlemeboyu, *mm*
F_t	Sürtünme kuvveti, *N*
F_n	Sürtünme vektörüne dik kuvvet, *N*
μ_a	Sürtünme katsayısı
m_e	Eşdeğer kütle, *kg*
c_d	Viskoz sönümleme sabiti
s_e	Yay sabiti
F_{max}	Dış harmonik kuvvetin zirve değeri, *N*
ω_f	Dış harmonik kuvvetin açısal frekansı, *Hz*
ω_n	Doğal frekans, *Hz*
δ	Sönümleme sabiti
l_{st}	Yapışkan sürtünme bölgesinin uzunluğu, *mm*
F_{fs}	F'_fin kalıcı miktarı, *N*
δ_c	İş parçası yüzeyinin eğimi
γ_{ne}	İş parçası dinamiksel talaş açısı, °
γ_n	Takım dinamiksel talaş açısı, °
w	Ağırlık değeri
i_f	Akım alanı, *A*
v_a	Armatör voltajı, *V*
ψ	Alan devresinden kaynaklanan akı, *Wb*
τ_m	Motordan alınan moment, *Nm*
k_a	Motor momenti sabiti
$\dot{\theta}$	Açısal hız, *rad/s*
k_b	Karşı elektromotor kuvvetinin sabiti, *V*
J_m	Motorun atalet momentumu, kgm^2
B_m	Motorun viskoz sürtünmesi, kg/(s.m)
n_1	Girdi dişli çarkın diş sayısı
n_2	Çıktı dişli çarkın diş sayısı
n	Dişli oranı
J_L	Yükün atalet momentumu, kgm^2
B_L	Yükün viskoz sürtünmesi
$n^2 J_L$	Motor milinde olan yükün ataleti, kgm^2

$n^2 B_L$	Motor milinde olan sürtünme viskozu, *kg/(s.m)*
J_0	Motor milinde olan tüm atalet, *kgm^2*
B_0	Motor milinde olan tüm sürtünme viskozu, kg/(s.m)
L_a	Armatör indüktansı
f_{ec}	Koulomb sürtünme kaybı, kg/(s.m)
A_s	Akım amplifikatör sabiti
k_s	Karşılaştırıcı duyarlılığı
k_{p1}	Voltajın, PWM dönüştürücüsü sabiti
k_{p2}	PWM'in, voltaj dönüştürücüsü sabiti
p	Potansiyometer sabiti
a	Titreşim dalga ivmesi, *m/s^2*
v	Titreşim dalga hızı, *m/s*
z	Titreşim dalga yer değiştirmesi, *mm*
M_z	Kesme momenti, *Nm*
f	İlerleme, *mm/rev*
T	Takım ömrü, *t*
V_{b_f}	Aşınma miktarının kırılma kriteri, *mm*
$\acute{V}_b$	Aşınma alanın normal miktarı,*mm*
k_w	Aşınma alanının büyüme hızı, *mm/s*
V_b	Takım yanak aşınması, *mm*
V_{b0}	Yanak aşınmasının başlangıç değeri, *mm*
F_0	t=0 anındaki başlangıç kuvveti, *N*

Kısaltmalar	Açıklama
AY	Akustik Yayım (Acoustic Emission)
ANOVA	Analysis Of Variance (Varyans Analizi)
AC	Alternate Current (Alternatif Akım)
ANFIS	Adaptive Neuro Fuzzy Inference System
A/D	Analog/Digital (Örneklem/Sayısal)
BA	Bayes Ağları (Bayesian Network)
BFM	Bayesian Frame Machine (Bayes çatı makinası)
CNC	Computer Numerical Control (Bilgisayar Sayımlı Yönetim)
DAQ	Data Acquisition (Veri Toplama)
DC	Direct Current (Doğrusal akım)
DFT	Discrete Fourier Transform (Ayrık Fourier Dönüşümü)
DOE	Design Of Experiment (Deneyin Tasarımı)
DWT	Discrete Wavelet Transform (Ayrık Dalgacık Dönüşümü)
FL	Fuzzy Logic (Bulanık Mantık)
FFT	Fast Fourier Transform (Hızlı Fourier dönüşümü)
GA	Genetik algoritma (Genetic Algorithm)
ANFIS	Uyarlamalı Sinir Bulanık Çıkarım Sistemi (Adaptive Neuro Fuzzy Inference System)
ANOVA	Varyans analizi (Analysis Of Variance)
DC	Doğru akım (Direct Current)
PWM	Modülasyonla darbe (Pulse With Modulation)
PID	Oransal İntegral Farkı (Proportional Integral Differential)
PC	Kişisel bilgisayar (Personal Computer)
DAQ	Veri toplama (Data Acquisition)
HMM	Saklı Markov Modeli (Hidden Markov Model)
CNC	Bilgisayarla Sayısal Denetim (Computer Numerical Control)

1. GİRİŞ

İmalat işlemleri; genel olarak talaşlı üretim ve talaşsız üretim olmak üzere iki gruba ayrılmakta ve her ikisinin de ürün imalatınayönelik önemli rolleri bulunmaktadır. Talaşlı üretim, yıllarca kullanılagelmiş ve günümüzde de etkinliği artarak sürdürülmektedir. Talaş kaldırma işleminde takım ve iş parçasının devamlı temasta olmaları nedeniyle, takım aşınmaya maruz kalır ve takımın aşınması iş parçasının boyutlarının sürekli değişmesine yol açar. Takımın aşınma miktarının boyutu düşük bir miktar olarak görülmesine rağmen hassas talaş kaldırma işlemlerinde etkisinin bir yansıması olarak atık parça sayısının da artmasına yol açmaktadır. CNC takım tezgâhlarında, takım aşınması sonucunda parçaların boyutlarının değişmesi kaçınılmazdır. Ancak bu olumsuzluğun engellenmesi için takımın aşınma miktarının ölçülmesi ve bu ölçülen değerin takımın ofset bilgilerine aktarılması gerekmektedir. Hali hazırda, talaşlı imalat yapan işletmelerde, kullanışlı bir arayüzün arka planında yer alacak güvenilir bir sistemin olmadığından, takım aşınması tespit ve izleme işlemleri tamamen operatör sorumluluğunda yapılmaktadır. Buna rağmen takım aşınmasının anlık olarak operatör tarafından ölçülmesiimkânsızdır. CNC takım tezgâhlarında istenilen boyutların elde etmesi için bir anlık takım aşınma tahmin sisteminin düzenlenmesi gerekir. Bu sistemden alınan takım aşınma değerleri,*x*, *y* ve *z* boyutlarında takımın kayma bilgilerine aktarılır ve talaş kaldırma süresince takım aşınması telafi edilerek parçanın boyutu istenilen şekle getirilir.Hassas parçaların üretiminde, yüzey pürüzlülüğü diğer bir önemli konu olduğudikkate alındığında, takım aşınmasıda parçanın yüzey pürüzlülüğünün bozulmasındaen önemli faktörlerden biri olarak kabul edilmiştir. Kalitetoleranslarını sağlamayan ve pürüzlü bir yüzeye sahip parçabozuk parça olarak değerlendirilir.Takım aşınması, boyutun toleransları dışına çıkmasınaneden olur ve bununla beraber, geometrik toleranslarında bozulmasında önem taşımaktadır. Örnek olarak, silindirik parçalarda yapılan talaş kaldırma işlemlerinde, zamana bağlı olarak aşınmanın artması ile parçanın işlemin başladığı ve bittiği çaplarının arasında bir fark görülecektir. Dolayısıyla parçanın doğrusallığı bozulacak ve konik bir parça haline dönüştüğü görülecektir.Diğer taraftan, aşınmanın eşik bir değeri aşmasından sonra takım ucunda oluşan körelme ve buna bağlı kesme kuvvetindeki ani artış sonucunda takım ucu kırılmaya maruz kalacaktır. CNC makinelerin yer aldığı otomasyon, esnek ve grup üretim hatlarında, yaşanan olumsuzluklar için sebep sonuç ilişkisini kurabilme bilgi düzeyinde olmayan operatörler daima talaş kaldırma sürecini de takip etmek zorunda kalmaktadır. Bu durum otomasyonun amacına ters düşmekte ve otomasyon sistemine sahip bir talaşlı imalat hattında operatör etkileşiminin sistemden kaldırılmasını gerektirmektedir.Bahsedilen tüm bu nedenlerin sonucunda, pahalı CNC makinelerde maliyeti yüksek hasarlar meydana gelebilmektedir.

Takım aşınmasını izlemek için genelde dolaysız ve dolaylı olmak üzere iki yöntem kullanılır. Dolaysız yöntemde takım aşınması, takım üzerinden ölçülmekte ve talaş kaldırma işlemini durdurmak gerekmektedir. Dolaylı yöntemde, aşınma değişen bir faktör olarak göz önüne alınmakla beraber takım aşınması yerine onun miktarı ölçülür ve bir katsayı ile çarpıldığında aşınma miktarı elde edilir. Dolaylı yöntemlerde, motor akımı, kuvvet ve moment, titreşim, akustik ve yüzey pürüzlülüğü yaygın olmak üzere çeşitli değişkenler araştırmalarda kullanılan bir algılayıcı yardımıyla farklı zamanlarda takımda oluşan aşınma miktarlarına dayalı olarak ölçülmekte ve çeşitli analiz ve tahmin yöntemleri kullanılarak istenilen zaman aralığındaki aşınma miktarı belirlenebilmektedir. Bu yöntemler, istatistiksel yöntemlerden başlayarak bulanık mantık, yapay sinir ağları, genetik algoritma gibi modern ve güncel prosedürlere dayanmaktadır.Yapılan çok sayıda araştırmaya rağmen, takım aşınmasının izlenmesinde henüz sanayide otomasyonla üretim yapanların ve planlayanların ihtiyaçlarına uygun cevap veren bir yöntem geliştirilememiştir. Talaşlı imalatta takımın anlık izlenmesi, talaş kaldırma işlemlerinin en uygun hale getirilmesi, kontrolü ve tahmin edilmesi için çalışmalar hala sürdürülmektedir.

Talaşlı imalatta, kesicide oluşan kuvvet, kesme işleminien iyi yansıtandeğişkenlerden biriolarak kabul edilmiştir. Bu yüzden, kesmekuvvetiniizlemeişlemleritakımın durumunu ve parçadoğrululuğunu, sıklıkla belirlemeve tahmin etmek için yaygın olaraktercih edilmektedir. Kesme İşlemi, malzemeden talaş kaldırmak için gereken miktarda kuvvet ihtiyacını doğurmaktadır.

Kesme kuvvetiyle beraber, kesici takım titreşimi diğer bir önemli yöntem olarak, aşınmasını izlemek ve tahmin etmek için araştırmacılar tarafından geliştirilmiştir. Talaş kaldırma süresince ortaya çıkan titreşimler, kesme süresine bağımlı ve kesme süresinden bağımsız olmak üzere iki guruba ayrılmaktadır. Takım aşınması, talaş kaldırma işleminden kaynaklandığında kesme süresine bağlı olan titreşimlerin kaydedilmesini ve izlenmesini de beraberinde gerektirmektedir.

Bazı algılayıcılar ve değerlendirme yöntemleri, sadece takım aşınmasının tahmini için ve bazısı ise takım aşınmasının izlenmesi için dikkate alınır. Tahmin modeli, daha yüksek doğruluğa sahip olduğu için, takım yanak aşınmasını istenilen zamanda elde etmekle takım ömrünün kesin olarak zamanında bittiğine karar verebilir. İzleme modeli ise takımın durumunu izleyerek yaklaşık bir sonuç sergilemekte ve takımın ömrünün kesin olarak bittiği için yetersiz kalmaktadır. Dolayısıyla, bir tahmin modeli aynı zamanda izleme sistemi olarak da kabul edilebilir, ancak izleme sistemi aynı zamanda tahmin modeli olarak kabul edilemez.

Bu çalışmanın amacı, CNC takım tezgâhlarında aşınmaya maruz kalan kesici uçların aşınma süreçlerinin izlenmesi ve anlık olarak takım yanak aşınmasının tahminine dayalı bir işlemin geliştirilmesidir. Literatürde yer alan "Matematiksel modelleme","Yapay Sinir Ağları" ve "Bulanık Mantık" yöntemlerinin ayrı ayrı işleme dahil edilmiş ve karşılaştırılması gerçekleştirilmiştir. Diğer taraftan, geliştirilen prosedüre dayalı olarak iş mili ve ilerleme motorlarının sürücü kontrol devreleri ile olan aşınmaya dayalı kumanda teknolojisi, bir benzetim modeli olarak çalışılmıştır. Bu amaca ulaşmak için, doğrusal olarak titreşim ve bileşke kesme kuvveti, dolaylı olarak, ilerleme ve mil motorunun akımı göz önüne alınmıştır. Doğrusal metodun gerçekleştirilmesinde, takım yanak aşınmasının izlenmesi ile anlık olarak tahmin edilmesi için, klasik ve güncel yöntemler kullanılmıştır. Klasik yöntemin uygulanmasında yapılan deneylerin matematiksel modelleri ve varyans analizleri detaylı olarak elde edilmiştir. Ayrıca, güncel yöntemlerin uygulaması için bulanık mantık ve yapay sinir ağları modelleri geliştirilmiştir. Dolaylı metodun uygulanmasında, CNC takım tezgâhların sürücü sistemlerinin modelleme işlemleri yapılmış ve kontrol blok şemaları çıkarılmıştır. İlerleme ve mil kesme kuvvetleri bu blok şemaya uygulanarak motorların akımı elde edilmiştir. Son olarak, bir otomasyon sisteminin önerilmesi için tüm modellerin benzetimleri yapılmış ve gerçek modellerle bu otomasyon sistemi sanal ortamda geliştirilmiştir.

2. LİTERATÜR ARAŞTIRMASI

Bu bölümde, takım durumunun izlemesi için son yıllarda yapılan çalışmalar incelenecek ve talaş kaldırma işleminin izlenmesinde etki sağlayan tüm parametreler tartışılacaktır. Literatür araştırması sonucunda, bu çalışma kapsamında tercih edilen yöntemler ve algılama sistemleri, takım durumunun izlemesi için seçilecektir.Talaş kaldırma bölgesinde bir kaç değişken vardır. Bu değişkenler kesici kuvvet, titreşim, akustik yayım, ses, sıcaklık, yüzey kalitesi vb.değişkenlerden oluşmaktadır. Tüm değişkenler kesici takım ve talaş kaldırma İşlemlerinden etkilenmektedir[1]. Talaş kaldırma sürecinin izlenmesi için, fiziksel algılayıcılar kullanılarak etkin değişkenler ölçülür. Algılayıcılardan alınan sinyallerin üzerine dijital ve analog işlemeleri yapıldıktan sonra kesici takım ve talaş kaldırma İşleminebağlı olan işlemsel sinyal özellikleri çıkarılır. Çıkarılan sinyal özellikleri, sonteşhis için, bilişsel[1] karar destek sistemlerine aktarılır. Bu sistemden alınan sonuçlar bir operatöre veya CNC takım tezgâhına gönderildikten sonra gerekli ve uygun düzeltilme işlemleri yapılır. Bir talaş kaldırma İşleminde izleyici sisteminoluşturulmasında önemli olan yedihusus bulunmaktadır. Bunlar;

(1): Talaş kaldırma durumunu izleyenalgılayıcılar

(2):Etkin sinyal işleme teknikleri

(3): İzleme sınırlılıkları

(4):Modelleme için kullanılan duyusal özellikler

(5):İstenen verilerinseçilmesi ve çıkarılması

(6):Talaş kaldırma işleminin modellemesi için deney tasarımı

(7):Karar destek sistemleri ve paradigmaları hususlarından oluşmaktadırlar[2,1].

---

1. Cognitive

Güvenli bir izleyici sistemin kurulması için tüm bu hususların dikkate alınmaları gerekmektedir. Yukarıda sıralanan hususların öncelikleri ve dikkate alınması gereken pozisyonları, Şekil 2.1'de şematik olarakaçıklanmıştır.

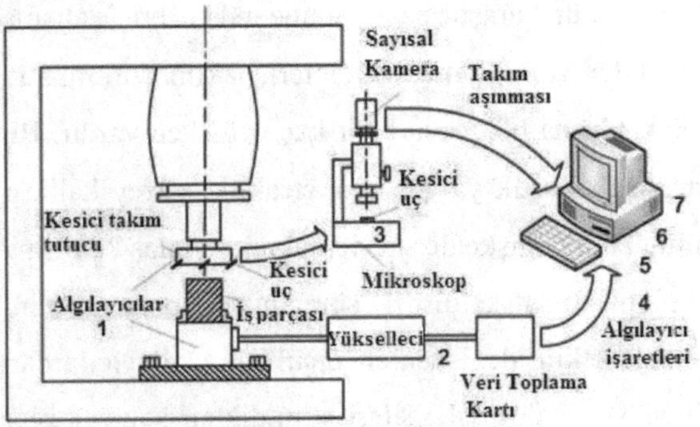

Şekil 2. 1. Takım durumu izleme sistemi[3]

2.1. Metodolojik Kapsam

Güçlü ve güvenilir bir akıllı izleme sistemi geliştirmek için 7 aşamalı metodolojikyaklaşım aşağıda verilmektedir[4]:

- Algılayıcılar: Hangi algılayıcıların kullanılacağı sorgulanır. Kesme süreci, çeşitli fiziksel özelliklere göre karakterize edilir ve bunlara uygun algılayıcılar seçilir. Örneğin dinamometreler, akustik yayım algılayıcıları, ivme ölçerler, akım-güç algılayıcıları gibi donanımlarla, kesme esnasında oluşan fizikselbüyüklükler, bu büyüklüklerle orantılı elektrik sinyallerine dönüştürülmektedir.
- Sinyal işleme: Sinyallerin nasıl alınacağı ve nasıl işleneceğikararlaştırılır. Sinyal işlemenin kapsamında, sinyallerin yükseltilmesi ve filtreedilmesi yer almaktadır.

- İzleme kapsamları: Takip edilecekİşleminve olayınnitelikleri tartışılır ve belirginleştirilir.
- Özelliklerin oluşturulması: Sinyali en uygun şekilde ifade eden özellikler sorgulanır ve algılayıcınınsinyalleri, açık ve net ifade edilebilir özelliklere dönüştürülür. Bu amaca ulaşmak için, zaman, frekans ve dalgacık alanlarındaçeşitli özellikler dikkate alınır.
- Özelliklerin seçilme ve çıkarılması: Özelliklerin en anlamlı olanısorgulanır. Güçlü ve güvenilir bir modelin geliştirmesi için talaş kaldırma sürecini ifade eden en anlamlı özelliklerin seçilmesi önemli olmaktadır.
- Deney tasarımı[2]: Süreci en doğru şekilde ifade etmek için deney tasarımınakarar verilir. Talaş kaldırma sürecinin modellemesinde, deney işlemlerinin yapılması yüksek maliyetli ve zaman alıcı bir süreci karşılamaktadır. Bundan dolayı etkin ve uygulamalı olan bir deney tasarımının yapılması gerekmektedir.
- Karar destek sistemleri: Sürecin modellemesinde yapay zekâ tekniklerinden faydalanıp faydalanılamayacağına karar verilir. İzleme sisteminde, talaş kaldırma sürecinin değişkenleri arasında anlamlı bağlantı kurmak için güvenilir bir modele ihtiyaçduyulmaktadır.

2.2. Algılayıcıların Seçilmeleri

Talaş kaldırma İşlemlerinin izlenmesi için ölçme teknikleri doğrudan ve dolaylı olarak iki guruba ayrılmaktadır. Doğrudanyöntemlerde, değişken miktarı(takım aşınması)dolaysız olarak ölçülmekte ve görsel denetleme[3]içinkamera,radyoaktif izotoplar,lazer ışınlarıveelektriksel dirençler kullanılabilmektedir. Doğrudan yöntemlerinsadecelaboratuar ortamındayer alabilmesinin nedenleri, talaşlı imalat sürecinde ortaya çıkan problemler, aydınlatma yetersizliği ve kesme sıvısından

2. DOE

3. Vision inspection

kaynaklanan uygulamadakisınırlamalar olmuştur. Bunlara rağmen, doğrudan ölçüm metodunun sahip olduğuyüksekdoğruluğu ve güvenilirliğitercih edilme sebepleri arasındadır. Doğrusal metotların tersine, dolaylı ölçmeyaklaşımlarıyla esas büyüklük bu büyüklüğü belirleyen yardımcı değişkenlerin ölçülmesiyle elde edilmektedir.Örneğin ana kesme kuvveti, bileşenlerin ölçülmesi ve sonrasında matematiksel eşitlik üzerinden hesaplanabilmektedir. Dolaylı yöntemler,doğrudanmetotlara nazaran düşük doğruluğa, az karmaşıklığa ve uygulamalar içinyüksek uygunluğa sahiptir. Diğer taraftan, günümüzdeki algılayıcı teknolojisindeki gelişmelere paralel olarak, talaşlı imalatta kesmeyi anlık olarak izleyebilen ve güvenilir verileri ile en uygun kesme şartlarının kararlaştırılmasına imkân sağlayan ve doğrudan metotlara uygun algılayıcılar üretilmiştir (Şekil 2.2). Takım durumunun anlık izlenmesinde algılanabilecek büyüklüklerden olan akım, kuvvet, güç, titreşim ve akustik yayım gibi değişkenlerin farklı hassasiyet seviyelerinde kullanılmasına yönelik grafik, Şekil 2.3'deverilmiştir.

Şekil 2. 2. Talaşlı imalat İşleminde kullanılan algılayıcılara örnekler[5]

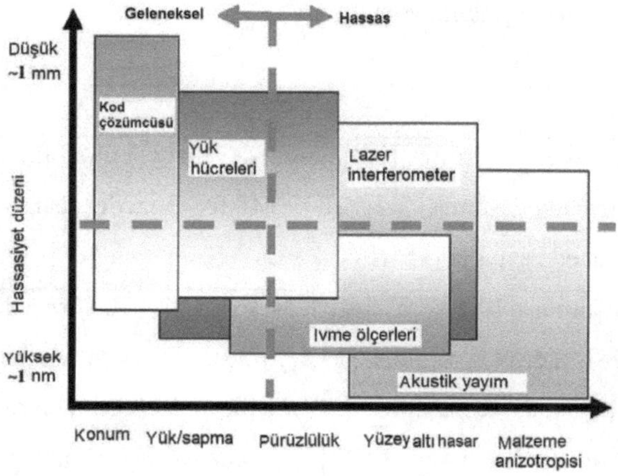

Şekil 2. 3. Durum izlenilmesi için kullanılan değişkenler ve onların duyarlılıkları[6]

Farklı talaş kaldırma İşlemlerinde takım durumunun izlemesi için uygun olan algılayıcılar çeşitli araştırmacılar tarafından tercih edilmiştir. Bir özet olarak Çizelge 2.1'de literatürde takım durumunun izlemesi için kullanılan çeşitli algılayıcılar gösterilmektedir.

Çizelge 2.1. Literatürde kullanılan algılama yöntemleri

Algılayıcı türü	Kaynaklar
Akustik Yayım	Aşınma, Matkapta kırılma [7,8], Frezede yüzey pürüzlülüğü [9,10], Tornada aşınma [11,12], Mikro frezede aşınma [13,14], Frezede aşınma [15-18].
Dinamometre	Frezede aşınma [19,20,8,21,18,22-24,16,25-27,15], Frezede kırılma [28], Tornada aşınma [29,5,30-33], Delmede aşınma [34-36], Aşınma ve kırılma [37], Mikro frezede aşınma [13,14], Matkapta aşınma [38,39], Frezede yüzey pürüzlüğü [10], Tornada yüzey pürüzlüğü [40], Tornada aşınma ve yüzey pürüzlülüğü[41].
Titreşim	Aşınma [42,7], Tornada güvenilirlik [43], Frezede aşınma [44,11], Delmede aşınma [34], Tornada aşınma[45,46,30].
Motor akımı	Frezede kırılma [47], Frezede aşınma [18,11,26,48], Delmede kırılma [49], Tornada aşınma [50,30,51], Delmede aşınma [52], Delik tornalamada aşınma [53].
Güç	Tornada aşınma [11]
Lazer ışını	Tornada aşınma [54]
Ultrasonic	Tornada aşınma [55]
Dolaylı ölçme	Tornada aşınma [56], Frezede aşınma [57], Delmede aşınma [58].
Sensör füzyon	Takım güvenilirliği [7], Tornada aşınma [18,59], Frezede aşınma [11,26]
Ses	Tornada aşınma [51], Frezede aşınma [26], Frezede tezgâh arızası [60]
Görüntü işleme	Tornada aşınma [61,62], Frezede aşınma [63].
Sıcaklık	Tornada aşınma [64]

2.3. Akım ve Motor Gücü

Motor akımı, DC ve AC servo motordan alınanmomentle ve kesme kuvvetleriile orantılıolmakta,dolaylı olarakişlemedekigüç tüketimininalgılanması içinkullanılmaktadır[4]. Elektriklitahrik elemanları, talaş kaldırmak için ihtiyaç duyulan gücü sağlamaktadır. Kesme işlemininizlenmesindemotor ile ilgili parametrelerin kullanılmalarınınen önemli olumlu yönü, ölçme cihazlarınınişlemesürecine müdahale etmemesinden dolayı, motor sürücü sisteminin güç tüketimi tespiti için uygun olduğunu göstermektedir. İmalat alanında, gücü ölçmek için motorun sürücü kontrol sistemi uygun olarak kullanılabilir[65]. NC kumandalı daha modern açık kontrol sistemleri, akım ve motor gücü gibi iç sinyallerinölçümüne de izin vermektedir[66]. Pritschow ve Kramer[67], işleme durumunun izlenmesi için sürücü kontrol sisteminden ölçülebilen ve aşağıdaki gibi özellikleri dört gruba ayrılabilen yüksek kaliteli sinyallerle ilgili bir yöntem önermişlerdir.

- Talaşkaldırılma için gereken güç, mevcut motor gücü ile karşılaştırıldığında oldukça düşük kalmaktadır.
- Motor milindeki güç değişimi, kesme kuvveti ve aşınma parametrelerinindeğerleri ile orantılı kalmaktadır.
- Elektrik motorundan yükselen sıcaklık, güç tüketiminde normal biretki oluşturmaktadır,
- Motor sürücü devrelerindeki enerji tüketimi hareketli eksenlerinin yağlı olup olmamasından doğrudan etkilenmektedir[68].

Çeşitliaraştırmacılar, mil ve sürücü sistemleri için sinyal özelliklerinin daha iyi anlaşılmasına yönelik çalışmışlardırStein ve Wang[69], mil ve ilerleme motor sürücü sistemlerinden çekilen akım hassasiyetinin kesici kuvvetlere bağlı olduğunuispat etmişlerdir.

2.4. Kuvvetve Moment

Talaşlı imalat işlemlerinde, kesici üzerindeoluşan kuvvet, kesme işleminien iyi şekilde açıklayanbir değişkenolarak kabul edilmiştir[70]. Kesme kuvvetinindeğişimbilgileri, iş parçasının yüzeykalitesinin, takım aşınmasının izlenilmesive geometrikgörünüşünündeğerlendirilmesi için kullanılmaktadır. Bu nedenle, kesmekuvveti,takım durumunun izlenmesinde[71-74] ve iş parçası boyutunundoğruluğunun incelenmesinde, güçlü birteşhisveyatahmin aracı olarak tercih edilmektedir[75-78].Tüm kesme İşlemlerinde, malzeme üzerinden talaş kaldırıldığındakesme kuvvetinin oluşması kaçınılmazdır. Analitik modellerin ispatı için, kesme kuvvetlerinin talaş kaldırma boyunca izlenmesi ve takım kırılmasının belirlenmesineyönelik modeller araştırmacılar tarafından yaygın olarak verilmiştir[79]. Moment algılayıcıları, kuvvet deolduğu gibi mekaniksel bir yapının deformasyona verdiği tepkiden oluşmaktadır, fakatmoment algılayıcılarında uygulanan yük burulma şeklinde gerçekleştirilir. Her iki algılayıcı için kuvvet ölçüm teknolojisi aynıdır,ancakmoment algılayıcılarının uygulaması ve döner takım tutucularından çıkan sinyal aktarma yöntemleri farklı olabilir.Takım aşınmasıyla moment ve kesme kuvveti arasında anlamlı bir ilişki olduğu için, takım aşınma izlemesinde kesme kuvveti ve momentin ölçülmesi araştırmacılar tarafından önerilmiştir. Şekil 2.4'de kuvvet ve aşınma ilişkileri görülmektedir.

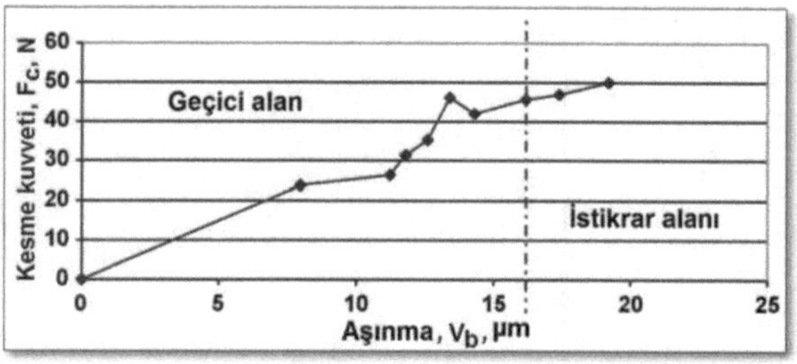

Şekil 2. 4. Kesici kuvvet ve takım aşınma ilişkileri[80]

Cakir vd. [81]tarafından yapılan bir çalışmada, kesme kuvvetleri dikkate alınarak takım kırılma durumu incelenmiş, SAE 1050 malzemesi ve kaplamasız tungsten karbür (DNMG 150608) kesici ucu kullanılarak kesme işlemi yapılmıştır. Çalışmada 90-2500 *rev/min*aralığında kesme hızı, 0,03-0,25 mm/rev aralığında ilerleme ve 0,5-2 mm aralığında talaş derinliği, kesme parametrleri değerleri olarak göz önüne alınmıştır. Kuru kesme şartlarında, kesme kuvvetlerinin sinyalleri bir dinamometre aracılığıyla alınmış ve 65 mm uzunlukta kesme işlemi yapıldığında, takım yanak aşınması ölçülmüştür. Takım aşınması değişimine karşılık kesme kuvvetinin değişmesi incelenmiş ve zaman-aşınma, kesme kuvveti-aşınma grafikleri çıkarılmıştır. Çalışmanın sonucuna göre; kesme kuvveti ölçülerek takım aşınmasının izlenmesinin daha uygun olduğu görülerek, takım kırılmasının izlenmesi için kesme kuvvetlerinin dikkate alınmasının başarılı olacağı tespit edilmiştir (Şekil 2.5). Alınan sonuçlar verilen malzeme ve kesici uç için geçerli kabul edilmiş, farklı malzeme ve uçlar için kesme kuvvetinin ölçülmesi önerilmiştir.

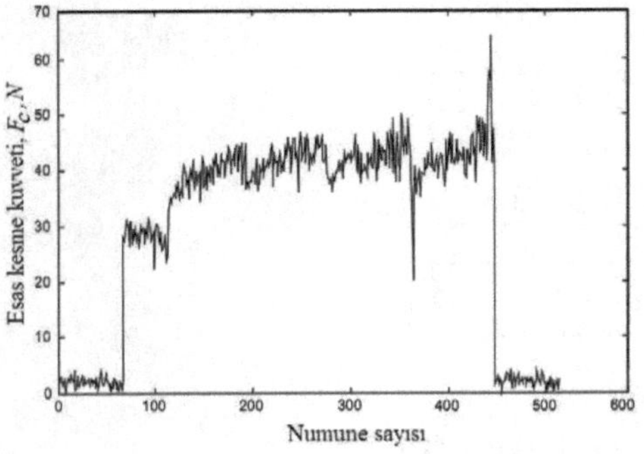

Şekil 2. 5. Takım yanak aşınması ve kesme kuvveti ilişkisi[81]

Scheffer vd. [30], tornalama işlemlerinde takım aşınma durumunun izlenilmesini dikkate almıştır. Sekiz grup deneyin, aynı deney düzeneği üzerinde yapıldığı bu çalışmada, beş seviyede ilerleme (0.04, 0.08, 0.16 mm/rev), iki seviyede kesme hızı (140, 160 m/min) ve sabit talaş derinliği (0,1 mm) kullanılmıştır. İki malzeme tipi (100Cr6 ve 54CrV4) seçilmiş, deneyler CNC takım tezgahı üzerinde yapılmış ve kesme kuvveti, titreşim ve AY algılayıcıları takım aşınmasının izlenmesi için dikkate alınmıştır. Çalışmanın sonucunda, takım aşınmasının izlenmesinde en güvenilir değişken olarak kesme kuvvetlerinindikkate alınmasının uygun olacağı tespit edilmiştir (Şekil 2.6).

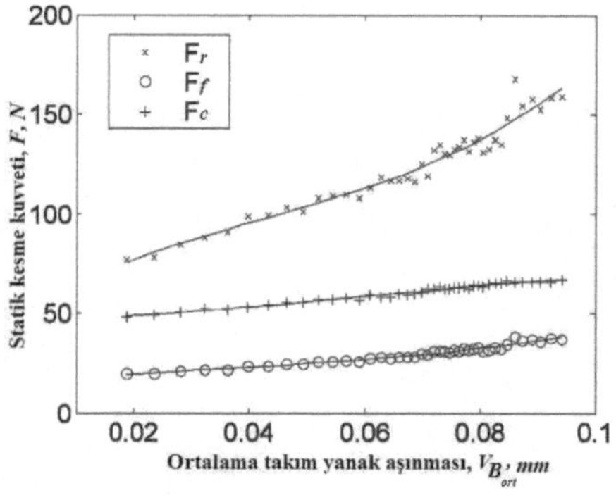

Şekil 2. 6. Kesme kuvveti bileşenleri ve yanak aşınmasının ilişkileri[30]

Luo vd. [32], takım aşınmasının modellemesi için analitik ve deneysel modelleri bir araya getirerek yeni bir yöntem geliştirmişlerdir. Tornalama işlemleri üzerine yapılan bu çalışmada takım aşınmasının modellemesinde kesme kuvvetleri dikkate alınmıştır. Modelin geliştirilmesi için deney tasarımı işlemi yapılmamış ve 5 farklı kesme hızı, üç farklı ilerleme ve sabit talaş derinliği kullanılarak sadece 11 deney yapılmıştır. Deneylerde düşük alaşımlı bir malzeme (180 *Hb*) ve kaplamalı bir kesici uç (talaş açısı: 10°; boşluk açısı: 7°) dikkate alınmıştır. Kesme mekaniğinin benzetimi ve bir deneysel fonksiyonu göz önüne alınarak takım yanak aşınmasının tahmini elde edilmiştir. Modelin sabitlerinin türetilmesi için yapılan testler modele uygulanmış ve modelin kalibrasyonu gerçekleştirilmiştir. Sonuçlar; farklı kesme parametrelerinde, yanak aşınmasının grafiklerine dayanarak yanak aşınmasının gelişmesinde kesme hızının ilerlemeye göre daha yüksek etkiye sahip olduğunu göstermiştir (Şekil 2.7). Kurgulanan benzetim modelinin tahmin ettiği sonuçlar ve ölçülen sonuçlar karşılaştırıldığında, benzetim modelinin güvenilir olduğu ortaya konmuştur.

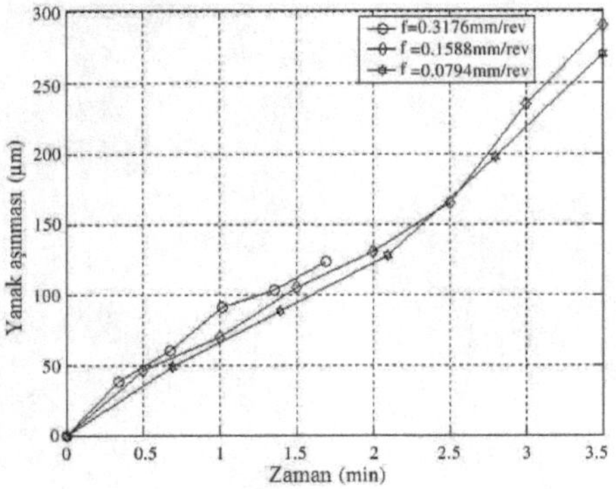

Şekil 2. 7. Farklı kesme parametrelerine göre (*V*= 111,47*m/min*) zamana bağlı yanak aşınmasının grafiği[32]

Purushothaman vd. [29], takım aşınmasının izlenmesini tornalama için dikkate almış, sifero dökme demir malzemesi ile yapılan bu çalışmada, farklı kesme parametreleri kullanılmış,farklı takım yanak aşınması aralıklarında toplam 113 deney gerçekleştirilmiştir.Takım aşınmasının izlenmesinde,kesme kuvvetleri üç boyutta ölçülmüş ve sonuçlar, değerlendirmekiçin YSA modelleme yapısına aktarılmıştır. YSA modelinin tahmininde altı farklı girdi(kesme hızı, ilerleme, talaş derinliği, esas kesme kuvveti, ilerleme kuvveti ve radyal kuvvet) göz önüne alınmıştır. YSA modeli ve kesme kuvvetlerinin ölçümü kullanılarak takım yanak aşınmasının başarılı olarak (Şekil 2.8). izlenmesi, çalışmanın önemli bir sonucu olarak vurgulanmıştır.

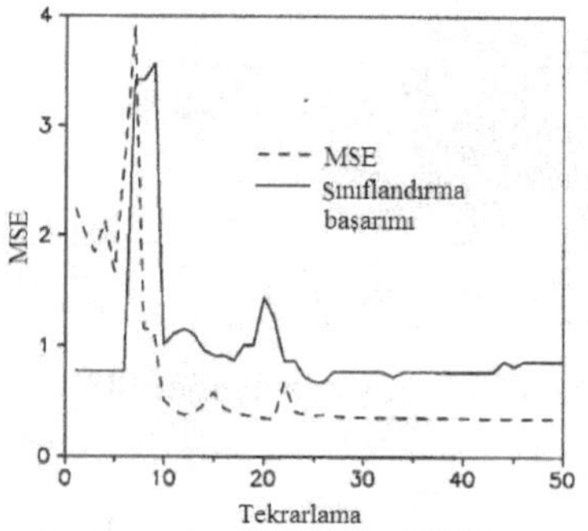

Şekil 2. 8. YSA modelinin performans grafiği[29]

2.5. Titreşim ve Başka Algılayıcılar

Titreşim sinyalleri takım durumunun izlenmesi (Takım aşınması, takım kırılması vb.) ve yüzey pürüzlülüğünün tahmini için kullanılabilmektedir. Yüzey pürüzlülüğü, titreşimin ve kesici takımın yer değiştirmesinden kaynaklanan bir olaydır[82,83]. Bu gerçek, tornalama uygulamalarında ispat olmuştur[82,84-86], hâlbuki freze İşlemlerinde, kesintili bir İşlem olması nedeniyle, titreşim sinyallerinin yüzey pürüzlülüğüne daha az etkisi vardır [87].Takım aşınmasının izlenmesi için, kesici takımın titreşim sinyallerinin ölçülmesi araştırmacılar tarafından yapılmıştır. Araştırmacılara göre kesici takım aşındığında titreşim sinyallerinin genliği artar. Dolayısıyla takım aşınmasıyla titreşim sinyallerinin genlikleri arasında bir ilişki kurulabilir[45,46,30]. Şekil 2.5'de kesici takımın aşınmış ve aşınmamış titreşim sinyalleri kaydedilmiştir. Şekilde görüldüğü gibi aşınmış takımdan alınan sinyallerde genlik oranı artmıştır.

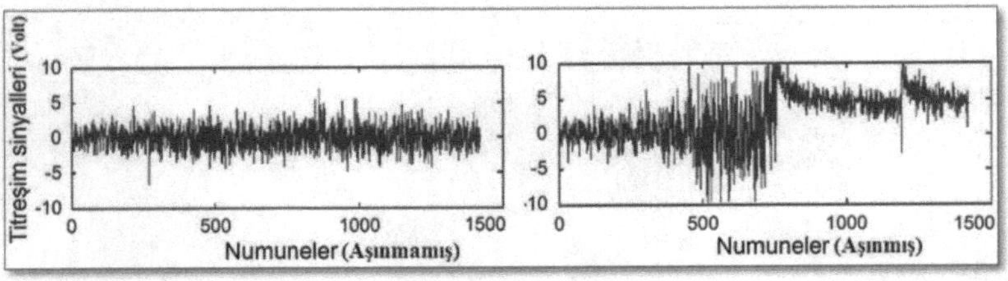

Şekil 2. 9. Yeni ve aşınmış kesici takımdan elde edilen titreşim sinyalleri[88]

Talaş kaldırma işlemlerinde, titreşimin algılanmasında, piezoelektrik dönüştürücüsü yaygın olarak tercih edilmektedir. Metal kesmede oluşan titreşimler, kesme sürecine bağlı ve kesme sürecinden bağımsız olmak üzere iki guruba ayrılmaktadır. Metal kesme İşlemi ile ilişkisiz olan titreşimler;diğer tezgâhlardan ve takımlardan, zeminden gelen titreşimlerden, döner parçaların salınımlarından, karşılıklı hareket eden parçaların atalet kuvvetlerinden ve ilerleme mekaniğindeki kinematikhatalardan kaynaklanmaktadır. Metal kesme İşlemi ile ilişkili titreşimler; metal kesme esnasında, kesme kuvvetlerinin miktarlarındaki değişmeden, iş parçasının doğrusal olmamasından ve yapısal farklılıklarından kaynaklanmaktadır. Talaş kaldırma boyunca takımın iş parçasıyla olan temas durumu, titreşim sinyallerininoluşmasında çok önemli rol oynamaktadır. Titreşim algılayıcıları,talaş kaldırma işlemlerinin izlenmesinde başarılı olarakuygulanmışolsa da,takımdurumununveiş parçasınındoğruluğunun incelenmesi için, titreşim seviyesine bağlı olarakşunlara dikkat edilmesi gerekmektedir[89].

- Sinyal genliği,kesmekenarıilealgılayıcıarasındaki mesafeninartışıylaazalma göstermektedir.
- Algılayıcının kesme kenarınayakınmontajedilmesi halinde, sinyaldoğruluğu artmaktadır.
- Oluşan talaşivmeölçere çarptığında, titreşimin yanlış okunmasına yol açmaktadır.

Feng vd. [43]talaş kaldırma işleminin güvenilirliğinin artırılması için takım yanak aşınmasını izlemişlerdir. Talaş kaldırma işlemi için bu çalışmada CNMG120408-HM (KORLOY Corp., Korea) kesici uçlar ve seramik-metal kesici uçları kullanılmıştır. Sabit kesme hızı (200 *m/min*), sabit ilerleme (0,15 *mm/rev*) ve sabit talaş derinliği (2 *mm*) değerlerinde yapılan bu çalışmada, titreşim algılayıcısı takım aşınmasının izlenmesi için göz önüne alınmıştır. Talaş kaldırma esnasında takım aşınmasıyla değişen kesici takım titreşimi genliğinin karekök ortalaması takım durumunu izleyebilen özellik olarak ölçülmüştür. Yöntemin doğrulukla tahmin yapabilmesi için CNC torna tezgahında test deneyleri de gerçekleştirilmiş, oransal risk modeli modeleme ve test için elde edilen sonuçlar karşılaştırılarak tartışılmıştır. Takım aşınması ve titreşim genliği arasında olan ilişkiler zamana bağlı olarak gösterilmiştir (Şekil 2.10). Şekilde de görüldüğü gibi takım aşınmasıyla beraber titreşimin genliğinin arttığı tespit edilmiştir.

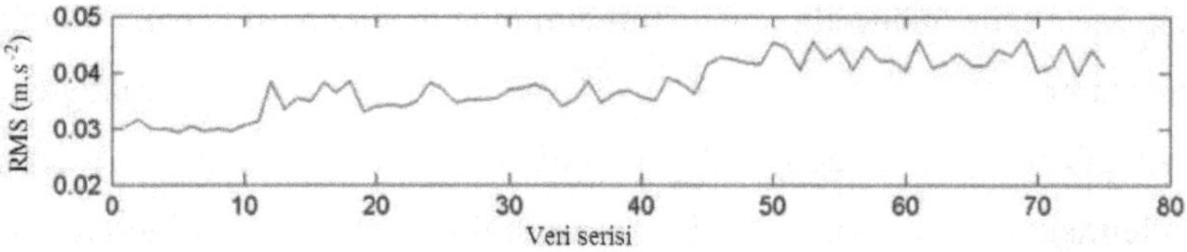

Şekil 2. 10. Takım aşınması süresince izlenilen kesici takım titreşiminin genliğinin grafiği[43].

Çalışmaya göre, titreşim genliğini kullanarak takım aşınmasının izlenmesinin başarılı ve etkili yöntem olabileceği önerilmiştir

2.6. Diğer Algılayıcı Tipleri

Talaş kaldırmasüreçlerininizlenmesiiçindiğer elemanların yanısıra,sıcaklık algılayıcıları, optik algılayıcılarıve ultrasonalgılayıcıları da kullanılmaktadır. İşlemdeuygulanansıcaklık algılayıcıları;termokopl, termal dirençlielemanlar, yarı iletken elemanlarvetermalelemanlarındiğertürleri olabilir[2,4]. Talaş kaldırma sürecinde sıcaklık ölçümü yaygın olarak Davies ve diğerleri[90] tarafından yorumlanmıştır. Takım durumunun izlenmesi için optik sistemlerin uygulanması kapsamlı olarak Kurada ve Bradley'nin[91] çalışmalarında incelenmiştir. Ryabov ve diğerleri [92], freze takımının keskin kenarının incelemesi için lazer ışığını tercih etmiştir. Mannan [93] tarafından, ses ve görüntü incelemeleri ve Shinno ve diğerleri [94] tarafından gerilme ve sıcaklık değişkenleri göz önüne alınmıştır. Ultrasonik yöntemini de Abu-Zahra ve diğerleri [95] ve Nayfeh ve diğerleri [96]uygulamışlardır.

2.7. Algılayıcı Füzyon

Sadece bir özellikgöz önüne alınarak takım durumunun izlenmesi, yaygın olarak kullanılmaktadır. Ancak,İşlem esnasında,algılanansinyallerinduyarlılığı;gürültülü bir ortam, kesme parametreleri,takım aşınması, makine sertliği,malzeme özelliklerikesme şartlarıiledeğişir. Bu nedenle, değişenkoşullar altındaalgılayıcının bilgilerinin güvenilirliğiniarttırmak vebelirsizliğiniönlemekamacıyla, tek birsinyal özelliğinden faydalanmakyerine, çeşitliözelliklerintercih edilmesiönem taşımaktadır. Algılayıcıfüzyonbirşekilde, daha sağlam birtahmin sağlamak amacıyla, birden fazlaözelliğindaha uygun olduğunuifadeeder[4]. Algılayıcı füzyon sisteminin başarısı, sinyallerin türününizlemesonucu içiniyi bir aday olmasına ve sahip olduğu özelliklerinebağlıdır[2]. Örneğin, dinamometreveakımalgılayıcısıkullanımıbir algılayıcıfüzyonsistemiolarakkabuledilemez.Zira akım algılayıcısı,dinamometre veren bilgileri ama daha az doğrulukla vermektedir[26]. Genel olarak algılayıcıfüzyon; istatistiksel yaklaşımları ve yapay zekâ yaklaşımları olmak üzere iki ana yaklaşımaayrılır[72]. İstatistiksel yaklaşımı, çok değişkenli regresyon ve istatistiksel bir model kullanarak, algılayıcı bilgileri ve işleme değişkenleri arasında bir bağlantı kurmaktadır. Yapay zekâ yaklaşımları, yapay sinir ağları

(YSA) ve Bayes Ağları(BA) gibi doğrusal olmayan[4] modellerle, algılayıcı bilgilerini ve işleme değişkenlerini birbirlerine bağlar.

2.8. Sinyal Özelliklerinin Seçilmesi ve Çıkarılması

Özelliklerin doğru bir şekilde çıkarılması için çeşitli özelliklerin incelenmesi gerekmektedir. Genel olarak, izleme sistemleriningeliştirilmesiiçinbirözellik seçme/ çıkarmayönteminin uygulanmasınınfaydaları aşağıdaki şekildeifade edilebilir [97]:

- Özelliğidüşürülmüşbir sinyal,daha az karmaşıköğrenme algoritmalarısayesindekolaybir süreç modeli oluşturmaktadır.
- Basit modellerin,küçük verisayısıiçindaha sağlam sonuç verdikleritespit edilmiştir.
- Basit modellerdaha azsapmaya neden olmakla vegürültü gibi dış etkilerine bağlı olmayarak daha az değişmektedir.
- Verilerin daha az özelliklerle açıklandıklarında, süreçiçin daha doğru bilgi alımısağlanır.
- Veriler, daha az boyutta sergilendiklerinde, bilgi kaybı olmadan, görsel olarak analiz edilebilir.

---

4. Non- linear

Bir veya birden fazla sinyalden kaynaklanan özelliklerin sayısı çok büyük olabilir, fakatbu özelliklerin çoğu süreç şartlarına kayıtsız olabilir.Buna rağmen, seçilen sinyal özelliklerinin süreç ve takım durumuna bağlı ve duyarlı olmaları gerekmektedir. Diğer taraftan, iyi ilişkili bir sinyal özelliği de bazı zamanlarda bozulabilir. Bundan dolayı, sinyal özelliklerinin sayısı tesadüfî sinyal özelliği bozulması dikkate alındığında, yeterli olmalıdır. Bunlarla beraber, yapay sinir ağları gibi bazı değerlendirme sistemlerineğitiminde, özelliklerin fazla olduğu, daha fazla numune ile öğretiminin yapılması gerekmektedir [98]. Teti, R., ve diğerleri[99], verdiği raporunda, tornalama İşleminde takım aşınma tahmini için bir sinyal özelliği sınıflandırma prosedürü hazırlamıştır. Bu rapora göre,sinyal özelliği seçme prosesi; 138 makalenin %38'inde sebepsiz olarak, %26'sındasinyal özelliği seçimi ölçülmüş sinyallerin analizinden sonrave%21'inde, en uygun sinyal özellik seçimi bir sonraki takım aşınma modelinin davranışınıdikkate almadan yapılmıştır.

Sadece %15 çalışmalarda, sinyal özelliklerinindeğerlendirilmesi, çeşitli sinyal özelliği seçiminintakım aşınması tahminine yaptığı etkisi analiz yapıldıktan sonra bulunmuştur. Özellik seçme ve çıkarma yöntemleri oldukça çeşitlidir ve izleme kapsamına bağlı olarak değişebilir.Çizelge 2.2, takım durumunun izlenmesi için literatürde uygulanan bazı özellik seçme ve çıkarma metotları verilmiştir.

Çizelge 2. 2. Literatürde kullanılan özellik seçme ve çıkarma metotları

Sinyal işleme metodu	Kaynaklar
Zaman serileri	Tornada titreşim[45,100,101,70,102]
Tekil spektrum analizi (SSA)	Kılavuz çekme işleminde titreşim[42], Tornada ses ve motor akımı[51], Tornada titreşim [46,45]
Hızlı Fourier dönüşümü (FFT)	Tornada Kuvvet [5,33], Frezede ses [60], Frezede titreşim [44]
Kısa zaman Fourier dönüşümü (STFT)	Frezede moment[21], Frezede AY [17]
Dalgacık dönüşümü (WT)	Tornada çoklu algılayıcı[7], Frezede akım [47,48], Frezede akım ve AY [16], Frezede kuvvet [25]
Destek vektör makinesi (SVM)	Frezede çoklu algılayıcı[18], Tornada ses ve akım [51]
KALMAN Filter	Tornada kuvvet [29]
Teager-Kaiser algoritması (TKA)	Frezede moment[21]

2.9. İzleme Kapsamları

Modern imalat sistemlerinin izleme ve kontrol işlemleri için, çeşitli izleme kapsamları göz önüne alınabilir. Sanayi ortamına ve fabrikaların ihtiyacına bağlı olarak bu izleme alanları tercih edilir. Talaş kaldırma İşlemlerinde, takım durumu, talaş durumu, yüzey pürüzlülüğü ve takım tezgâhı durumu, en sık izleme durumları olarak farklı araştırmacılar tarafından araştırılmıştır[1].

2.9.1. Takım durumu

Talaşlı imalatta, takım durumunun izlenmesi (takım aşınması, takım kırılması vb.) en önemli izleme durumlarından biri olarak yaygın şekilde dikkate alınmıştır. Axinte ve Gindy [103], broşlamada takım durumunun izlenmesi içinAY, titreşim, kesici kuvvet ve broşlama tezgâhının hidrolik basıncınıdikkate almışlardır. Axinte ve Gindy [68], diğer bir çalışmada, milden alınan güç sinyalini, freze, delme ve tornalamaişlemelerinde takım durumununizlemesi için incelemişlerdir.Lee ve diğerleri[104], kesme kuvvet sinyallerini dolaylı olarak AC motor akımından ölçmüş ve ona dayanarak takım kırılmasının anlık izlemesi için bir izleme sistemi geliştirmiştir. Ryabov ve diğerleri[92], lazer ışığından faydalanarak, bir takım geometrisi ölçme sistemi gerçekleştirmişlardır.Ahn ve diğerleri [105], küçük çaplı kılavuz kırılması için bir görüntü sistemi yapmıştır. Kim, H.Y., ve diğerleri [106], delme sistemi esnasında mil gücünü ölçerek bir anlık takım durumu izleme sistemi kurmuşlardır. Takım durumu izlenmesi önemli bir faktör olduğu için son yıllarda birçok araştırmacının dikkatini çekmiştir (Çizelge 2.1).

2.9.2. Diğer kapsamlar

Durum izleme sistemleri sadece takım durumunun izlemesini değil, aynı zamandadiğer kapsamları da içermektedir. Bu kapsamlardan; talaş durumu, süreç durumu, yüzey pürüzlüğü, tezgâh durumu ve zırıltıen önemli hususlar olarak dikkate alınmıştır. Govekar ve diğerleri[107], filtre edilmiş AY spektrum elemanlarını, talaş tiplerinin sınıflandırması için kullanmıştır.Kim ve Ahn [108], mil motor gücü özelliğini esas tutarak, kesme bölgesinde talaşınayrılmasını izlemek için bir metot önermişlerdir. Teti ve diğerleri [109], talaş formunun belirlemesi için kesici kuvvet sinyallerinin dalgacık paket (WPT) yöntemini tercih etmiştir. Mezentsev ve diğerleri [110], kılavuz çekme işleminde, arıza belirlemesi için oluşanmoment ve radyal kesme kuvvetiniölçmüştür.Axinte ve diğerleri [5], PXI ve Lab VIEW platformlarından yararlanarak, broşlama, tornalama ve uçak motoru parçaları frezelemesinde bir anlık talaş kaldırma izleme sistemi geliştirmişlerdir.Azouzi ve Guillot [77], yüzey kalitesi ve boyutsal sapmaların tahminiiçin, kesme parametrelerini ve iki kuvvet bileşenlerini izlemişler. Abouelatta ve Madl [85], torna İşleminde, yüzey pürüzlülüğünü tahmin etmesi için, kesme kuvvetleri ve titreşim sinyallerinin FFT analiziniyapmışlardır.

2.10. Deney Tasarımı

Deney yapma işlemi masraflı vezaman alıcıolduğuiçin, talaş kaldırma İşlemindeen az deneyden faydalanarak en doğru sonuçların elde edilmesi, önem taşıyan bir husus olarak düşünülmüştür. Geçmişte, çeşitli metotlardan yararlanarak, talaş kaldırma parametrelerinin etkisi (kesme hız, talaş derinliği, ilerleme, vb.) ve süreç değişkenleri(titreşim, takım aşınması, sıcaklık, vb.) değerlerinin belirlenmesi üzerine farklı çalışmalar yapılmıştır. Genellikle, deney tasarımında (DOE);tam faktöriyel tasarımı, kesirli faktöriyel tasarımı, Taguchi dik dizeler ve tepki yüzeyleri ve tasarım yaklaşımları[5] olmak üzere dört metot uygulanmaktadır. Tüm girişfaktörlerigöz önüne alınarakgerçekleşen bir deney tasarımına(DOE)tam faktöriyel tasarımıdenir. Bir normal tam faktöriyel tasarımı için, tüm girdi faktörlerle ikişer seviyede seçilir ve k boyutunda bir küp tanımlanır. Burada k çalışılan faktörler sayısına denir. Bu iki seviyeli tam faktöriyel tasarımında, 2^k sayıda deney yapılması gerekir ve bu tür deney yapma, tüm ana etkilerinbilinmesini sağlar. Ancak, faktörlerin sayısı arttıkça,gerekli deneylerin sayısı dahızla büyümekte ve belli bir zaman sonra bunun yapılamaması ortaya çıkmaktadır. Deney yapma sayısınıdüşürmek için, bir kesirli[6] faktöriyel deneme yapılabilir. Bir kesirli faktöriyel tasarımı, temel tam faktöriyel tasarımı metodunun altkümesinin uygulanması demektir[97]. Taguchi

5. Response Surface Design
6. Fractional

dik dizileri, kesirli (fractional) faktöriyel tasarımlarına benzerdir, ancak onlar, tolerans ve parametre tasarımına yeni kavramlar uygulamaktadır[97]. Taguchi dizilerinde, faktörler; (1) laboratuar hem defiili üretim alanlarında,seviyelerikontrol edilebilir, kontrol faktörleri ve (2) seviyeleri üretimlaboratuarında kontrol olabilir ve üretim alanlarında kontrol olmayabilirhatafaktörleri, olmak üzere iki guruba ayrılmaktadır. Böylece, Taguchi dizileri, bir maliyetfonksiyonunadayanarak, hangi değişkenlerin daha iyi performans içinseçilebileceğinibelirlemektedir.Bir tepki yüzeyleri ve tasarımları yaklaşımı, faktörlerinbir deney için etkisini araştıranbaşka birdeney tasarımıyöntemidir.Aynı zamanda bu yöntemparametrelerin istatistiksel anlamlılığını içeren, birinci ve ikinci derecedenpolinommodelleringeliştirilmesine katkı sağlayan bir metottur.

2.11.Karar Destek sistemleri ve Paradigmaları

Algılayıcı sinyallerininözelliklerine dayanarak, talaşkaldırma durumunun sonuçlandırması için, karar destek sistemlerinin geliştirilmesi doğrultusundafarklı tekniklerkullanılmıştır. Bilişsel paradigmaları çoğunlukla, talaşlı imalatta süreç durumu izleme doğrultusunda yapılmıştır. Örnek olarak, yapay sinir ağları, bulanık mantık, genetik algoritması ve karışık sistemler(çeşitli bilişsel metotlarını birleştiren sistemler), bu metotlardan oluşmaktadır.

2.11.1. Yapay sinir ağları

Yapay sinir ağları ya da kısaca YSA; insan beyninin çalışma sisteminin yapay olarak benzetimi çabalarının bir sonucu olarak ortaya çıkmıştır.YSA, belirli değerlere dayanarak, girdi alanında olan noktaları çıktı alanında olan eş noktalara belli bir fonksiyonla bağlamaktadır[1]. YSA, bilgileri örneklerden alırken, sürekli ve ayrık verileri işliyebilir ve bir yüksek genelleştirme kabiliyetini yakalar. YSA, bir haritalama[7]cihazı ve model ayrıcısı veya model bütünleştirici gibi bir cihaz demektir.

Yapay sinir ağları, talaş kaldırma durumunun izlenmesi ve tahmin edilmesi için çeşitli araştırmacılar tarafından tercih edilmektedir. Kesici kuvvetlere dayanarak, broşlamada takım durumunun izlenmesi ve tornalamada takım aşınmasının incelenmesi için bir YSA sistemi geliştirilmiştir[111-114]. Bukkapatnam ve diğerleri[113],yanak aşınmasının tahmini için, özellikleri girdi olarak, YSA sisteminegöndermiş ve yanak aşınmasını çıktı olarak sistemden almıştır.Şekil 2.7'de bir YSA modelinin genel yapısı görülmektedir. Bu sistemde kesme parametreleri girdi olarak sisteme verilmiştir.

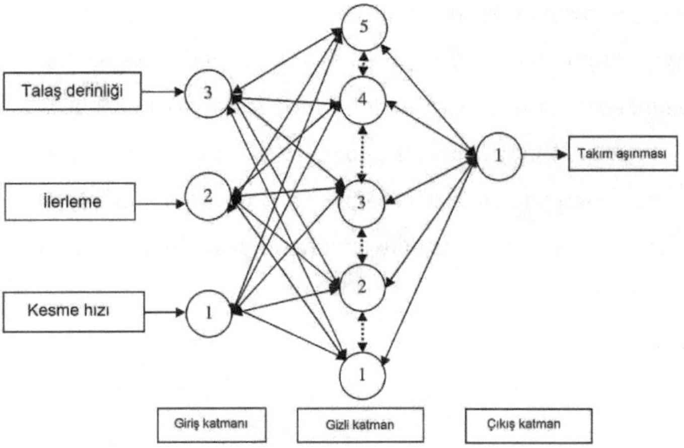

Şekil 2. 11. Takım aşınma izlemesi için YSA sisteminin genel yapısı[115]

7. Mapping

J.T. Lin vd.[116],tornalama işlemlerinde takım yanak aşınmasının izlenmesi için regresyon analizini ve YSA modellerini önermişlerdir. Talaş kaldırma işleminin gerçekleştirilmesinde sabit kesici tipi (TPG322 COMPAX 1500), üç seviyede kesme hızı (300, 500, 700 m/min), üç seviyede ilerleme (0,1; 0,2; 0,4 mm/rev) ve sabit talaş derinliği (0,5 mm) dikkate alınmıştır. Aşınmasının izlenmesi için kesme kuvvetleri ölçülmüş ve YSA sistemine verilerek izleme işlemi geliştirilmiştir. İlerleme ve kesme kuvvetleri, tahmin modeline girdi olarak verilmiş, takım aşınmasının tahmini için ilerleme kuvvetlerinin esas kesme kuvvetlerine göre daha etkili olduğu ortaya konulmuştur. Çalışma sonucunda, kesme parametrelerinin ve kesme kuvvetlerinin, takım aşınması üzerine etkileri tartışılmış ve grafikler halinde verilmiştir. Talaş kaldırma esnasında, takım aşınmasının artmasıyla beraber kesme kuvvetlerinin de arttığı görülmüştür. Ayrıca,kesme kuvvetlerinin dahil edildiği tahmin modelinde kesme hızının artması, takım aşınmasının artmasına ve ilerlemenin artması takım aşınmasının düşmesine neden olmuştur. Önerilen takım aşınma izleme prosedürüne göre bu çalışmada kesme kuvvetleri kullanılarak aşınma izlenme işleminin yapılması başarılı olarak görülmüş ve YSA metoduyla tahmin modelinden alınan ve ölçülen sonuçlar karşılaştırılmıştır (Şekil 2.12).

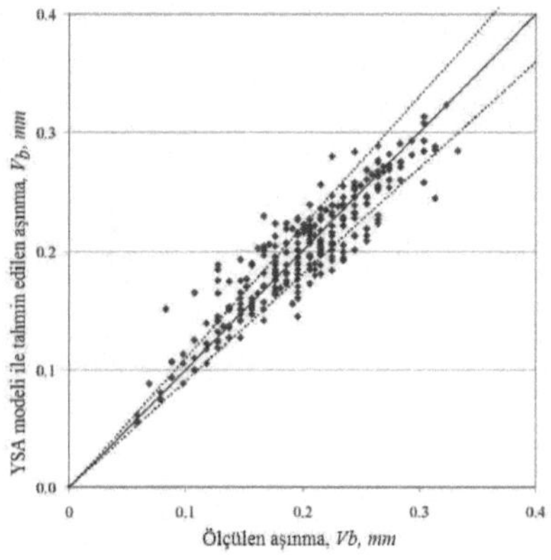

Şekil 2. 12. YSA modelinden tahmin edilen ve ölçülen sonuçların karşılaştırılması[116]

İbrahim vd.[12], YSA yöntemini dikkate alarak takım yanak aşınmasının tahmini için bir model önermiş, beş seviyeli kesme hızı, dört seviyeli ilerleme ve sabit talaş derinliği deneylerde kesme parametreleri olarak kullanılmıştır. Yumuşak çelik malzeme (mild steel) ve kaplamalı kesici uçlar, torna takım tezgahındakesilen kesenmalzeme çifti olarak dikkate alınmıştır. kullanılmıştır. Kesme kuvvetleri ve AY algılayıcıları takım aşınmasının izlenmesinde göz önüne alınarak deneyler yapılmış, aşınmanın tahmini için kesme parametreleri, kesme kuvveti ve AY girdi olarak YSA modeline verilmiş ve takım yanak aşınma değerleri tahmin edilmiştir. YSA modelinden alınan sonuçlar ölçülen sonuçlarla karşılaştırıldığında modelin doğruluk derecesinin yüksek olduğu gösterilmiştir. Farklı kesme parametrelerinde zamana bağlı olarak gelişen takım yanak aşınmasının grafiği verilmiş ve incelenmiştir. Çalışmanın sonuçlarına göre; YSA yöntemi, takım yanak aşınmasının tahmini için güvenilir metot olarak vurgulanmış ve YSA üzerine anlık izleme sisteminin kurgulanması önerilmiştir (Şekil 2.13).

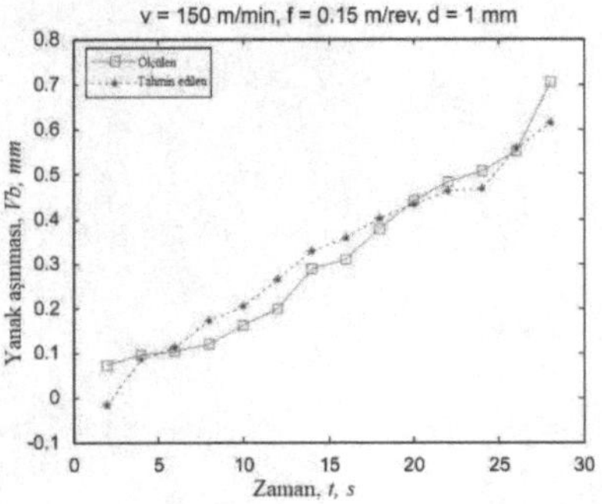

Şekil 2. 13. YSA modelinin tahmin ettiği ve ölçülen sonuçlar[12]

Attanasio vd. [117], tornalama işlemlerinde takım yanak aşınmasının tahmini için bir YSA modeli geliştirmişlerdir. Talaş kaldırma daSAE 1050 malzemesi ve tungsten karbür uç (SPUN120308) dikkate alınarak üç kesme hızı seviyesinde, üç ilerleme seviyesinde ve sabit talaş derinliği seviyesinde yapılmıştır. ANN modelinin kurulmasında ilerleme, kesme hızı ve zaman girdi olarak verilmiş ve aşınma çıktı olarak alınmış ve takım aşınması tahmini yapılmıştır. Ayrıca kesme parametrelerinintakım yanak aşınması üzerine olan etkileri incelenmiş ve grafiklerlegösterilmiş, ayrıca zamana bağlı olarak takım yanak aşınmasının ilerlemesitartışılmıştır. Üç boyutlu grafikler verilerek kesme prametrelerinin takım aşınmasıyla beraber değişmesi ortaya konulmuştur. Grafiklere göre zamanın dahil edildiği YSA modelinde, kesme hızı ve ilerleme arttığında takım yanak aşınması artmaktadır (Şekil 2.14). Çalışmanın sonucu olarak, YSA yönteminin takım aşınması tahmininde yüksek doğruluğa sahip olabileceği bildirilmiştir.

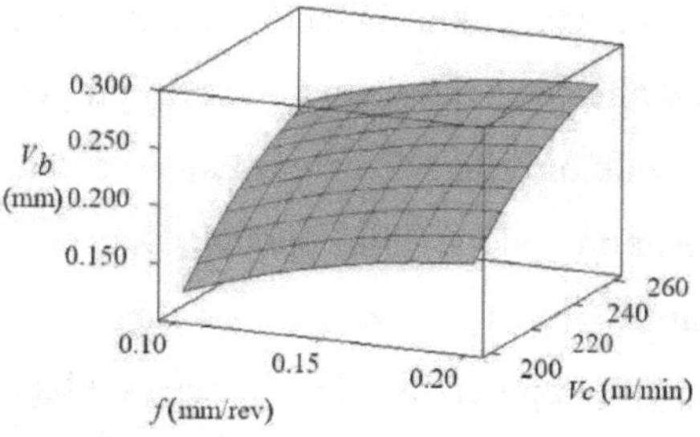

Şekil 2. 14. Yedi dakika talaş kaldırıldıktan sonra tahmin modelinin uç boyutlu grafiği[117]

2.11.2. Bulanık mantık

Bulanık mantığın (BM), iki farklı anlamı vardır. Dar bir anlamda bulanık mantık, bir mantıksal sistem demektir, hâlbuki daha geniş bir anlamda ve günümüzde kullanım üstünlüğü anlamında, bulanık mantık genellikle bulanık küme teorisiyle[1]eşanlamdadır. Bir bulanık küme, keskinsiz[8]bir küme demektir. Bu küme, bir kısmi üyelik derecesine sahip olan elemanları içermektedir. Bir bulanık küme, girdi alanında olan elemanlar ve 0 ile 1 aralıklarında olan değerlerin ilişkisi demektir. Bir üyelik fonksiyonu, bir eğridenoluşmaktadır. Bu eğri, girdi alanında olan her noktanın, 0 ile 1 arasında üyelik miktarına, nasıl bağlanacağını anlatmaktadır. Üyelik fonksiyonu, basitlik, kolaylık, hız ve verimlilik bakımından uygun olarak keyfi bir eğride olabilir. Tipik olarak, kullanılan üyelik fonksiyonları, üçgen[9], dikdörtgen,trapezoidal, gauss, sigmoidal vb. fonksiyonlardan oluşmaktalar. Bir bulanık mantık, IF-THEN (eğer-şayet) kurallarından oluşmaktadır. Bu kuralda IF kısmı, varsayım[10] ve THEN kısmı ise

---

8. Crisp
9. Triangular
10. Antecedent

sonuç[11]olarak belirlenir. Bulanık kurallar, genellikle bulanık operatörlerini kullanan, çeşitli birleşmiş varsayımlardan oluşmaktadır. Genellikle bir kural tek başına, çok iyi sonuçlar veremez. Bu nedenle birbirleriyle çalışan iki veya daha çok kurallara ihtiyaç vardır. Her kuralın çıktısı bir bulanık kümeden oluşmaktadır, ancak tüm kuralların toplam sonucu yalnız bir sayıdanoluşmaktadır. Bu nedenle, önce, her kuralın çıktısı olan kümeler toplanır ve yalnız bir küme oluşur.

En çok kullanılan toplama metotları: en büyük, olasılıklı[12]ve SUM[13] yöntemlerinden oluşmaktadır. Sonra elde edilen küme, bir tek sayı elde edilmek için durulanmalıdır. En çok yaygın durulaştırma metotları: En Büyük üyelik yöntemi, Ağırlık merkezi yöntemi,Ağırlıklı ortalama yöntemi, Ortalamaların en büyüğü yöntemi, Toplamların ortalaması, En büyük alanın merkezi, En büyüklerin ortalaması ve İlk en büyük vb. yöntemlerindenoluşmaktadır. Bulanık mantığı kullanarak girdi ve çıktı arasında bir ilişki kurma prosesine bulanık çıkarımdenilir.Bir bulanık mantık yapısı, bir bilgi tabanı, çıkarım motoru ve fonksiyonlardan oluşmaktadır. Bilgi tabanının iki elemanı vardır: dil terimli kuralı ve bulanık kuralı. Dil terimli kural, iki bulanık öncül kısım ve soncul kısım'a bölünmektedir. Bilgi bir sıra IF-THEN kurallarından oluşur ve girdi ve çıktılar arasında bir ilişki kurar ve bulanık mantık sistemi bu kuralları göz önüne alarak sonuçları tahmin eder. Şekil 2.8 ve Şekil 2.9,da bir bulanık mantık ve bulanık çıkarım sistemini görülmektedir. Şekillerden de görüldüğü gibi kesme parametreleri ve ölçülen değişkenler girdi olarak bulanık mantık sistemine verilir ve bulanık mantık sistemi, takımın durumunu tahmin eder.

---

11. Consequent
12. Probabilistic OR
13. Sum of each rule's output set

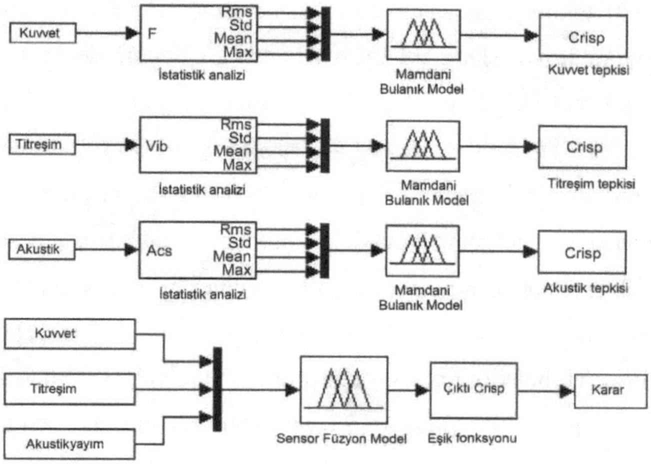

Şekil 2. 15. Takım aşınmasının izlenmesi için Bulanık Mantık sisteminin genel yapısı[88]

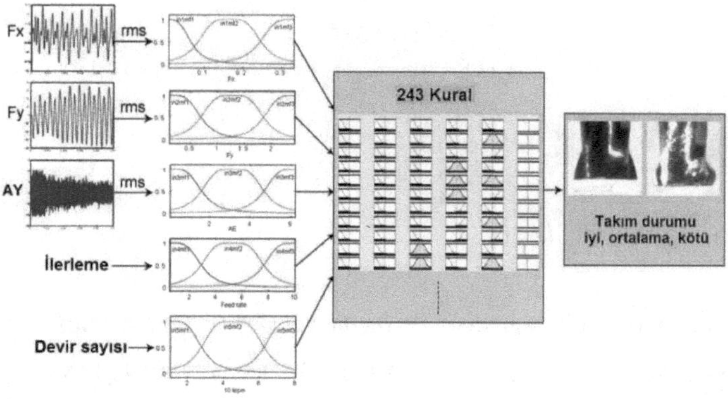

Şekil 2. 16. Çok girdili bir bulanık çıkarım sistemi

Agustin Gajate vd.[118], takım yanak aşınmasının izlenmesi için ANFIS modeli kullanmışlardır. Talaş kaldırma işlemi iki tip malzeme (gri dökme demir ve alaşımlı çelik) ve kaplamalı bir kesici uç dikkate alınarak yapılmıştır. Üç seviyeli kesme hızı, iki seviyeli ilerleme ve sabittalaş derinliği kesme parametreleri olarak seçilmiştir. Titreşim, kesme kuvvetleri, AYve zaman, YSA sisteminin kurgulanmasında girdi olarak modele verilmiş ve takım aşınması tahmin edilmiştir. Takım aşınmasının tahmin edilen sonuçları, grafik olarak vefarklı kesme parametreleri dikkate alınarak hazırlanmıştır (Şekil 2.17). ANFIS esaslı yapılan bu çalışmada, bulanık mantık yaklaşımı ile YSA yaklaşımınınbir araya getirilebileceği ön plana çıkarılmıştır. Bu çalışmanın sonucunda takım aşınma tahmini için yerel (malzemeye, kesiciye, işleme parametrelerine özgün) modellerin genel modellere göre daha güvenilir olduğu vurgulanmıştır.

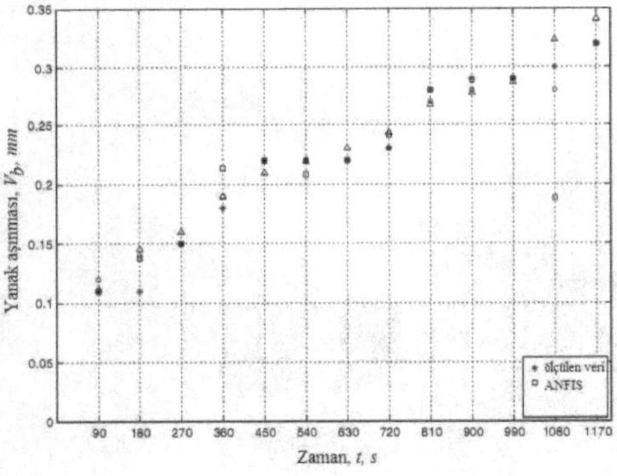

Şekil 2. 17. ANFIS modelinin sonuçları ve ölçülen değerlerin karşılaştırılması (V= 94 *m/min*,f=0,08 *mm/rev*, d=0,7 *mm*, Malzeme: En 24)[118]

Vishal vd.[119], takım yanak aşınmasının izlenmesi için bulanık mantık yöntemini kullanmışlardır. İki tip kesici uç (CCMT060204 TTS ve bir kaplamasız uç), iki seviyede kesme hızı,iki seviyede ilerleme ve sabit talaş derinliği dikkate alınmıştır. Takım aşınmasının izlenmesinde kesme kuvvetleri ve titreşim genliği ölçülmüş ve bulanık mantıkmodeline verilerek izleme işlemi yapılmıştır. Zaman, kuvvet, titreşim ve AY ayrı ayrı girdi olarak bulanık modele verilmişt, takım yanak aşınmasının tahmin sonuçları grafiksel vefarklı kesme parametreleri için verilmiştir (Şekil 2.18). Bu çalışma sonucunda, bulanık mantık yönteminin kullanılabilir olduğu vurgulanmış, tahmin modelinin daha doğru sonuçları vermesi için deneylerin sayısının artırılması önerilmiştir.

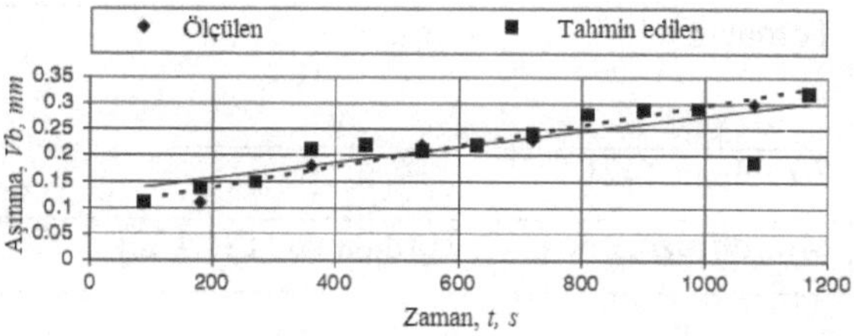

Şekil 2. 18. Bulanık mantık modelinin sonuçları ve ölçülen değerlerin karşılaştırılması (*V*= 94 *m/min*, *f*=0,06 *mm/rev*, *d*=0,7 *mm*, Malzeme: dökme demir)[119]

Takım durumunun izlenmesi ve tahmini için birçok araştırmacı tarafından, muhtelif karar destek sistemleri kullanılmış ve geliştirilmiştir (Çizelge 2.3).

Çizelge 2.3. Literatürde kullanılan karar destek sistemleri

Destek karar sistemleri	Kaynaklar
Yapay sinir ağları	Kılavuz çekme[42,19], Tornalama [41],[50],[29],[59],[12], Matkap[34],[52],[39],[36]
Bulanık mantık	Tornalama [20], Frezeleme[18,60],Delik tornalaması[53]
Üretken algoritma (GA)	Tornalama [120,50]
Adaptif neuro bulanık çıkarım sistemi (ANFIS)	Tornalama [55,7,59], Frezeleme [22]
Bayes ağlar	Frezeleme [42]
Hiyerarşikalgoritması	Mikro frezeleme [14], Tornalama [121,122]

2.11.3. Literatürün genel değerlendirmesi

Literatür araştırmasından da görüldüğü gibi, takım aşınmasının izlemesi ve tahmini çeşitli araştırmacılar tarafında yapılmıştır ve bu hususta çalışmalar halen de devam etmektedir. Literatürde araştırıldığı gibi, çalışmalar farklı hususları, örneğin algılayıcıları, özellik seçme ve çıkarım metotlarını, izleme kapsamlarını, sinyal işleme yöntemlerini, tahmin sistemlerini ve deney tasarımı metotlarınıkapsamaktadır.Bu çalışmalara rağmen günümüze kadar sanayi ortamında uygulamalı olarak kullanılabilir bir izleme ve tahmin sistemi bulunmamaktadır. Bu yetersizlikler çeşitli sebeplerden örneğin, algılayıcı sistemlerinden, sinyal işleme metotlarından, tahmin ve değerlendirme metotlarından vb. hususlardan kaynaklanmaktadır. Günümüze kadar yapılan çalışmalarda değerlendirme ve tahmin metotlarının verimliliği çalışılmamıştır. Ayrıca deney yapma ve değerlendirmesinin kolaylaştırılması için talaş kaldırma sürecinin bir benzetim ortamına taşınabilmesi ve bilgisayar ortamında yapılabilmesi için herhangi bir adım atılmamıştır. Genel bir metodun geliştirmesi için, bu çalışmada en güvenilir değerlendirme metodunun seçilmesi ve talaş kaldırma sürecinin benzetim ortamınataşınması, iki önemli husus olarak araştırılmıştır.Bu amaca ulaşmak için, deney tasarımı yapıldıktan sonra, literatürde kullanılmayan yeni bir malzeme ve kesici uç seçilerek, titreşim, kesme kuvveti ve zaman değişkenleri deney yapma esnasında ölçülmüştür.Deneyler yapıldıktan sonra sonuçlar, matematiksel, bulanık mantık ve yapay sinir ağları yöntemleriyle yorumlanmış, takım aşınması tahmini için tercih edilen yöntemlerin verimliliği tartışılmış ve sonra farklı tahmin kapsamları ve farklı parametreler için en verimli tahmin metotları önerilmiştir. Ayrıca deneysel işlemlerin kolaylaştırması için, talaş kaldırma sürecinin benzetimi yapılmış ve bu işlemler bilgisayar ortamına taşınmıştır.

3. TALAŞ KALDIRMA İŞLEMİ

Çalışma kapsamında yer alantakım aşınmasının tahmininde, aşınmamış ve aşınmış kesici ucun kesme kuvvetlerinin elde edilmesi gerekmektedir. Dolayısıyla Bu bölümde, takım aşınmasının izlenmesi için talaş kaldırma işlemi özet olarak incelenecek ve kesme kuvvetinin hesaplanması için var olan analitik ve deneysel modeller tartışılacaktır.Son olarak takım aşınması ve kesme kuvveti modellemesinde kullanması gereken bir model seçilecektir.

Talaşkaldırarak şekillendirme en önemli imalat yöntemlerinden birisidir. Talaşlı imalat işleminde; iş parçasını istenilen geometriye getirmek için üzerindeki fazlalıklar, uygun takım tezgâhı (torna, freze, matkap) ve kesici takım kullanılarak talaşlar şeklinde uzaklaştırılır ve parçada istenilen boyutlar ve yüzey kalitesi sağlanır. İş parçası metal olduğu zaman, işlem metal kesme olarak da isimlendirilir. Talaşlı imalat işleminde etkin olan kesme hareketi, iş parçasının kesici takım önündeki plastik deformasyonunu ve deforme olan bu katmanın talaşa dönüşmesini sağlar.

Talaş kaldırma teorisinin odak noktası talaşın oluşumudur. Talaş, ana malzemeden plastik şekil değiştirmenin sonucu meydana gelmektedir. Keskin bir kesici uç malzemeye nüfuz ederek hareket ettiğinde, malzeme ile temas noktasında malzemenin plastik şekil değiştirmesine neden olan yüksek gerilmeler ve sıcaklıklar meydana gelmektedir (Şekil 3.1). Gerilmeler malzemenin akma sınırını aştığında talaş olarak adlandırılan belli bir yüzey tabakası, iş parçası boyunca takımın kesme yüzeyinden kayarak parçadan ayrılır. Talaşın kesici takım kesme yüzeyinde kayması yüksek basınçlar altında meydana gelir ve oluşan sürtünmeden dolayı takım yüzeyinde yüksek sıcaklıklar oluşur[123].

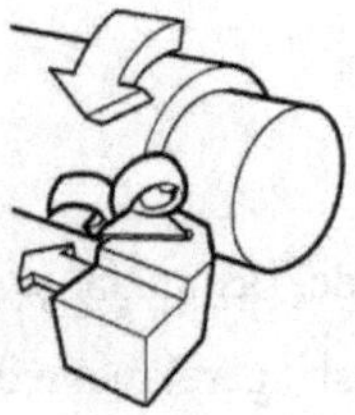

Şekil 3.1. Talaş kaldırma işlemi

Fiziksel bakımdan talaş kaldırma işlemi, elastik ve plastik şekil değişimine dayanan, iş parçası ve takım üzerinde sürtünme, ısı oluşumu, talaşın kırılması ve büzülmesi, işlenen parçanın yüzeyinin sertleşmesi, takım ucunun aşınması gibi olayların meydana geldiği karmaşık bir fiziksel olaydır.

Kesicinin iş parçasına nüfuz etmesi, ancak takıma uygulanan kuvvetlerin yeterli ve takım malzemesinin iş parçası malzemesinden daha sert olması halinde gerçekleşir. Talaş kaldırma olayını incelemek için kama şeklinde bir kesme ucundan yapılan ve Şekil3.2'de gösterilen bir takım/iş parçası modeli verilmiştir.

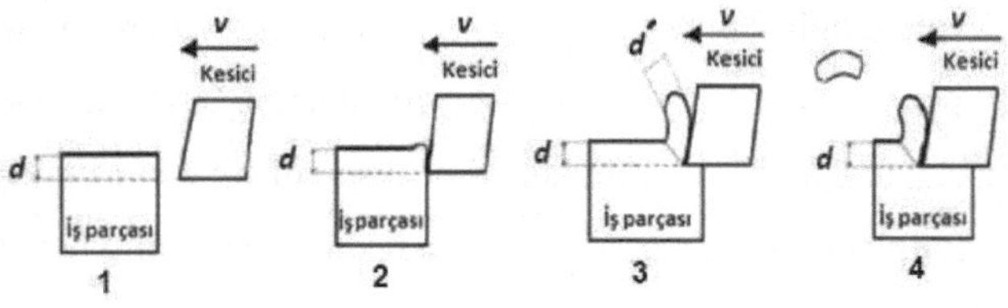

Şekil 3.2. Takım ve iş parçası modeli

Şekil üzerinde numaralandırarak talaş oluşumu basit bir şekilde anlatılabilir.Burada;*V*: kesme hızı, *d*: kesilmemiş talaş derinliği, *d́*: kesilmiş talaş kalınlığıdır. Kesici takım,*V* kesme hızıyla iş parçasına yaklaşır. Kesici takımın iş parçası temasından sonra, iş parçası farklı mekanik ve termal kuvvetlere maruz kalır. Devam eden kesme işleminde malzemenin akma sınırına gelinir. Bu noktaya kadar yapılan işlemler malzemenin elastik deformasyon bölgesinde olduğundan, bu noktada kesme işlemi durdurulur veya geri çekilirse, malzeme ilk haline geri dönebilir.

Devam eden kesme işlemi ile malzemenin akma sınırı geçilerek, kalıcı deformasyonların oluşturulduğu plastik davranış bölgesine girilir. Gerilmeler plastik noktasına vardığında talaş olarak adlandırılan yüzey katmanları, iş parçası boyunca takımın kesme yüzeyinden kayarak parçadan ayrılır. Bu bölgede kuvvetlerin durdurulması veya geri çekilmesi halinde, malzemenin eski haline dönmesi gibi bir durum söz konusu değildir.Kesme işleminin sürekliliğihalinde malzemeden ayrılan talaş oluşumu meydana gelir.Tornalama, frezeleme, delme veya vida açma gibi geleneksel imalat işlemlerinde iş parçası yüzeyinden talaşlar şeklinde malzemeler kaldırılır. Talaşlı imalat işlemleri farklılık gösterse de talaş oluşum mekanizması genelde aynıdır.

3.1. Kesme modelleri

Aşınma modelinin kuvvete bağlı olması nedeniyle, aşınma modellerinin de kuvvete dayalı olarak geliştirilmesi gerekmektedir. Aşınmanın ilerlemesiyle doğru oranlı olarakkesme kuvveti de artmaktadır. Ancak, yeni bir takım talaş kaldırma işlemine başladığında talaşı iş parçası üzerinden kaldırmak için kuvvet uygulanması gerekmektedir. Bu kuvvetaşınmamış kesici takım kuvveti olarakadlandırılır. Kesme kuvvetinin modellenmesi için, analitik ve deneysel yaklaşımlar bulunmaktadır. Çalışma kapsamında analitik yaklaşımlar dahil edilmiş ve deneysel modeller dikkate alınmıştır.

3.1.1. Aşınmamış kesici uç için kesme kuvvet modelleri

Tornalama işlemlerinde aşınmamış kesici ucun kesme kuvvetinin geliştirmesi için iki genel model bulunmaktadır.

- Dik kesme modeli
- Eğik kesme modeli

Bu çalışmada dik kesme modeli dikkate alınmıştır.

<u>Dik Kesme Mekaniği</u>

Literatürde;kesme kuvvetleri sayesinde, artık gerilmeyi ve talaş tipinin tahminini sağlayabilen çok sayıda analitik model gelişmiştir. Ancak, günümüze kadar bütün kesme şartlarını kapsayan benzersiz geçerli bir çözüm bulunamamıştır. Analizlerbelirli ve az sayıda kesme şartlarını tahmin edecek şekilde sınırlı modellerin yaygın olduğunu göstermektedir.Parametrelerin sayısının sınırlandırılmasının en önemli olumlu yönü, değişkenlerin sayısının azaltılmasıdır. Kesme mekaniği açısından, kuvvetlerin tahmin edilmesi çok basit olarak nitelendirilmiştir. Kesme kuvvetleri üzerine ilk sayısal analiz 1941 yılında Ernest ve Merchant teorisine dayanılarak yapılmıştır[124]. Bu teori bazı çalışmalarda doğru sonuç veremediğinden, çalışmalar devam etmiştir. Ancak, farklı araştırmacılar tarafından birçok kesme kuvvet modelleri yapılmasına rağmen, bu modellerin hiç biri Ernest-Merchant modellerinin iyileşmesine yol açacak bir rol oynamamıştır.

Yaygın kesme işlemleri, üç boyutlu ve karmaşık geometrilere sahip olmasına rağmen, iki boyutlu dik kesme modeli metal talaş kaldırma işleminin genel mekaniğini açıklamak için öncelikle tercih edilmektedir. Dik kesmede, kesici takımın ana kesme kenarı ilerleme doğrultusuna dik kalır ve bu şekilde talaş kaldırma işlemi gerçekleşir. Daha karmaşık ve üç boyutlu eğik kesme işlemlerinin mekaniği, genellikle dik kesme işlemine uygulanmış geometrik ve kinematik dönüşüm modelleriyle temsil edilmektedir. Şekil 3.3'de dik kesme modelini gösteren İşlemlere iki örnek verilmiştir. Dik kesme; kesme kenarı, kesme hızı vektörüne (V) dik olan düz takımla şekillendirmeyiifade eder. Talaş eni (d_0) ve kesilmemiş talaş derinliği (d) boyutlarındaki metal talaş, iş parçasından kesilerek ayrılır. Dik kesmede, kesme işleminin kesme kenarı boyunca düzeyligerçekleştiği varsayılır. Böylelikle malzemede kenara doğru yayılma olmaksızın iki boyutlu ve doğrusal birim şekil değiştirme işlemi gerçekleşmiş olur. Bu haliyle, kesme kuvvetleri esas kesme kuvveti (F_c) ve ilerleme kuvveti (F_f) olarak şekillenir, hız vektörü boyunca ve kesilmemiş talaş kalınlığı doğrultusunda iş yapmış olur. Şekil 3.3.(b)'de gösterilen içi boş silindirik parçanın yerine içerisi dolu olan bir silindirik parça seçildiğinde radyal kuvvet de (F_r) oluşur [125].

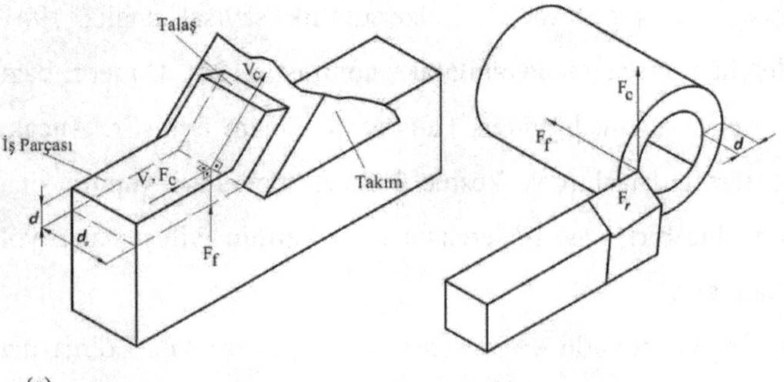

Şekil 3.3. Dik kesme geometrisi (a) Düzlemsel parçalarda, (b) Silindirik parçalarda dik kesme[124]

Takım kenarı iş parçasına dalarken takımın malzeme içerisinde hareketiyle bir talaş formu biçimlenmeye başlar ve ilk kayma bölgesi oluşur. Malzemenin kesilmesiyle talaş kısmen şekil değiştirir ve takımın talaş yüzeyi boyunca hareketiyle ikinci deformasyon bölgesi oluşur. Takımın yan yüzeyindeki iş parçasına bakan sürtünme bölgesinde ise üçüncü bölge meydana gelir (Şekil 3.4). Talaş başlangıçta takımın talaş yüzeyine yapışır ve burada yapışma bölgesi oluşur. Talaş yapışma olayı biter ve sürekli kayma sürtünmesiyle talaş yüzeyinde talaş akışı başlar. Talaş takımdan ayrılır, takımın talaş yüzeyi ile teması kaybolur. Talaşın takım ile arasındaki temas uzunluğu, kesme hızına, takım geometrisine ve malzemenin özelliklerine bağlı değişkenlerdir. Merchant kesme bölgesindeki büyüklüklerin tahmin edilmesi içindik kesme modeli geliştirmiştir(Şekil 3.5).

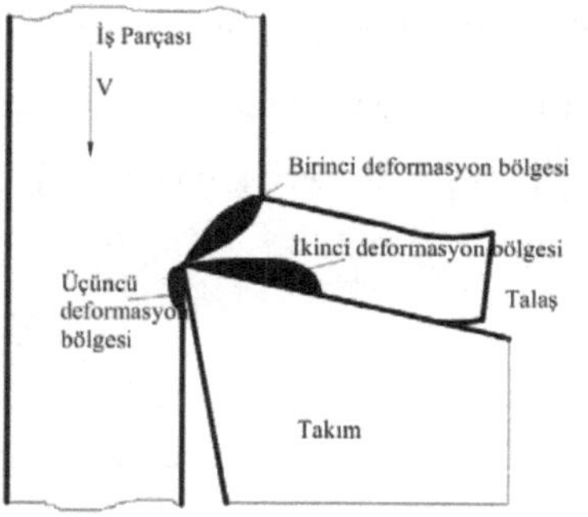

Şekil 3.4. Dik kesmede oluşan deformasyon bölgeleri[124]

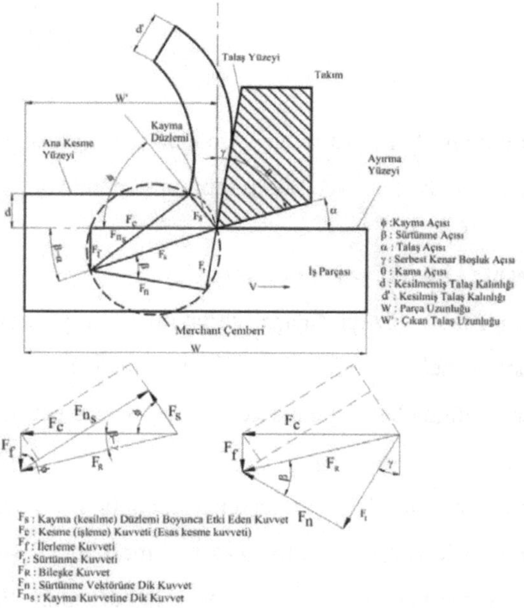

Şekil 3.5. Dik kesme mekaniği[124]

Burada deformasyon, kesme kenarının köşe olduğu, pah veya yarıçap bulundurmadığı ve kayma düzleminin son derece ince olduğu bölgede oluşmaktadır. Kayma açısı (φ) kesme hızı (*V*) ve kayma düzlemi doğrultuları arasındaki açı olarak belirlenmiştir. Kayma düzlemindeki kayma gerilmesi (τ_s) ve normal gerilme (σ_s) sürekli olarak mevcuttur. Şekilde görüldüğü gibitalaş üzerinde oluşanbileşke kesme kuvveti (F_R), F_c ve F_f kuvvetlerinden kaynaklanarak, aşağıdaki eşitlik şeklinde elde edilir.

$$F_R = \sqrt{F_c^2 + F_f^2} \tag{3.1}$$

Seçilmiş parça içerisi dolu olduğunda, radyal kuvveti de ($\mathrm{F_r}$) uygulandığında, bileşke kesme kuvveti aşağıdakieşitlikle ifade edilir.

$$F = \sqrt{F_c^2 + F_f^2 + F_r^2} \tag{3.2}$$

İlerleme kesme kuvveti, kesilmemiş talaş kalınlığı yönünde, esas kesme kuvveti,kesme hızı doğrultusunda ve radyal kuvvet, takım sapının yönündedir.

3.1.2. Aşınmış kesici uç için kesme kuvveti ve aşınma modeli

Metal kesme İşlemlerinde, takımın talaş yüzeyi, talaşla ve takımın yan yüzeyi işlenmiş parça yüzeyi ile temas etmektedir. Böylece takımın, talaşın ve iş parçasının bu yüzeyleri arasında sürtünmeler meydana gelir ve bir sonuç olarak takım aşınmaya maruz kalır.

Takım aşınması dinamiksel bir olay olduğu için, aşınma modellemesinde, deneysel sonuçlardan da yararlanmak gerekmektedir. Takım ömrünün, *T* ve kesme parametrelerinin örneğin kesme hızı, *V*, ilerleme, *f*, ve talaş derinliği, *d*, aralarında olan ilişki aşağıda ki şekilde gösterilmektedir [126]:

$$T = a_0 . V^{a_1} . f^{a_2} . d^{a_3} \tag{3.3}$$

Yukarıda a_0, a_1, a_2 ve a_3 sabitleri takım ve iş parçası malzemelerinin kombinasyonuna bağlıdır. Yukarıdaki eşitliğe, bazen taylorun genişletilmiş formülü dedenilir. Takım ömrü parametrelerinin belirtilmesi için çeşitli metotlar kullanılmaktadır. Eğer aşınma alanıTaylor önerdiği gibi sabit kabul edilirse, o zaman aşınma-alan eğrileri takımın ömrünün zaman olarak belirtmesi için Eş.3.4 gibi yazılabilir[126]:

$$T = \frac{V_{b_f} - \acute{V}_b}{k_w} \tag{3.4}$$

Yukarıda V_{b_f}aşınma alanının kırılma kriteri, $\acute{V}_b$aşınma alanının normal miktarı ve deneyerek bulunmaktadır, k_w aşınma alanının büyüme hızı ve T ise verilmiş kesme parametrelerinde takım ömrüdür. Takım aşınmasının V_b miktarı t zamanında Eş. 3.5şeklinde belirlenmektedir:

$$V_b = V_{b0} + m.t \tag{3.5}$$

Yukarıda V_{b0}, ilk aşınma, m aşınma-zaman eğrisinin eğimi ve t kesme zamanını göstermektedir. Aşınma miktarının belli bir kesme zamanında artışı, verilmiş kesme parametrelerine bağlı olduğu için, aşınma miktarı aşağıdaki gibi ifade edilebilir [126]:

$$V_b = V_{b0} + a_0.V^{a_1}.f^{a_2}.d^{a_3}.t^{a_4} \tag{3.6}$$

Yukarıda, V, f ve d sırasıyla kesme hızı, ilerleme ve talaş derinliği ve a_0, a_1, a_2, a_3 takım ve iş parçası malzeme kombinasyonlarına bağlı olan sabitleri göstermektedir.

Choudhury tarafından yapılmış olan bir deneysel çalışma sonucunda, zamana bağlı olarak kuvvet değişimi Eş. 3.7şeklinde ifade edilmektedir [126]:

$$F = F_0 + n.t \tag{3.7}$$

Yukarıda F_0, t=0 zamanında ilk kuvvet miktarını gösterir ve sadece kesme parametrelerine bağlıdır, F belli bir zaman (t) sonra kuvvet miktarını ve n ise kuvvet-zaman eğrisinin eğimini göstermektedir. Burada n eğimi farklı kesme hızı, ilerleme ve kesme derinliğine göre değişmektedir. Dolayısıyla, Eş. 3.8, aşağıdaki eşitlikformunda kabul edilmiştir[126].

$$F = F_0 + b_0.V^{b_1}.f^{b_2}.d^{b_3}.t^{b_4} \tag{3.8}$$

Yukarıda $b_0, b_1, b_2, b_3\ ve\ b_4$ kesici takım ve iş parçası kombinasyonlarına bağlı olan sabitleri göstermektedir. Kesme İşlemi devam ettiğinde takım zaman boyunca aşınır ve kesme kuvvetlerinde artışa neden olur. Bu nedenle kesici takımda olan aşınma değişimi, kuvvet miktarının değişmesine bağlı olarak hesaplanır.

Bu bölümde talaş kaldırma işleminin önemi tartışılmış ve aşınmamış ve aşınmış kesme kuvvetlerinin elde edilmesi için analitik ve deneysel modeller incelenmiştir. Talaş kaldırma İşlemlerinde kesme mekaniğinden türetilen eşitliklerle elde edilen kesme kuvvetleri, sadeceaşınmamışkesici uç için geçerlidir. Ancakbu analitik formüllerin de bazı parametrelerideneysel yöntemler ile bulunmaktadır. Ayrıca takım aşınması süresince kesme kuvvetlerinin hesaplanması için, takım geometrisine bağlı olan hiçbir eşitlik bulunmamaktadır. Dolayısıylabu bölüm sonunda, talaş kaldırma mekaniğinden bağımsız olan ve aşınmamış ve aşınmış kesici takımların kesme kuvvetlerinin modellemesini de kapsayan, deneysel bir model incelenmiştir. Bu deneysel model materyal ve metot bölümünde kesme kuvvet ve yanak aşınması modellemesi için kullanılacaktır.

4. KESİCİ TAKIM TİTREŞİMİ

Çalışma kapsamı olarak takım aşınmasının izlenmesinde, titreşim genliğinin ölçülmesi için bu bölümde kesici takımın titreşimine sebep olan faktörler incelenecek ve metal kesme dinamiği kullanılarak takım aşınması esnasında kesici takımın titreşim sinyallerinin genliğinin değişmesi tartışılacaktır. Takım aşınmasının, titreşim genliği üzerine sağladığı etki, matematiksel modellerden faydalanılarak gösterilecektir. Son olarak takım aşınmasının tahmini için titreşim sinyallerinin genliğinin ölçülmesi önerilecektir.

Talaş kaldırma İşlemlerindekesme esnasında oluşan zırlamadan dolayı, kullanılabilecek en yüksek ilerleme değeri ve takım- iş parçası temas alanının sınırlı kalması gerekmektedir. Zırıltı olarak da adlandırılan titreşimler, takım ve iş parçası arasında olan istenilmeyen hareketten kaynaklanmakta ve iş parçası yüzeyinde artan yüzey pürüzlülüğüne sebep olmaktadır. Takım tezgâhı, kesici takım ve iş parçası, karmaşık dinamiksel özellikler sahip olan bir yapı oluşturmaktadır. Takım tezgâhının davranışının benzetimini yapmak için sürtünme, yay ve kütle elemanlarının kullanılması gerekmektedir. Takım tezgâhlarında oluşan titreşim; kuvvete dayalı titreşimler ve kendinden kaynaklanan titreşimler olmak üzere iki tipe ayrılmaktadır[127].

4.1. Kuvvete Dayalı Titreşimler

Bir takım tezgâhının dinamiğinin benzetimini yapmak için, tek yönlü hareket serbestliği olan basit bir yay-kütle sistemi kurulmaktadır. Bu sistem Şekil 4.1'de gösterilmiştir. Bu sistemin hareket eşitliği Newton'un İkinci Kanununa göre aşağıda verilmiştir[127].

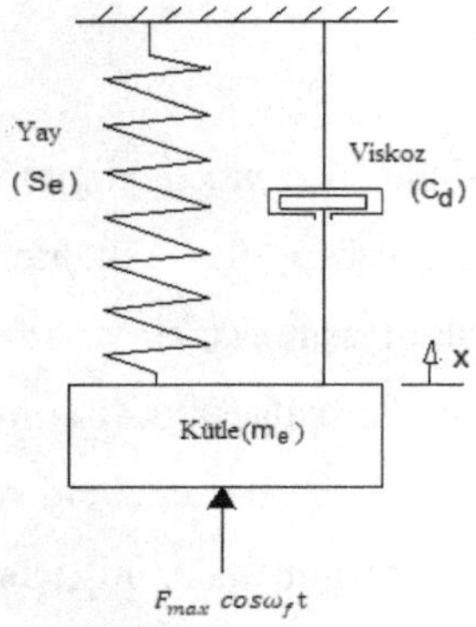

Şekil 4.1. Titreşim modeli[127]

$$m_e.\frac{d^2x}{dt^2} + c_d.\frac{dx}{dt} + s_e.x = F_{max}.cos\omega_f t \quad (4.1)$$

Bu diferansiyel denklem çözüldüğünde titreşim genliği (x) parametrelerine göre bulunabilir.

4.2. Kendinden Kaynaklı Titreşimler

Kuvvete dayalı titreşimlerden farklı olarak ve kesme kuvvetlerinin değişmesinden bağımsız olan zırıltı da söz konusudur. Silindirik iş parçasından talaş kaldırıldığında bu tip titreşimler oluşmakta ve kuvvetlere dayalı titreşimler gibi kolayca anlaşılamamaktadır. Bu tür titreşimlere sebep olan koşulların tahmin edilmesi, prosesi kontrol etmede zorluklar doğurmaktadır. Talaş kaldırma süresince kendinden kaynaklı titreşimler iki sebepten oluşmaktadır. Birincisi; bazı koşullar altında kesme prosesinin kararsız olmasından, takım ve iş parçası arasındaki küçük miktarda da olsa var olan kaymaların büyük bir titreşime yol açmasındandır. Bu durumun benzetimini yapmak için Eş.4.1'de yer alan $C_d$sabitininnegatif yönde olması gereklidir. Negatif yönde olan bir sönümleme sistemi, kararsız bir sistem olarak tanımlanmıştır.

İkincisi; talaş kaldırma proseslerinde yaygın olarak gözüken, ancak karmaşıklığı dolayısıyla tahmini kolay olmayan ve C_d değerinin sıfırdan büyük olmasındandır. Bu durumda, kesici kuvvet kendi kendine kararlı olmakta vetakım-iş parçası nispi hareketlerinden kaynaklanan bu titreşim, talaş kaldırma boyunca zayıflamaktadır. Ancak, ard arda talaş kaldırma İşlemlerinde; kesici takım önceki pasodan kalan takım izini kaldırırken oluşan kuvvet değişmesinden dolayı titreşim devreye girer. Bu kuvvete dayalı titreşim talaş kaldırma boyunca gitgide yükselen bir titreşim genliği oluşturur.Kendi kendinden kaynaklanan titreşimi detaylı anlamak için metal kesme dinamiğinin araştırılması gerekmektedir[128].

4.2.1. Metal kesme dinamiği

Şekil 4.2, takımın sinüsoidal bir yolla talaş kaldırdığı varsayımına dayalı çizimi göstermektedir. Bu şekilde kaldırılmamış ani talaş derinliği d_{an},talaş derinliğinin değişim hızı $\dot{d}_{an}$, talaş açısı γ ve serbest kenar boşluk açısı α talaş kaldırma süreci boyunca değişmektedirler. Kesme yönüne dik olan takımın titreyen kuvvetinin miktarını bulmak için aşağıdaki hareket eşitliği yazılabilir [127].

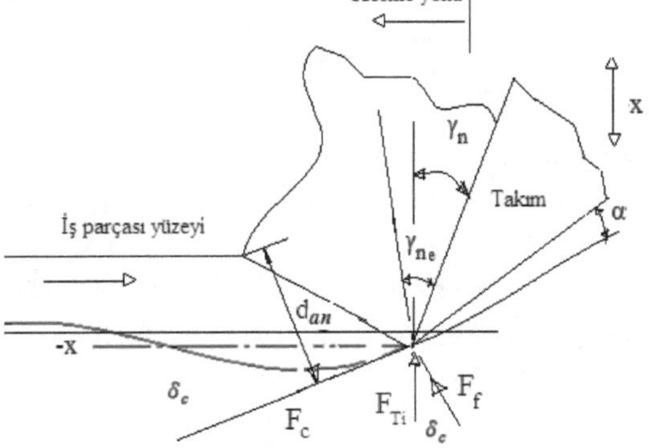

Şekil 4.2. Takım izi[127]

$$m_e.\ddot{x} + c_d.\dot{x} + s_e.x = F_{Ti} \tag{4.2}$$

Şekil4.3'de görülen dalgalı talaş kaldırma modeli olarak da adlandırılan bir diğertakım yolu da literatürde bulunmaktadır[127]. Kaldırılmamış talaş derinliğinin sinüsoidal bir formla değiştiği varsayılmıştır. Diğer parametreler sabit olduğu takdirde, bileşkekesme kuvvetinin değeri kaldırılmamış anlık talaş derinliği(d_{an}) ile orantılı kalmaktadır. Ancak, kaldırılmamış talaş derinliğinin değişim hızının da ($\dot{d}_{an}$) kuvvet bileşkesine olan etkisi ortadadır.

$$\delta_c = \frac{\dot{d}_{an}}{V} \tag{4.3}$$

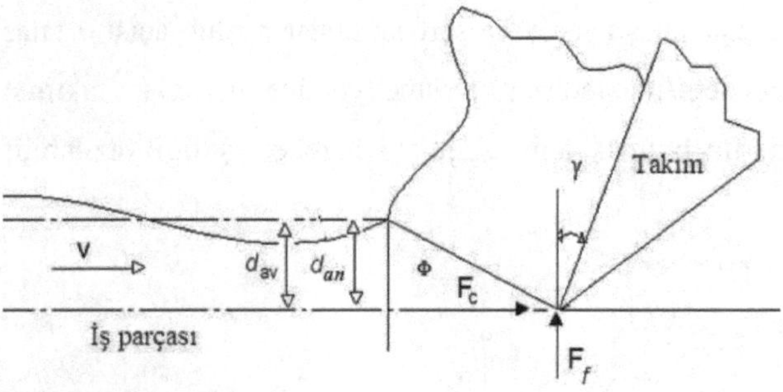

Şekil 4.3. Kaldırılmamış talaş derinliği değişimi

Bir başka ifadeyle, kesme hızı (V) sabit olduğu takdirde, kaldırılmamış talaş derinliğinin değişme hızı, iş parçası yüzey eğimiyle orantılı kalmaktadır.

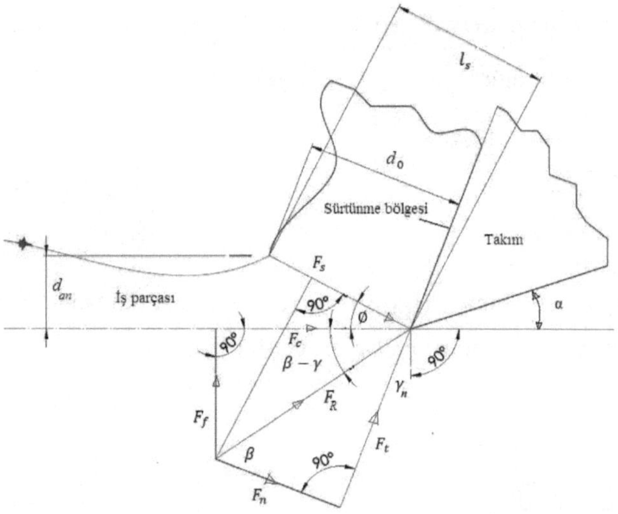

Şekil 4.4. Kesme mekaniği[127]

Kaldırılmamış talaş derinliğinin değişim hızının takım kuvvetine olan etkisinin incelenmesi mümkündür. Şekil 4.4, dalgalı talaş kaldırma boyunca kuvvetlerin takım üzerine olan dağılımını göstermektedir. τ_s,kayma düzleminde oluşan kayma gerilmesi ise, kesme düzleminde uygulanan kuvvet aşağıda verilmektedir:

$$F_s = \tau_s . d_w . l_s \tag{4.4}$$

Yukarıda d_w: talaş genişliği ve l_s: kayma düzleminin uzunluğudur. Diğer taraftan, ilerleme ve kesme kuvvetlerinin bileşke kesme kuvveti ile olan ilişkisi,

$$F_f = F_R . sin(\beta - \gamma_n) \tag{4.5}$$

$$F_s = F_R . cos(\emptyset + \beta - \gamma_n) \tag{4.6}$$

Şeklindedir.

Eş.4.4 ve Eş.4.6 bir araya geldiklerinde ve l_s'in yerine $\frac{d_{an}}{sin\,\emptyset}$ konulduğunda, eşitlik aşağıdaki forma dönüştürülür:

$$F_f = \frac{\tau_s . d_{an} . d_w . sin(\beta - \gamma_n)}{sin\,\emptyset . cos[\emptyset + (\beta - \gamma_n)]} \quad (4.7)$$

Takım üzerindeki yapışkan sürtünme bölgesi boyunca, sürtünme kuvveti(F_t) etkili olmaktadır. Dolayısıyla τ_f bu bölgenin kayma gerilimi ise:

$$F_t = \tau_f . d_w . l_{st} \quad (4.8)$$

olarak ifade edilir.

Yukarıda,l_{st} yapışkan sürtünme bölgesinin uzunluğudur. Talaş açısına, kesme hızına ve iş parçası cinsine göre l_{st} değerinin talaş eni ile orantılı olması gerekliği ispatlanmıştır[127]. Dolayısıyla,

$$l_{st} = K . d_0 \quad (4.9)$$

yazılır ve burada K sabit bir değer alınırsa,kaldırılmış talaş derinliği,d_0 ,

$$d_0 = \frac{d_{an} . cos(\emptyset - \gamma_n)}{sin\,\emptyset} \quad (4.10)$$

olur.

Eş.4.8 ve Eş.4.10bir araya getirildiğinde sürtünme kuvveti, F_t,

$$F_t = \frac{\tau_f . K . d_{an} . d_w . cos(\emptyset - \gamma_n)}{sin\,\emptyset} \quad (4.11)$$

olur.

Benzer adımlarla takımın talaş yüzeyinde oluşan tepki kuvveti, F_n,

$$F_n = \frac{\tau_s . d_{an} . d_w . cos\,\beta}{sin\,\emptyset . cos[\emptyset + (\beta - \gamma_n)]} \quad (4.12)$$

olarak elde edilir.

Eş.4.11 ve Eş.4.12kullanılarak sürtünme açısı β aşağıdaki eşitlikte belirlenmektedir:

$$tan\,\beta = \frac{F_t}{F_n} = \frac{cos^2(\emptyset - \gamma_n)}{\acute{Q} + [sin(\emptyset - \gamma_n).cos(\emptyset - \gamma_n)]} \quad (4.13)$$

Buradaki$\acute{Q}$değeri, çoğu kesme şartları için $\frac{\tau_s}{\tau_f.K}$ şeklinde sabit olarak alınır [127].

Eş.4.7 ve Eş.4.13bir araya getirilerek,

$$F_f = \tau_s.d_{an}.d_w.\frac{cos\,\emptyset.cot(\emptyset - \gamma_n) - (\acute{Q}.sin\,\gamma_n)}{\acute{Q}.sin\,\emptyset.cos(\emptyset - \gamma_n)} \quad (4.14)$$

elde edilir.

Benzer prosedürler kesme kuvveti (F_c) için uygulanırsa,

$$F_c = \tau_s.d_{an}.d_w.\left[\frac{sin\,\emptyset.cos(\emptyset - \gamma_n) - (\acute{Q}.sin\,\gamma_n)}{\acute{Q}.sin\,\emptyset.cos(\emptyset - \gamma_n)}\right] \quad (4.15)$$

olarak elde edilir.

4.2.2. Titreşimin dinamik modeli

Titreşimin dinamik modelinin türetilmesi için, yukarıda geçen F_{Ti} kuvvetinin miktarının belirlenmesi gerekmektedir. Şekil 4.2'de görüldüğü gibi, δ_c miktarı çok küçük olduğu varsayıldığında, F_{Ti} kuvveti aşağıdaki eşitlikle yazılabilir:

$$F_{Ti} = F_f + (F_c.\delta_c) - F_{fs} \quad (4.16)$$

Ayrıca, iş parçasına göre değişen anlık talaş açısı,

$$\gamma_{ne} = \gamma_n + \delta_c \quad (4.17)$$

olarak yazılır.

Ayrıca, anlık kaldırılmamış talaş derinliği,

$$d_{an} = d_{av}.[1 + (\delta_c . cot\, \emptyset_{av})] - x \tag{4.18}$$

olarak elde edilir.

F_f Ve F_c değerlerin genel miktarlarının bulunması için, aşağıdaki eşitlikler,

$$F_f = d_{an}.d_w.\frac{\tau_s.cos\,\emptyset.cot(\emptyset - \gamma_n) - (\tau_s.\acute{Q}.sin\,\gamma_n)}{\acute{Q}.sin\,\emptyset.cos(\emptyset - \gamma_n)} + q_t.\delta_c \tag{4.19}$$

$$F_c = d_{an}.d_w.\frac{\tau_s.sin\,\emptyset.cos(\emptyset - \gamma_n) - (\tau_s.\acute{Q}.sin\,\gamma_n)}{\acute{Q}.sin\,\emptyset.cos(\emptyset - \gamma_n)} + q_c.\delta_c \tag{4.20}$$

ifade edilir. Yukarıda q_t ve q_c sabit değerleri göstermektedir.

Anlık olarak $\emptyset$değer,

$$\emptyset = \emptyset_{av} + (1 + C).\delta_c \tag{4.21}$$

olur.

Bütün değişkenlerEş.4.16'de yerlerine konulduğundaF_{Ti}'in miktarı,

$$F_{Ti} = X.\dot{x} + Y.x + Z \tag{4.22}$$

olarak elde edilir.

Yukarıda X eşittir:

$$X = \frac{d_w.d_{av}}{V}\left[\frac{\tau_s.C}{\acute{Q}}(1 + cot^2\emptyset_{av}) - \tau_s.\left(\frac{sin\gamma_n.\{cot\emptyset_{av} + [(1+C).tan(\gamma_n - \emptyset_{av})]\} + cos\gamma_n}{sin\emptyset_{av}.cos(\gamma_n - \emptyset_{av})}\right) - q_t\right] \tag{4.23}$$

F_{Ti}'in miktarı titreşim dinamiği modelinde uygulandığında,

$$m_e.\ddot{x} + (c_d - X).\dot{x} + (S_e - Y).x = Z \qquad (4.24)$$

eşitliği bulunur.

Kontrol sistemine göre yukarıdaki eşitlikte$c_d - X > 0$ olduğunda sistem kararlıdır.

4.3. Aşınmanın, Titreşime Olan Etkisi

Literatüre göre kuvvet ve aşınma ilişkisi aşağıdaki şekilde ifade edilebilir. Aşınma arttıkça kesme kuvvetinin miktarı artmaktadır. Aşınmış bir takımın kuvveti, yeni takımın ve aşınmadan kaynaklanan kuvvetin toplamıyla eşittir [106].

$$F = F_0 + k.V_b.d_w \qquad (4.25)$$

Yukarıda F_0, aşınmamış kesici takımın kesme kuvveti, k sabit değer, V_b takım yanak aşınma miktarı ve d_w talaş genişliğidir. Eş. 4.16'da görüldüğü gibi titreşime sebep olan kuvvet , $F_{Ti} = F_f + (F_c.\delta_c) - F_{fs}$, olarak belirlenmiştir. Dolayısıyla aşınma arttığında F_f ve F_c kuvvetleri artacak ve dolayısıyla titreşime sebep olan kuvvet (F_{Ti}) artmaya başlayacaktır. Böylece Eş. 4.2, göz önüne alındığında talaş kaldırma süresince titreşim sinyallerinin genliği artacaktır.

Bu bölümde, metal kesme dinamiği ve farklı titreşim tipleriincelenmiştir. Kesme parametrelerinden faydalanarak, titreşimin genel eşitliği çıkarılmıştır. Takım aşınmasının titreşim üzerine bıraktığı etkinin ispati için dinamiksel eşitlikler incelenmiştir. Takım yanak aşınması arttığında titreşim sinyallerinin büyümesi, matematiksel olarak görülmüştür. Takım aşınma izlemesi için titreşim algılayıcısı kullanılarak titreşim sinyallerinin ölçülmesine karar verilmiştir.

5. TAKIM AŞINMASI VE TAKIM ÖMRÜ

Bu bölümde, talaş kaldırma esnasında oluşan kesici takım aşınması incelenecek ve aşınma tipleri detaylı olarak verilecektir. Kesici takım ömrünün, takım aşınmasıyla doğrusal bir ilişkisi olduğu için takım ömrünü etkileyen en önemli aşınma tipi tartışılacak ve literatüre dayanarak değerlendirilecektir. Son olarak takım ömrünün tükenmesine sebep olan takım aşınmalarının biri takım ömrünün kriteri olarak seçilecek ve takım durumunun izlenmesinde, deney yapma esnasında bu tür takım aşınması dikkate alınacaktır.

Talaş kaldırma işleminde iş parçası/takım ve takım/talaş ara yüzeylerindeki sürtünmelerden dolayı meydana gelen ısı, takımın aşınmasına ve plastik deformasyonuna sebep olur. Plastik deformasyon işlemi ve sürtünme sonucunda açığa çıkan enerjinin çoğu ısıya dönüşür. Oluşan ısının büyük bir kısmı talaşla taşınmasına rağmen, takım ucunda kalan kısmı, kesme şartlarına, iş parçası ve takım çiftine bağlı olarak yüksek değerlere sahip olur. Takım ucunda oluşan bu yüksek sıcaklıklar ve mekanik gerilmelerden dolayı kesici takım tedrici veya ani olarak malzeme kaybına maruz kalır[129].Takım aşınması, kesici takım malzemesinin iş parçası malzemesiyle temas ettiği bölgelerde zamana bağlı ilerleyen bir kayıp olarak da tanımlanabilir[130]. Talaş kaldırma sırasında meydana gelen sürtünmeler ve sıcaklık takım aşınmasına neden olmakta, sıcaklık ise takımın aşınmaya karşı mukavemetini azaltmasındandolayı kesiciden malzeme kaybını hızlandıran bir etken rolü oynamaktadır[131]. Genel ifadesiyle aşınma, kesici takımın malzeme kaybından ileri gelen ve ilk şekline göre oluşan farklılıktır[132].Takım aşınması, kesici kenar üzerine uygulanan yük faktörleri bileşimi ileilişkilidir. Kesici kenarın ömrü, kenar geometrisini değiştirmeye çalışan bu faktörler sayesinde belirlenir. Şekil5.1'de takım aşınma yüzeylerindeki gerilmelerin dağılımı gösterilmiştir.

Şekil 5.1. Takım aşınma yüzeyindeki gerilmelerin şematik gösterimi[133]

Takımların performansına etki eden en önemli üç malzeme karakteristiği; kırılma direnci, plastik deformasyon direnci ve aşınma direncidir. Takımlarda kullanılan kaplama ana malzemesinin mekanik özellikleri ve kompozisyonu, takım malzemesinin kırılma direncini ve deformasyon direncini belirler. Kaplamalar, aşınma direncini artırırlar ve kesici kenardaki sıcaklık ve kesme kuvvetlerindeki artışları azaltabilirler. Böylece dolaylı olarak takım deformasyon ve kırılma davranışlarına etki ederler. Talaş kaldırma sırasında sert kaplama zamanla zayıflar ve özelliğini kaybeder. Kesici takım ana malzemesi ortaya çıktıkça takım ucundaki sıcaklıklarda ve kesme kuvvetlerinde hızlı artışlar görülmektedir. Talaş kaldırma işleminin başladığı andan itibaren kesme hızının maksimum olduğu noktada aşınma başlamaktadır. Gerçekleştirilen deneylerde tüm takımlarda aşınma serbest yüzeyde meydana gelmiştir. Aşınmalarda ilk anda görülen hızlı artıştan sonra aşınma hızı yavaşlamakta ve doğrusal olarak artışına devam etmektedir. Takımın ömrünü tamamlamasına yakın aşınma tekrar hız kazanmakta ve kesme işlemine devam edildiği takdirde takım ömrü sona ermektedir. Aşınmanın doğrusal eğimi ne kadar küçük olursa, takım ömrü o kadar büyük olmaktadır. Bu nedenle kesici takımların sertliği arttıkça aşınma doğrusunun eğimi azalmaktadır. Şekil 5.2'de serbest yüzey aşınmasının (Yanak aşınması) takım ömrü süresince gelişimi gösterilmiştir.

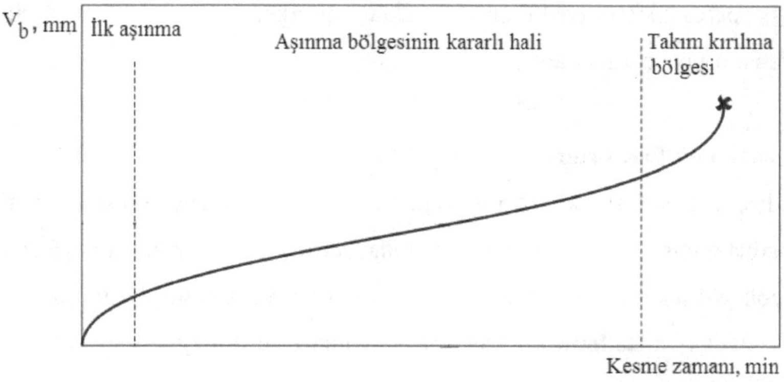

Şekil 5.2. V_b'nin takım ömrü süresice gelişmesi[134]

Takım ömrü, uygulamalı çalışmalarda istenilen boyutta ve yüzey kalitesinde iş parçalarını üretmek için takımın kesme yeteneğini kaybetme süresidir. Başka bir ifadeyle bilenebilirtakımlar için, iki bileme arasında geçen zaman "takım ömrü" olarak adlandırılabilir. Ancak her bir takım için takım ömrü kesme şartlarına bağlı olarak farklı olacaktır. Kesici takımlarda aşınmaya sebep olan asıl yük faktörleri; mekanik, kimyasal, ısıl ve aşındırıcı olmak üzere sıralanabilir [133].

5.1. Mekanik Yük Faktörleri

Bunlar, Kesme kuvvetleri, dinamik titreşimler gibi mekanik faktörler, talaş oluşumu sırasında meydana gelen yüklerin etkisinde oluşan aşınmalar olarak ele alınır. Bunların en önemlileri değişen talaş derinliğinden, kesintili işlemeden kaynaklananlar ve frezelemede görülenlerdir.

5.2. Termal Yük Faktörleri

Talaş kaldırma işlemi, talaş yüzeyinde ve kesici ucun yan yüzeyinde çok miktarda ısı oluşmasına sebep olmaktadır. Termal yükün büyük bir kısmı takım malzemesi üzerindedir ve frezelemede olduğu gibi bazı işlemlerde kesici kenarlar iş parçasından ayrılırken ve tekrar girerken, dinamik faktörlerin sonucunda ısı ortaya çıkmaktadır.

5.3. Kimyasal Yük Faktörleri

Talaş kaldırma işlemi sürekli olarak yeni bir metal ara yüzeyi oluşturulması anlamı taşımaktadır. Talaş oluşumu sırasında takım ve iş parçası ara yüzeyi boyunca çok yüksek sıcaklık ve basınçta zorlama vardır. Oluşan kesici takım-talaş ara yüzeyleri metallerin kimyasal reaksiyonları ve difüzyon için oldukça elverişli bir ortam hazırlamaktadır. Ayrıca kesici takım malzemesi ile iş parçası malzemesinin kimyasal olarak birbirine olan ilgisi de aşınmayı etkileyebilir.

5.4. Aşındırıcı Faktörler

En yaygın aşınma tiplerinden biridir. Genellikle iş malzemesine ait sert Parçacıklar nedeniyle ortaya çıkar. Bu durum, iş parçası yüzeyi ile takım arasına giren sert parçacıkların neden olduğu taşlama işlemine benzer bir durumdur. Bu aşınma tipi kesici ucun serbest yüzeyinin aşınmasına yol açar.

Bu faktörlerden dolayı talaş kaldırma sırasında oluşan birkaç temel aşınma mekanizması aşağıda sıralanmıştır (Şekil 5.3).

- Sürtünme ile aşınma
- Difüzyon ile aşınma
- Yorulma ile aşınma
- Yapışma ile aşınma

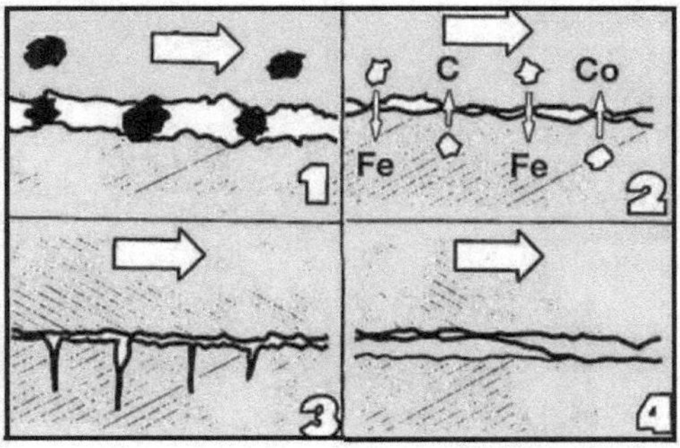

Şekil 5.3. Talaş kaldırmada temel aşınma mekanizmaları[135]

5.5. Kesici Takımlarda Aşınma Mekanizmaları

Kesici takımlarda, talaş kaldırma süresince gelişen çeşitli aşınma mekanizmaları görülmektedir. Bölümün bu kısmında bu aşınma mekanizmaları detaylı olarak değerlendirilecektir.

5.5.1. Abrasif aşınma

İş parçası yüzeyi ile takım arasına giren sert parçacıkların neden olduğu taşlama işlemine benzer bir durumdur. En çok görülen aşınma tiplerinden biridir. İşleme esnasında sert tanecikler, yumuşak malzemenin yüzeyinden parçacıklar koparması şeklinde görülür. Genellikle kopan parçacıklar malzemelerin ara yüzeylerinden uzaklaşır ve yapışma olmaz.

Kesici kenarın abrasif aşınmaya karşı direnç kabiliyeti önemli ölçüde sertliğine bağlıdır. Sert parçacıkların yoğun bir şekilde sıkıştırılması ile oluşan takım malzemesi abrasif aşınmaya karşı koyabilecektir. Fakat işleme sırasında oluşan diğer yük faktörleri ile başa çıkacak şekilde donatılmış olmayabilir. Abrasif aşınma takım talaş yüzeyinde ise krater oluşmasına sebep olur (Şekil 5.4).

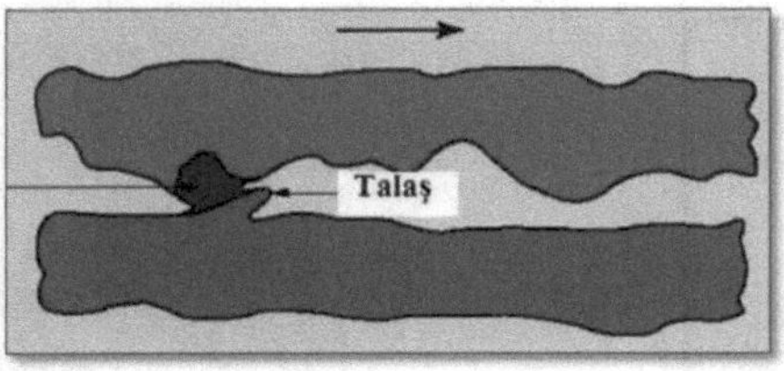

Şekil 5.4. Abrasif aşınma[133]

5.5.2. Difüzyon aşınması

Talaş ve takım malzemesi arasındaki temas yüzeyinde, artan sıcaklık ve basınca bağlı olarak difüzyonlar meydana gelmektedir. Takım talaş ara yüzünde her iki yöne doğru gerçekleşen atomsal düzeydeki yayınım nedeni ile takım malzemesi mikro yapısal değişime uğrar.

Difüzyon aşınmasında talaş kaldırma işlemi sırasında oluşan kimyasal yükler daha etkilidir. Takım malzemesinin kimyasal özellikleri ve takım malzemesinin iş parçası malzemesine olan birleşme eğilimi; difüzyon aşınma mekanizmasının oluşumunu belirlemektedir. Bu süreçte takım malzemesinin sertliği çok fazla etkili değildir. Malzemeler arasındaki metalürjik ilişki aşınma mekanizmasının büyüklüğünü tayin eder. Bazı takım malzemeleri bazı iş parçası malzemelerine karşı yüksek birleşme eğilimine sahipken, bazılarında iş parçası malzemelerinin çoğuna karşı birleşme eğilimi yoktur.

Örneğin; Tungsten karbür ve çelik birbirine karşı difüzyon aşınma oluşmasına sebep olan birleşme eğilimine sahiptirler. Bunun sonucu olarak takımın kesme yüzeyinde bir çukur oluşması söz konusudur. Bu tür aşınma daha çok yüksek sıcaklıklarda gerçekleştiğinden dolayı yüksek kesme hızlarında daha büyüktür. Atomik değişim ferrit ve karbonun iki yollu transferi ile oluşur. Ferit çelikten takıma transfer olurken daha küçük boyuttaki takımdaki karbon atomu da talaşa nüfuz etmektedir.

5.5.3. Adhesiv aşınma

Adhesiv aşınması, genellikle takımın talaş yüzeyindeki düşük ilerleme sıcaklıklarından dolayı ortaya çıkar. Çelik, alüminyum ve dökme demir gibi uzun ve kısa talaş oluşumunun söz konusu olduğu malzemelerde görülür. Bu aşınma mekanizması genellikle kenar ile talaş arasında yığma kenar oluşumuna neden olur. Yığma kenar oluşumu talaş tabakalarının sürekli olarak kesici kenar üzerine kaynak olup kenarın bir parçası haline gelmeleri işlemidir. Bu kenarın çok fazla büyümesi ve bir noktada kopması, kesici kenar üzerinden bir kısım malzemenin de yığma kenar ile uzaklaşmasına neden olur. Bazı kesici takım malzemeleri ve sünek çeliklerde yığma kenar oluşumu diğerlerine göre çok daha fazladır. Belirli bir malzemenin işlenmesi esnasında bu aşınma türü talaş derinliğinin maksimum değerinde hızlı bir bölgesel aşınmaya neden olur. Bu temel aşınma mekanizmaları genellikle iş parçası malzemesi ve kesici kenarın kesmeye katılan kısmı üzerinde etkide bulunurlar.

5.5.4. Yorulma aşınması

Bu aşınma türü, termo-mekanik bir kombinasyonun sonucudur. Sıcaklıktaki dalgalanmalar ve takımı etkiyen kesme kuvvetlerinin sıfır ile maksimum değerler arasında değişmesi kesici kenarın çatlamasına ve kırılmasına yol açar. Aralıklı kesme işlemi ucun sürekli olarak ısınıp soğumasına ve talaş ile temasta olan kesici kenarda şok etkisine neden olur. Bazı takım malzemelerinin diğer takım malzemelerine göre yorulma aşınmasına daha duyarlı olduğu bilinmektedir. Mekanik yorulma, kesme kuvvetlerinin kesici kenarın mukavemetinden çok daha büyük olduğu durumlarda görülür. Bu durum sert ve dayanıklı iş parçası malzemelerinin çok yüksek ilerleme hızlarında işlendiği veya takım malzemesinin yeterince sert olmadığı durumlarda söz konusudur.

5.6. Kesici Takımlarda Aşınma Tipleri

Kesici takımlarda görülen başlıca aşınma tipleri aşağıdaki gibi sıralanmıştır[133].

- Yanak aşınması
- Krater aşınması
- Plastik deformasyon
- Çentik aşınması
- Termal çatlaklar
- Mekanik yorulma çatlakları
- Parçacık kopması
- Kesici kenarın kırılması
- Yığılma

5.6.1. Yanak aşınması

Yanak aşınması; talaşın oluşumu sırasında ve sonrasında ana kesici kenar, yardımcı kesici kenar ve köşe radyüsü veya paralel kenar iş parçası ile temasıyla oluşur (Şekil 5.5). En yaygın aşınma tiplerinden biridir. Yanak aşınmasında belirli bir değerin üzerine çıkmasıyla yüzey kalitesi kötüleşir, hassasiyet azalır ve sürtünme artar.

5.6.2. Krater aşınması

Krater, talaş kaldırma esnasında sert parçacıkların takımın talaş yüzeyinde taşlama işlemine benzer bir işlem gerçekleştirmeleri sonucunda veya takım ile talaş malzemesi arasında, talaş yüzeyinin en sıcak kısmında oluşan difüzyon nedeniyle ortaya çıkar. Krater aşınmasının belli bir değerin üzerine çıkması halinde kesici kenarın geometrisi değişir ve uç zayıflar. Şekil 5.5, krater aşınmasını şematik olarak göstermektedir.

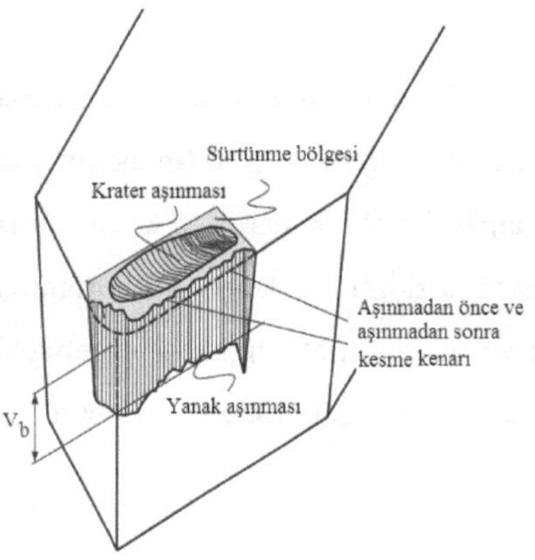

Şekil 5.5. Aşınma tipleri[134]

5.6.3. Plastik deformasyon

Plastik deformasyon, kesici kenar üzerinde yüksek sıcaklıklar ve yüksek basıncın bir
kombinasyonu sonucunda oluşur. Kesici kenarın bu şekilde deformasyona uğraması daha yüksek sıcaklıkların oluşumuna, geometri deformasyonuna ve talaş akışının değişimine neden olacaktır.

5.6.4. Çentik aşınması

Yardımcı kesici kenarda çentik aşınması tipik bir adesiv (yapışma) aşınması olmakla beraber oksidasyon aşınma mekanizması ile büyüyebilir. Çentik, kesici kenar ile parça malzemesinin birleştiği yerde oluşur. Kesici kenarda çentik oluşması mekanik yüklerin bir sonucudur ve genellikle daha sert malzemelerin işlenmesi sırasında oluşur. Aşırı çentik aşınması, bitirme talaşında yüzey pürüzlülüğünü etkiler ve özellikle kesici kenarın dayanımını zayıflatır.

5.6.5. Termal (ısıl) çatlaklar

Termal çatlaklar, çoğunlukla termal çevrimlerden kaynaklanan yorulma aşınmasıdır. Özellikle, frezelemede oluşan sıcaklık değişimleri bu tip aşınmanın oluşmasına sebep olur. Bu aşınma sonucunda kesici kenarda dik çatlaklar meydana gelir ve takımmalzemesi kenardan dışa doğru zorlanır. Bu zorlanma sonucunda takım malzemesinde ani kırılma ve ucun kullanılamaz hale gelmesi söz konusudur. Kesme esnasında değişen talaş kalınlıkları da sıcaklık oluşumuna etkide bulunur.

5.6.6. Mekanik yorulma çatlakları

Yorulma çatlakları, kesme kuvvetlerindeki ani değişimler sonucunda ortaya çıkarlar. Mekanik yükün kendi başına çatlak oluşturacak büyüklükte olmamasına rağmen mekanik yükteki sürekli değişim çatlağa neden olur. Kesmenin başlangıcında ve kesme kuvvetinin büyüklüğü ve yönündeki değişimler kesici ucun mukavemetinden ve tokluğundan fazla olduğunda bu tip aşınma gözlenir.

5.6.7. Parçacık kopması

Bu aşınma türü, kesici kenarda meydana gelen çentiklerin sebep olduğu, kesici kenar hattındaki küçük boyutlu kırılmalardır. Yükleme ve yükün kaldırılmasından kaynaklanan bu yorulma; kesici takım malzemesinden küçük parçacıkların takım yüzeyinden ayrılmasına sebep olmaktadır. Çoğunlukla, kesikli çalışma bu tip aşınmaya sebep olur.

5.6.8. Kesici kenarda kırılma

Bu tür aşınma, kesici kenarın ömrünü tamamlamasına neden olan bir aşınma tipidir. Kenarlarda oluşan büyük miktarlardaki kırılma mümkün olduğunca kaçınılması gereken en tehlikeli aşınma türüdür. Kenarın kırılması birçok diğer aşınma tipi içinde kesicinin ömrünü tamamladığı anlamına gelmektedir. Geometrinin değişimi, kenarın zayıflaması, sıcaklıktaki ve kuvvetlerdeki artışlar kesici kenarın bu tip bir aşınmaya maruz kalmasına neden olur. Yüksek kesme hızlarında ve diğer talaş kaldırma koşullarında kesici kenar üzerinde oluşan çeşitli gerilmeler kesici ucun mukavemet sınırını aştığı anda kırılmanın oluşumu kaçınılmazdır.

5.6.9. Yığılma

Yığılma, önemli ölçüde sıcaklığa ve dolayısıyla kesme hızına bağlı bir aşınma türüdür. Takım yüzeyine kaynak olan malzemeden dolayı ortaya çıkan, takım yüzeyinden parçacık kopmasına neden olan yığma kenar istenmeyen durumdur. Yığma kenar oluşumuna iş parçası ve takım arasındaki afinite de etkide bulunur. Düşük sıcaklıklar ve yüksek basınçlar iş parçası malzemesinin takım yüzeyine kaynak olmasına neden olur. Yığma kenar oluşumuna sebebiyet veren sıcaklık ve kesme hızları bilindiğinden bu tip aşınmanın kolaylıkla önüne geçilebilir.

5.6.10. Yığma kenaroluşumu

Birçok modern talaş kaldırma işleminde kesme hızları yığma kenar oluşum alanının çok üzerindedir ve birçok kalite yığma kenar oluşumuna engel olacak şekilde seçilir. Yığma kenar oluşumuna izin verildiği takdirde yüzey kalitesi bozulur ve bu oluşum devam etmesi halinde kenarın kırılması ve hatta ömrünü tamamlaması söz konusu olabilir. Bu aşınma tiplerinden bazıları aşınma olmayıp kesici ucun aniden kırıldığı durumlardır ve bu durumların önüne geçilmesi şarttır. Daha çok serbest yüzeyde görülen düzenli bir aşınma kesici kenarın ne zaman değiştirileceğini belirlemesi sayesinde optimum takım ömrü sağlayacaktır. Önemli ölçüde sıcaklığa dolayısıyla kesme hızına bağlı bir aşınma türüdür. Takım yüzeyine kaynak olan malzemeden dolayı ortaya çıkan, takım yüzeyinden parçacık kopmasına neden olan yığma kenar istenmeyen durumdur.

5.7. Takım ömrü ve takım aşınması

Takım aşınmasının analizi için geleneksel olarak literatür'de, yanak aşınması krater aşınmasına göre daha fazla dikkate alınmıştır. Bu durum, yanak aşınmasının iş parçası boyutuna olan etkisinden ve takımın kırılmasına sebep olmaktan kaynaklanmıştır. Bütün aşınma tiplerinin arasında, yanak aşınması ve onun sonucu olan takım ucu durgunluğu iş parçasının boyutuna ve onun yanı sıra kalitesine büyük ölçüde etki etmektedir.

Yanak aşınması sonucunda aşağıdaki olaylar görünmektedir [126]:

- Kesme mekaniğinde olan değişimler
- Sesli titreşime olan eğilim
- Ürünün boyutlarında meydana gelen değişimler

Yukarıda görülen sebeplere göre, yanak aşınma tipi en önemli aşınma tipi olarak kabul edilmiştir. Başka bir ifadeyle yüksek doğruluklu parçaların üretilmesi için takım yanak aşınmasının izlenilmesi kaçınılmazdır. Zira aşınma değerlerinin CNC takım tezgâhlarında, takımların ofsetlerinin ayarlaması için kullanılmaları gerekmektedir. Takım aşınması ölçüldükten sonra; değerler *x, y* ve *z* yönlerinde CNC takım tezgâhlarına gönderilir ve bu değerler takımın ofsetlerini doğru bir şekilde değiştirir. Aşınma miktarı, takımın ofsetine uygulandıktan sonra, iş parçasının boyutu istenilen şekilde yapılabilir. Ayrıca, talaş kaldırma esnasında takım yanak aşınmasının ölçülmesi takımın ömrünün ne zaman tükendiğini ifade eder ve takımın kırılmasından önce takımın yeni bir takımla değiştirilmesi için uyarı sağlar. Bu nedenle bu çalışmada da yanak aşınması takım ömrünün kriteri olarak dikkate alınmıştır. Yanak aşınması başka aşınmalar gibi bir dinamiksel süreçtir ve statik modellerle incelenmesi mümkün değildir. Bu tip aşınmanın dinamiksel bir süreç olduğuna göre, aşınma miktarı sadece kesme parametrelerine değil belki zamana bağlı olarak incelenmesi gerekir. Şekil 5.6'da görüldüğü gibi takım yanak aşınması üç bölgeden oluşmaktadır. Bu bölge, çentik (*n*), köşe (*c*) ve orta (*b*) bölgeleri olmak üzere üç kısma bölünmektedir. Bu bölgelerin ölçülebilir aşınma değerleri, çentik bölgesi aşınması (V_n), köşe bölgesi aşınması (V_c), takım yanak aşınması (V_b) ve en büyük takım yanak aşınması (V_{bmax}) olarak adlandırılır.ISO 3685 standardına göre kaplamalı ve kaplamasız kesici uçlar için;V_b: 0,3 mm değerini aştığında takımın ömrü tükenmiş anlamına gelir ve yeni takımla değiştirilmesi istenilir. Bu çalışmada da ISO 3685 standardına göre V_b değeri takımın ömrünün ve takımın değiştirilmesinin kriteri olarak dikkate alınmıştır. Çalışma esnasında ölçülen bir kesici uç yanak aşınması Şekil 5.7'de verilmiştir.

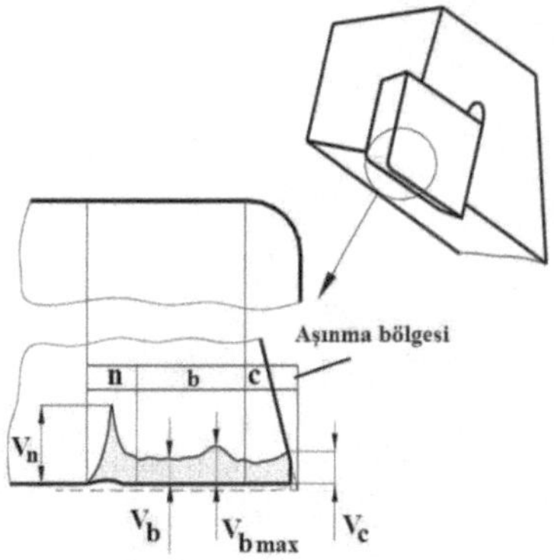

Şekil 5.6. Yanak aşınması bölgeleri [136]

Şekil 5.7. Yanak aşınmasının ölçümü

Bu bölümde talaş kaldırma esnasında, takım aşınması tipleri incelenmiş ve takım aşınmasının önemi ve onun iş parçası üzerine bıraktığı etkisi tartışılmıştır. Ayrıca takım aşınmasının izlenilmesinin nedeni, iş parçasının boyutu ve otomatik sistemin yapılabilmesi açısından açıklanmıştır. Takım aşınması ve takım ömrünün arasında olan etki araştırılarak takım ömrünün tahmini için aşınma tiplerinden olan yanak aşınması, takım ömrü kriteri olarak seçilmiştir. Son olarak yanak aşınması incelenerek, deney yapma esnasında takım yanak aşınmasının ölçme metodu belirlenmiştir.

6. TAKIM AŞINMASININ MODELLERİ

Bu bölümde takım aşınmasının modellenmesi için, bu çalışmada tercih edilen metotlar araştırılacaktır. Bu amaca ulaşmak için, modelleme yöntemleri klasik ve güncel yöntemlere ayrılarak tartışılacak ve modelleme yöntemlerinin bilimsel altyapısı detaylı olarak açıklanacaktır.Takım aşınmasının tahmininde, güncel modellerdenönce klasik yaklaşımlar aşınmanın yorumlaması için tercih edilmiştir. Klasik yöntemler genellikle matematiksel eşitliklere ve istatistiksel analizlere dayanmaktadır.

6.1. Matematiksel Modeller

Talaşlı imalat işlemlerinde matematiksel modeller farklı değişkenlerin hesaplanması için dikkate alınmıştır. Talaş kaldırma işlemi dinamik biryapıda olduğu için, sadece analitik modeller uygulanarak bu işlemin kusursuz olarak temsil edilmedeyetersiz kalmıştır. Talaş kaldırma işleminde,önemli değişkenlerden olan kesici geometrisi ve malzeme sertliğinin değişmesi dolayısıyla, kesme kuvvetinin tahminindedeneysel verilerden faydalanmak kaçınılmazdır. Bu nedenle talaşlı imalat işleminin modellemesinde genelde, analitik- deneysel veya deneysel modeller tercih edilmektedir. Bu çalışmada da matematiksel modellerin oluşturulmasında deneysel çalışmadikkate alınmıştır.

6.2. Regresyon Analizi

Regresyon analizi, iki ya da daha çok değişken arasındaki ilişkiyi ölçmek için kullanılan analiz metodudur. Eğer tek bir değişken kullanılarak analiz yapılırsa tek değişkenli regresyon, birden çok değişken kullanılırsa çok değişkenli regresyon analizi olarak isimlendirilir. Regresyon analizi ile değişkenler arasındaki ilişkinin varlığı, eğer ilişki var ise bunun gücü hakkında bilgi edinilebilinir. Bu çalışmada regresyon analizi dikkate alınmıştır.

6.3. Varyans Analizi

Varyans analizi (ANOVA) istatistik bilim dalında, grup ortalamaları ve (gruplar içi ve gruplar arası varyasyon gibi) bunlara bağlı olan işlemleri analiz etmek için tercih edilen bir istatistiksel modeller koleksiyonudur. Bu yöntem ilk defa İngiliz istatistikçi ve genetikçi Ronald Fisher tarafından 1920'lı ve 1930'lu yıllarda geliştirilmiştir. Genel olarak istatistiksel anlamlılık sınamalarda F-dağılımıdeğerleri dikkate alındığı içinbazen bu analize, Fisher'in varyans analizi adı da verilmektedir. Varyans analizi birçok farklı analizlere bölünmüştür. Bunlardan biri olan ve bu çalışmada uygulanan analiz, Faktöriyel varyans analizi olarak tanımlanır. Araştırmacı, iki veya daha çok sayıdakibağımsız değişkenin etkilerini incelemek istediğinde varyans analizi iki bağımsız değişken ve her değişken için iki değişik değer veya seviye olduğu 2x2 tasarım olarak gösterilir. Faktöriyel varyans analizi çoklu seviyeli, 3x3, veya daha yüksek sıralı 2x2x2 vb. deneylerin tasarımlarında da dikkate alınabilir. Hesapların çok karmaşık ve uzun olması ve ortaya çıkartılan sonuçların açıklamalarının çok zor olması dolayısıyla, daha yüksek sayıda faktörler için çok nadir olarak yapılmaktadır.

Güncel yöntemler, talaş kaldırma işlemlerinde doğrusal olmayan temsiller için kullanılmaktadır. Doğrusal olmayan sistemlerde matematiksel modeller pek yararlı bulunmadığında, istatistiksel modeller ve güncel modeller uygulamada tercih edilmiştir. İstatistiksel metotlar, çok fazla deney sayısına bağlı olduktan ve uygulamalı şekilde kullanılamadıktan, güncel yöntemlerin öne çıkmasını sağlamışlardır. Talaş kaldırma işlemlerine uygulanabilen birçok güncel yöntemler var olmasına rağmen, bu çalışmada bulanık mantık ve yapay sinir ağları yöntemleri tercih edilmiştir.

6.4. Bulanık Mantık

Bulanık mantık kavramı, insanların kesin olmayan ifadelerle düşünme yeteneğiyle örtüşen mantık sistemidir. Diğer bir ifadeyle, bulanık mantık soğuk-sıcak, hızlı-yavaş, yüksek-alçak gibi ikili değişkenlerden oluşan keskin dünyayı, az soğuk-az sıcak, az hızlı-az yavaş, az yüksek-az alçak gibi esnek niteleyicilerle gerçek dünyaya benzetir[137].

Bulanık mantık kavramı ilk kez, 1965 yılında California Berkeley Üniversitesinden L. A. Zadeh'in bu konu üzerinde ilk makalesini yayınlamasıyla duyulmuştur[138]. O tarihten sonra önemi gittikçe artarak günümüze kadar gelen bulanık mantık, belirsizliklerin anlatımı ve belirsizliklerle çalışılabilmesi için kurulmuş katı bir matematik düzen olarak tanımlanabilir. İstatistik ve olasılık kuramında, belirsizliklerle değil kesinliklerle çalışılır ama insanın yaşadığı ortam daha çok belirsizliklerle doludur. Bu yüzden sonuç çıkarabilme yeteneğini anlayabilmek için belirsizliklerle çalışmak gereklidir. Bulanık mantık yaklaşımı, makinelere insanların özel verilerini işleyebilme ve onların deneyimlerinden ve önsezilerinden yararlanarak çalışabilme yeteneği verir. Bu yeteneği kazandırırken sayısal ifadeler yerine sembolik ifadeler kullanılır. İşte bu sembolik ifadelerin makinelere aktarılması, bulanık kümeler kuramı olan matematiksel bir temele dayanır[139].

Bulanık mantığın uygulamada pek çok yararı bulunmaktadır. Bulanık mantık, kolayca anlaşılabilir çünkü arka plandaki teorileri basittir. Esnek olup, kesin olmayan verileri, belirsizlik ve olasılık durumlarını, karmaşık ve doğrusal olmayan fonksiyonları uzman görüşüne dayanılarak modelleyebilir ve uzman sistemlerin yeteneğini de arttırır. Ayrıca bulanık mantık, doğal olup konuşma diliyle modelleme imkânı sağlar[140].

Bulanık mantığın uygulama alanları çok geniştir. Sağladığı en büyük fayda ise, "insana özgü tecrübe ile öğrenme" olayının kolayca modellenebilmesi ve belirsiz kavramların bile matematiksel olarak ifade edilebilmesine olanak tanımasıdır. Bu nedenle lineer olmayan sistemlere yaklaşım yapabilmek için özellikle uygundurve bunlarla ilgili değişiklikleri yapmak için kullanılacak kriterlerin tanımlanması güç olsa bile kendi kendine karar verebilen sistemlerin yapılabilmesi için mühendislere yardımcı olmaktadır[141]. Bulanık mantığın doğru şekilde araştırılması için bulanık kümelerinin incelenmesi gereklidir.

6.4.1. Bulanık kümeler

Geleneksel küme teorisinde kesin sınırlı küme kavramı kullanılır. Bu kavram bir nesnenin bir kümenin elemanı olması ya da olmaması gibi iki seçenekli bir mantığa dayanmaktadır. Bulanık küme değişik üyelik derecesinde öğeleri olan bir topluluktur. Klasik küme teorisindeki siyah-beyaz ikili üyelik kavramını kısmi üyelik kavramına genelleştirir. Burada "0" değeri üye olmamayı, "1" değeri tam üye olmayı belirtirken, 0 ve1 arası değerler de kısmi üyelik kavramına karşılık gelir. Bir bulanık küme öğesi aynı değişken özelliğine sahip olmak üzere başka bir kümenin de öğesi olabilir. Bulanık küme için klasik kümelere göre belirsiz bulanık sınırı olan kümedir denebilir. Bulanık küme kavramı ile sözel terimler tanımlanabilir. Şekil 6.1'de bulanık ve klasik kümeler üyelikleri görülmektedir. Şekilde görüldüğü gibi klasik kümeler bir nesneyi kabul eder veya etmez hâlbuki bulanık kümeleri nesneleri, bir üyelik oranıyla kabul ederler.

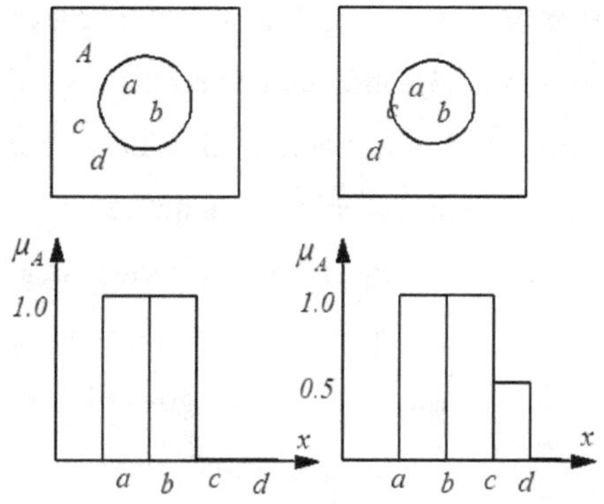

Şekil 6.1. Klasik (solda) ve bulanık (sağda) kümeleri[140]

6.4.2. Bulanık kümelerin gösterimi

Bulanık kümeler de klasik kümelere benzer şekilde iki yöntemle gösterilir. Bunlardan birincisi küme elemanlarının üyelik derecelerine göre sıralamak, diğeri de matematiksel olarak üyelik fonksiyonu tanımlamak şeklindedir.

Bulanık kümelerde, üyelik dereceleri arasındaki geçiş yumuşak ve sürekli bir şekilde kalmaktadır. Bulanık küme teorisi üyeliğe izin verip geleneksel küme teorisini genelleştirerek küme üyeliği için, 0 ile1 aralığındakideğerleri kabul eder [142]. Yani, Bulanık kümelerde klasik kümelerdeki karakteristik fonksiyon, μ_A: E→{0,1}, yerini üyelik fonksiyonuna bırakır ve aşağıdaki gibi ifade edilir[143].

$$\mu_A = E \rightarrow [0,1] \tag{6.1}$$

Genel olarak üyelik fonksiyonu grafiğinde *x* ekseni, üyeleri gösterirken, *y* ekseni de üyelik derecelerini gösterir. Bulanık kümede bir küme elemanının üyelik derecesi, 0ile1 arasındaki bir sayı ile belirtilir. Bu durumda 0 sayısı ilgili elemanın kümeye ait olmadığını, 1 sayısı ilgili elemanın kümeye tam ait olduğunu ve bu iki değer arasında herhangi bir sayı ise ilgili elemanın kümeye üyelik derecesini veya kısmi üyeliğini gösterir. Bulanık küme teorisine göre kümenin elemanı olmayan nesnelerden, kümenin tam elemanı olan nesnelere doğru esnek ve dereceli bir geçişe izin verilir. Bulanık küme, bir nesne ve bu nesnenin ilgili kümeye üyelik derecesini gösteren sıralı çiftlerle ifade edilir[144]. A bulanık kümesi, μ_A: E→[0,1] A'nın üyelik fonksiyonu ve $\mu_A(x) \in E$' nin A'daki üyelik derecesi olmak üzere, aşağıdaki şekilde gösterilir.

$$A = \left(\mu_{A(x)}, x\right) \tag{6.2}$$

Bu durumda her bir $\left(\mu_{A(x)}, x\right)$ çiftine bulanık teklik denir [145].

Bu durumda evrensel kümenin süreksiz ve sürekli olması halinde bulanık kümeleri aşağıdaki şekilde ifade edilir [146].

$$A = \left\{\sum_i^n (\mu_A | x_i)\right\} \tag{6.3}$$

$$A = \left\{\int \left(\mu_{A(x_i)} | x_i\right)\right\} \tag{6.4}$$

Yukarıda $\sum$ ve $\int$ işaretleri küme öğelerinin topluluğunu ifade etmektedir. Şekil 6.2'de farklı üyelik derecesi gösterilmiştir.

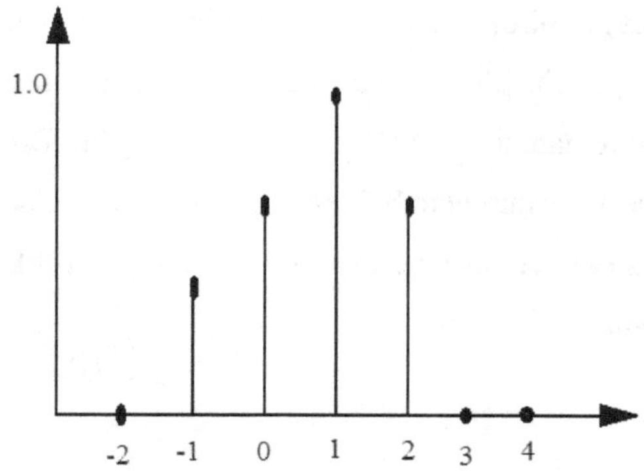

Şekil 6.2. Üyelikten üye olmayana doğru üyelik fonksiyonları

Üye olandan üye olamayana doğru dereceli bir geçişe izin veren veya evrensel kümedeki her eleman için $\mu_{A(x)} \rightarrow [0,1]$birebir eşleşmesini gerçekleştiren bir fonksiyon, bulanık bir kümenin üyelik fonksiyonu olarak kabul edilir ve üyelik fonksiyonları istenilen şekilde atanamaz [147]. Bulanık üyelik fonksiyonunun grafiksel gösterimi Şekil 6.3'de verilmiştir.

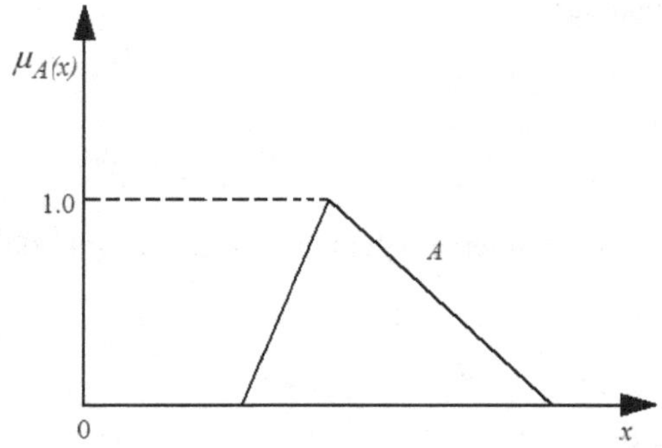

Şekil 6.3. Bulanık kümesi

Verilen bir bulanık alt kümede bir değil, birden fazla öğenin üyelik derecesi 1'e eşit alınabilir. Şekil6.4'de gösterildiği gibi böyle üyelik derecesine sahip olan öğeler alt kümenin orta kısmında toplanmıştır. Şekilde görüldüğü gibi, Bir bulanık kümesindetüm üyelik derecesine sahip olan bölgeye Öz[14], sıfırsız üyelik derecesine sahip olan bölgeye, Destek[15] ve sıfır ve aynı zamanda tüm üyelik derecesine sahip olmayan bölgeye Sınır[16]adı verilir.

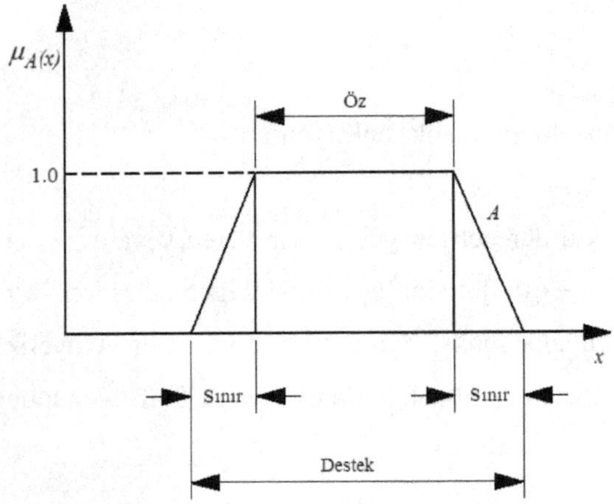

Şekil 6.4. Üyelik fonksiyonlarının kısımları

6.4.3. Bulanık küme işlemleri ve özellikleri

Klasik kümelerde kesişim, birleşim ve tümleme işlemleri aşağıdaki şekilde gösterilir.

Kesişim: $A \cap B = \{x | x \in A \; ve \; x \in B, x \in U\}$ (6.5)

14. Core

15. Support

16. Boundary

Birleşim: $AUB = \{x|x \in A \; veya \; x \in B, x \in U\}$ (6.6)

Tümleme: $\bar{A} = \{x|x \in U \text{ ve } x \notin A\}$ (6.7)

Klasik kümelerde uygulanan kesişim, birleşim ve tümleme işlemleri, bulanık kümelerde de uygulanır. Bulanık kümelerde kesişim, birleşim ve tümleme işlemleri üyelik fonksiyonlarına dayanarak tanımlanır. Kesişim kümesi genellikle cebirsel çarpım, sınırlı çarpım, Einstein çarpımı ve en küçük işlemcileri ile tanımlanır. Birleşim kümesi ise cebirsel toplam, sınırlı toplam, Einstein toplamı ve en büyük işlemcileri tanımlanır. Bir kümeye ait tümleme işlemi ise değilse işlemcisi ile tanımlanır. Bu işlemciler aşağıdaki şekilde formüle edilir[140].

- **Kesişim ($\mu_{A \cap B(x)}$)**

$\mu_{A \cap B} = \mu_{A(x)} \wedge \mu_{B(x)}$ (6.8)

Cebirsel çarpım: $\mu_{A(x)} \times \mu_{B(x)}$ (6.9)

Sınırlı çarpım: $\max\left(0, \mu_{A(x)} + \mu_{B(x)} - 1\right)$ (6.10)

Einstein çarpımı: $\dfrac{\mu_{A(x)} \times \mu_{B(x)}}{2 - \left(\mu_{A(x)} + \mu_{B(x)} - \mu_{A(x)} \times \mu_{B(x)}\right)}$ (6.11)

En küçük: $\min\left(\mu_{A(x)}, \mu_{B(x)}\right)$ (6.12)

- **Birleşim ($\mu_{A \cup B(x)}$)**

$\mu_{A \cup B} = \mu_{A(x)} \vee \mu_{B(x)}$ (6.13)

Cebirsel çarpım: $\mu_{A(x)} + \mu_{B(x)} - \mu_{A(x)} \times \mu_{B(x)}$ (6.14)

Sınırlı çarpım: $\min\left(1, \mu_{A(x)} + \mu_{B(x)}\right)$ (6.15)

Einstein çarpımı: $\dfrac{\mu_{A(x)} + \mu_{B(x)}}{1 + \left(\mu_{A(x)} \times \mu_{B(x)}\right)}$ (6.16)

En büyük: $\max\left(\mu_{A(x)}, \mu_{B(x)}\right)$ (6.17)

- **Tümleme$(\mu_{\bar{A}(x)})$ işlemcisi;**

Değilse: $1 - \mu_{A(x)}$ (6.18)

6.4.4. Bulanık çıkarım sistemi

Bulanık çıkarım, bulanık mantığı kullanarak girdilerden çıktı elde etme işlemidir. Bulanık çıkarım, bulanık üyelik fonksiyonlarının, üyelik değerlerinin, IF-THEN kurallarının, bulanık mantık operatörlerinin kullanıldığı bir işlemdir. Genelde, Mamdani ve Sugeno olarak adlandırılan, iki tür çıkarım metodu kullanılmaktadır[148]. Bu metotlar sonuç belirleme işleminde çok az birbirlerinden farklıdır. Mamdani çıkarım metodu en yaygın kullanılan metottur[119] vebu çalışmada da Mamdani metodu tercih edilmiştir. Bulanık çıkarım sistemi, dört kategoriden oluşmaktadır: bulanıklaştırma, çıkarım motoru, kural tabanı ve durulaştırma (Şekil 6.5).

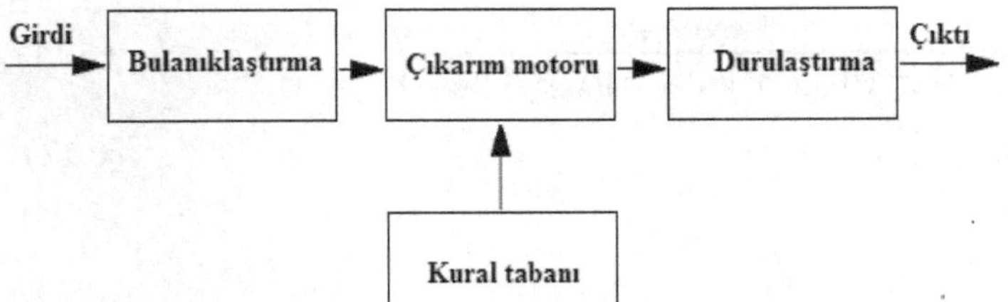

Şekil 6.5. Bulanık çıkarım sisteminin genel modeli

6.4.5. Bulanıklaştırma

Fiziksel ve gerçek girdileri 0 ve 1 aralığında veya dilsel niteleyicilerle ifade edebilecek bulanık mantık bilgileri şekline çevirme işlemine bulanıklaştırma[17] adı verilir. Ancak bu bilgilerin tamamının mutlaka kesin bilgiler olması söz konusu değildir. Bulanıklaştırma işlemi önemli ölçüde kesin olmayan bilgiyi de içine alır ve bulanıklaştırır. Bulanıklaştırma sonucu elde edilen değişkenlere dilsel değişkenler denir ve işlemle birlikte tüm giriş değişkenlerinin değerleri, üyelik derecesi olarak buraya atanır.

Bulanıklaştırma işlemi için birçok bulanık referans kümesi şekli vardır. İşte bu şekiller üyelik fonksiyonu olarak adlandırılır. Üyelik fonksiyonları 0 ile 1 arasında bir üyelik derecesine sahiptirler. Üyelik derecesi belirli bir değerin bir bulanık küme içerisinde yer almasının güvenirliğinin veya kesinliğinin bir göstergesidir. Bulanıklaştırma işlemini yapmak için birçok üyelik fonksiyonu örneğin üçgen, yamuk ve diğerleri kullanılmaktadır. Üyelik fonksiyonlarının seçilmesi yapılan işlem ve sistem türüne bağlı olarak değişebilir.

Şekil 6.6'da üçgen üyelik fonksiyonu kullanılarak, bulanıklaştırma işlemi yapılmıştır. Şekilde görüldüğü gibi x değerleri; A ve B kümelerinde karşı üyeliklerine dönüşmüşlerdir.

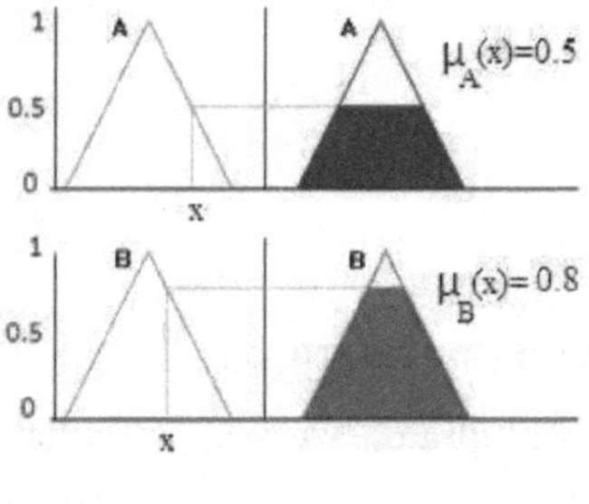

Şekil 6.6. Bulanıklaştırma işlemi

---

17. Fuzzification

6.4.6. Üyelik derecesinin belirlenmesi

İhtimal hesablarında olduğu gibi herhangi bir değişkene değişik ihtimal fonksiyonları uydurulabilir. Bulanık kümelere de çok fazla üyelik fonksiyonu uydurmak mümkündür. Bulanık kümelerin gerek üyelik derecelerinin gerekse bunların tümünü temsil edebilecek üyelik fonksiyonlarının belirlenmesinde ilk araştırmacılar arasında kişisel sezgi, mantık ve tecrübelerin kullanılmasına sıkça rastlanır. Uygulamalıda, birçok sorunun üstesinden gelmek için bu yaklaşımlar çoğu zaman yeterlidir[149]. Burada her araştırmacının kendi anlayış, görüş ve olaya bakışları önemli rol oynar. Buna en basit örnek insanın hemen her gün karşı karşıya kalarak görüş belirttiği sıcaklık kelimesi için oluşan belirsiz alt kümeleridir. En azından soğuk, serin, ılık ve sıcak gibi dört tane alt küme belirlenebilir. Bu alt kümelerin her biri belirlibir geometrik şekil ile Şekil 6.7'de görüldüğü gibi temsil edilebilir.

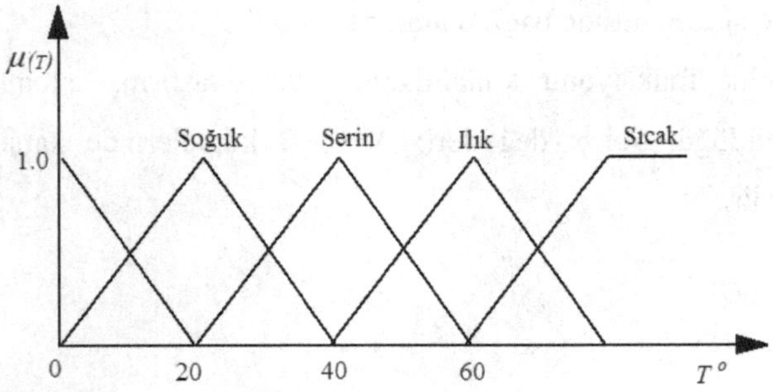

Şekil 6.7. Sıcaklık bulanık alt kümeleri

Elde edilen geometrik şekiller, doğal olarak sorgulanan kişilere ve yaşadıkları bölgelere göre değişme göstermektedir. Örneğin, kutuplarda yaşayan insanların soğuk kavramı ile tropikal bölgelerde yaşayanlarınki birbirinden oldukça farklıdır.

6.4.7. Çıkarım motoru

Çıkarım motoru, girdilerin bulanık kümelerini çıktıların bulanık kümelerine bağlamaktadır. Çıkarım motoru öncül ifadenin kurallarının hangi derecede sağlanılacağını göstermektedir. Eğer öncül ifade birden fazla cümleciğe sahipse, öncül ifadelerin kurallarının sonucunu göstermek için bulanık operatörleri kullanılır.

6.4.8. Bulanık kural tabanı

Bulanık kuralları, bir bulanık sisteminde giriş ve çıkış ilişkilerini dilsel ifade olarak yapılandırır. Bir sistem için kural tabanı geliştirilirken, sistem çıkışını etkileyebilecek giriş değerleri tespit edilmelidir. Bulanık kuralları genellikle bir uzman görüşünden türetilir. Bulanık kurallarının oluşumunda, sistemle ilgili bilgiler, sistemin giriş ve çıkışını 'if .... then .... else' biçimine sahip koşul cümleleriyle birbirine bağlar. Bu koşul cümlelerinin her biri bir kural olarak isimlendirilir. Kuralların yazılmasında "and", "or" ve ''not'' operatörleri kullanılmaktadır.

6.4.9. Durulaştırma

Uygulamalarda özellikle makine tasarımlarında ve mühendislik plan, proje tasarımlarında boyutlandırmalar için kesin sayısal değerlere gerek duyulmaktadır. Bu durumlarda bulanık olarak elde edilmiş veya verilmiş bilgilerden yararlanarak gerekli cevapların elde edilebilmesi için bulanık olan bilgilerin durulaştırılması gerekmektedir. İnsanlar için yapay zekâ çalışmalarında bulanık değişken, küme, mantık ve sistemler öneme sahip olmasına karşın, bunların bulanık çıkarımlarının kesin sayılar haline dönüştürülmesi gerekir. Bulanık bilgilerin kesin sonuçlar haline dönüştürülmesi için yapılan işlemlerin tümüne durulaştırma işlemleri adı verilir[149].

6.4.10. Durulaştırma İşlemleri

Daha öncede belirtildiği gibi bir bulanık küme işlemi sonucundaki bulanık değerlerinin tek sayı haline dönüştürülmesi gerekir. Bu işlem, bulanıklaştırma işleminin aksi olan durulaştırma işlemi ile yapılır[148]. Yapılan işlemler sonrasında bulanık sonuçları, yamuk, üçgen vb. gibi şekillerde olduğu kabul edilir. Bunların hepsinin birleşimi ise yapılan son işlem sonrası bulanık çıkarım olur.

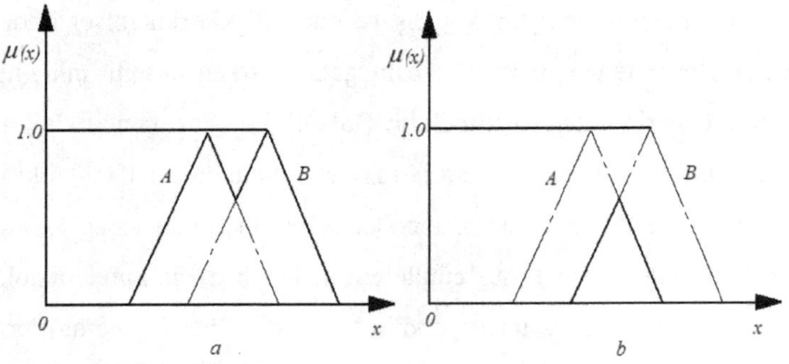

Şekil 6.8. İki bulanık kümenin birleşimi (a) ve kesişimi (b)

Şekil 6.8'de İki bulanık kümenin birleşimi sonucunda elde edilen bulanık çıkarım gösterilmiştir. Hâlbuki değişik şekilleri olan çıkarımların iki veya daha fazla sayıdaki temel bulanık kümelerden çıkması mümkündür. Şekil 6.9'da bir bulanık küme çıktısı gösterilmektedir.

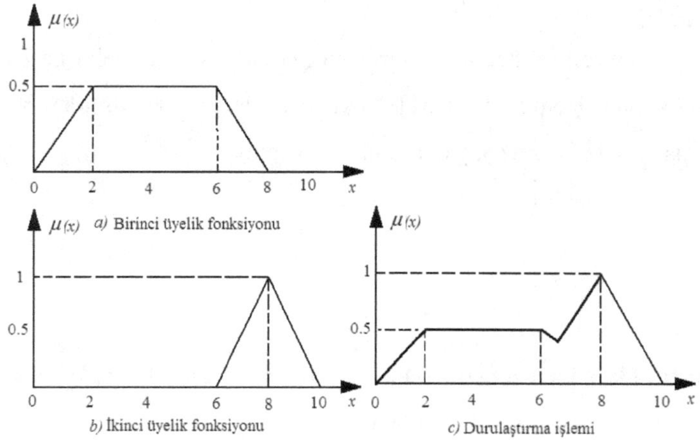

Şekil 6.9. Bulanık küme çıktısı

Yedi durulaştırma işlemi mevcuttur.Bunlar aşağıda açıklanmıştır. Bunların hangisinin kullanılacağı sorunun türüne göre değişmektedir.

<u>En büyük üyelik ilkesi</u>

Bunun diğer bir adı da yükseklik yöntemidir. Kullanılması için tepeleri olan çıkarımlara gerek vardır. Şekil 6.10'da gösterilen bir durulaştırma işleminin aritmetik notasyon şeklinde gösterimi tüm $\bar{x} \epsilon Z$için$\mu(\bar{x}) \geq \mu(x)$olur. Bu işlem sonucu elde edilen en büyük değere karşılık elde edilen veri bulanık mantık çıktısı olarak kabul edilir.

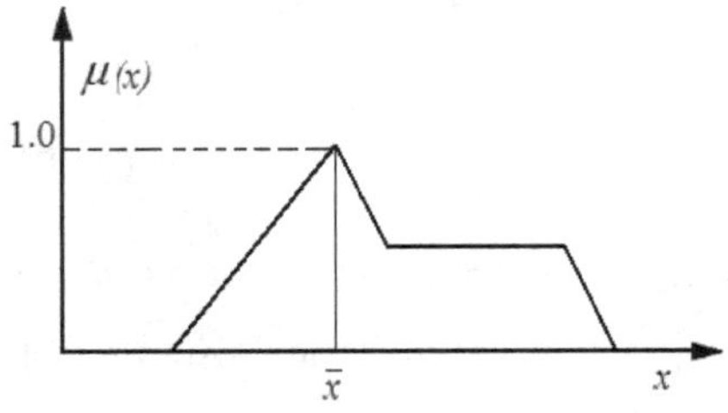

Şekil 6.10. En büyük üyelik derecesinin durulaştırması

Ağırlık merkezi yöntemi

Bunun diğer bir adı sentroit yöntemidir. Durulaştırma işlemlerinde belki de en yaygın olarak kullanılan işlemdir[150,151]. Şekil 6.11'de gösterilmiş olan bu durulaştırmanın matematik işlemi aşağıdaki eşitlikle yapılır.

$$\bar{x} = \frac{\int \mu(x).x.dx}{\int \mu(x).dx} \tag{6.19}$$

Bu yöntem sonucu elde edilen toplam alanın ağırlık merkezine karşılık gelen $\mu(x)$ ekseni değeri bulanık mantık çıktısı olarak kabul edilir.

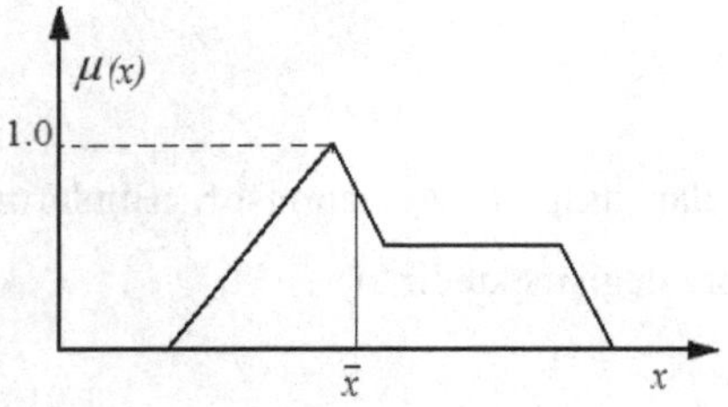

Şekil 6.11. Ağırlık merkezi yöntemiyle durulaştırma

Ağırlıklı ortalama yöntemi

Bu yöntemin kullanılabilmesi için simetrik üyelik fonksiyonunun bulunması gerekir. İşlemler matematik olarak,

$$\bar{x} = \frac{\sum \mu(\bar{x}_i).\bar{x}_i}{\sum \mu(\bar{x}_i)} \tag{6.20}$$

eşitliği dikkate alınarak yazılır. Yukarıda $\bar{x}_i$, kümelerin bireysel olarak ağırlık merkezlerini ifade eder.Bu durulaştırma işlemi Şekil 6.12'de gösterilmiştir. Böylece çıkışı oluşturan bulanık kümeleri üyelik fonksiyonlarının her biri sahip oldukları en büyük üyelik derecesi değeri ile çarpılarak ağırlıklı ortalamaları alınır. Elde edilen değerin $\mu(x)$ eksenine karşılık gelen değeri bulanık mantık çıktısıdır.

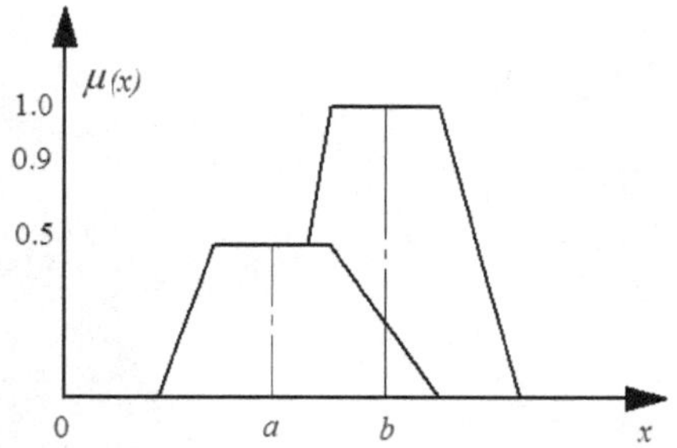

Şekil 6.12. Ağırlıklı ortalama yöntemi durulaştırması

Örnek olarak Şekil 6.12'deki iki bulanık kümenin ağırlıklı ortalaması (durulaştırılmış değeri);

$$\bar{x} = \frac{a.(0,6) + b.(0,9)}{0,6 + 0,9} \tag{6.21}$$

eşitliği ile elde edilir.

Bu durulaştırma işlemi sadece simetrik olan üyelik fonksiyonları için geçerli olduğundan a ve b değerleri temsil ettikleri şekillerin ortalamalarıdır.

Ortalama en büyük üyelik

Bu yöntem aynı zamanda en büyüklerin ortalaması diye de bilinir. Bu bakımdan birinci durulaştırma ilkesine çok yakındır. Ancak en büyük üyeliğin konumu tekil olmayabilir. Bunun anlamı üyelik fonksiyonunda en büyük üyelik derecesine sahip olan x=1, bir nokta yerine bir çizgi olarak bulunabilir. Şekil 6.13'de bulanıklaştırma işlemi gösterilmiş olan bu yönteme göre durulaştırılmış değer;aşağıdaki eşitlik şeklinde yazılabilir[150].

$$\bar{x} = \frac{a+b}{2} \tag{6.22}$$

Yukarıda, *a* ve *b* değerleri şekilde gösterildiği gibidir

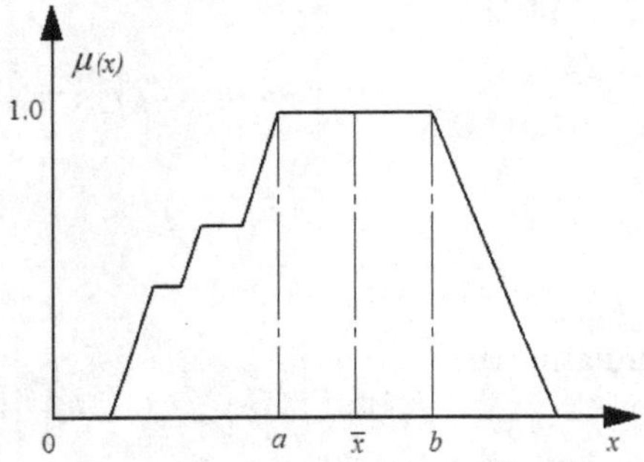

Şekil 6.13. Ortalama en büyük üyelik durulaştırması

Toplamların merkezi

Kullanılan durulaştırma işlemleri arasında en hızlı olan bu yöntemdir. Bu yöntemde iki bulanık kümenin birleşimi yerine onların cebirsel toplamları kullanılır. Bunun bir mahzuru örtüşen kısımların iki defa toplama girmesidir. Durulaştırılmış değeri Eş. 6.23, kullanılarak hesap edilebilir.

$$\bar{x} = \frac{\int \bar{\bar{x}}.\sum_{k=1}^{n} \mu_{A_i}(x).dx}{\int \sum_{k=1}^{n} \mu_{A_i}(x).dx} \tag{6.23}$$

Yukarıda,$\bar{\bar{x}}$, tercih edilen üyelik fonksiyonların ağırlık merkezinden olan mesafeyi göstermektedir.

Bir bakıma bu hesaplama tarzı ağırlıklı ortalama durulaştırmasına benzer. Ancak toplamların merkezi yönteminde ağırlıklar ilgili üyelik fonksiyonlarının alanlarıdır. Ortalama ağırlıklar yönteminde ise bu her bir, üyelik derecesidir. Toplamların merkezi ile durulaştırma işlemleri Şekil 6.14'de gösterilmiştir.

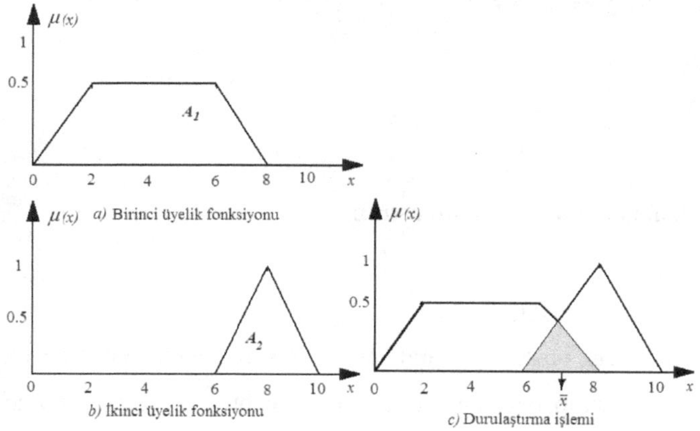

Şekil 6.14. Toplamların merkezi durulaştırması

<u>En büyük alanın merkezi</u>

Eğer çıkış bulanık kümesi en azından iki tane dış bükey alt bulanık kümesi içeriyor ise, dış bükey bulanık kümelerin en büyük alana sahip olanın ağırlık merkezi durulaştırma işleminde kullanılır. Şekil 6.15'de gösterilen durulaştırma işleminin matematiksel hesaplaması

$$\bar{x} = \frac{\int \mu_{ebc}(x) \, . \, x . \, dx}{\int \mu_{ebc}(x) \, . \, dx} \qquad (6.24)$$

eşitliğine göre yapılır.

Burada $\mu_{ebc}(x)$ en büyük alanlı dış bükey bulanık kümenin hâkim olduğu alt bölgeyi gösterir.

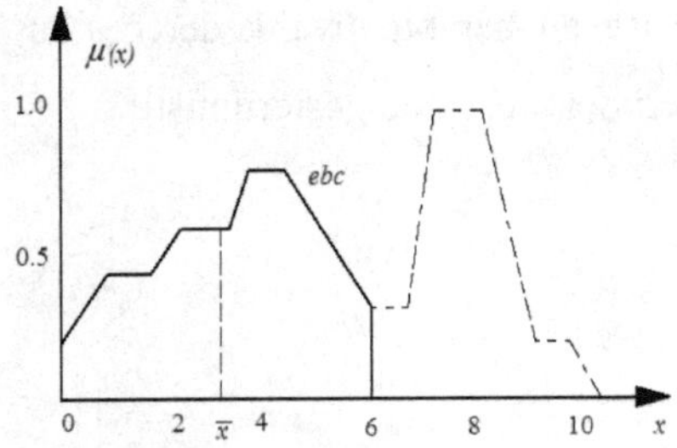

Şekil 6.15. En büyük alan merkezi ile durulaştırma

En büyük ilk veya son üyelik derecesi

Bu yöntemde tüm çıktıların birleşimi olarak ortaya çıkan bulanık kümede en büyük üyelik derecesine sahip olan en küçük (veya en büyük) bulanık küme değerini seçmek esasına dayanır. Hesaplamaların vereceği $\bar{x}$ için aşağıdaki denklemler geçerlidir. Önce bulanık küme çıkarımı, B, birleşiminde en büyük yükseklik, *EBY*, tespit edilir.

$$EBY(B) = EB[\mu_B(x)] \tag{6.25}$$

Bundan sonra birinci en büyük değer, $\bar{x}$, bulunur. Bu yöntemin bir diğer seçeneği ise ilk yerine son en büyük bulanık küme değerinin, $\bar{x}$bulunmasıdır. Bu durumlar Şekil 6.16'da gösterilmiştir.

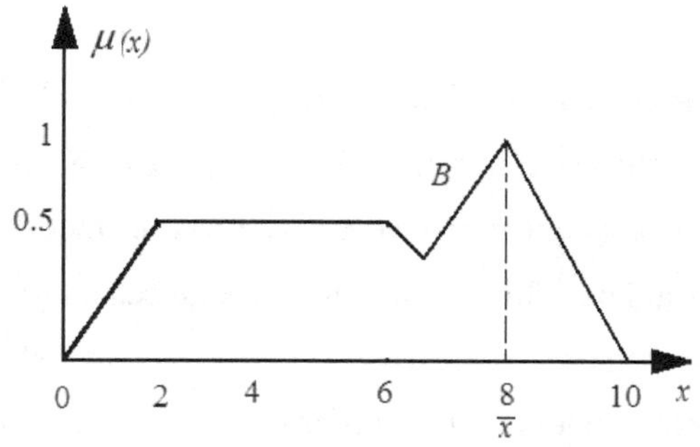

Şekil 6.16. İlk ve son en büyük üyelik dereceleri ile durulaştırma

Gerçek uygulamalarda bir makinenin ihtiyacı olan akımın artırılması bulanık değerlerleyapılabilir ancak ne miktarda arttırılacağı kesin sayılarla olur. Bu nedenle, durulaştırma doğal ve gerekli bir işlemdir. Burada sunulan durulaştırma yöntemlerinden hangisinin en iyi olduğu sorusu vardır. Burada karar verilebilmesi için kullanıcının ilgilendiği sorunla ilişkili olarak bazı durumları önceden bilmesi gereklidir. Bu bilgilerin başında incelenen olayın sürekli olup olmadığı gelmektedir. Sürekli durumun söz konusu olması durumunda bulanık sistemde küçük bir değişiklik, çıktılarda büyük değişikliklere sebep olmaz. İkinci olarak göz önünde tutulması gerekli olan husus ise durulaştırmadan sonra varılan sonucun, ikili veya çok cevaplı olmamasıdır. Aranılması gerekli üçüncü kriter ise sonuçların makul ve mantıklı olmasıdır. Örneğin, makul ve mantıklı bir durulaştırmada varılan tek değer bulanık kümenin dayanağının ortalarına doğru ve üyelik derecesinin oldukça büyük olması beklenir. Aranılan bir diğer özellik ise yapılacak hesaplamaların basit olmasıdır. Son olarak, bulanık çıktı kümesinin ağırlıklarını hesaba katan ağırlıklı yöntemin öncelikle tercih edilmesidir.

6.5. Yapay Sinir Ağları

Geçmişten günümüze kadar insanlar doğayı taklit ederek problemlere çözümler bulmaya çalışmışlardır. Bu taklit çabalarından birisi de YSA (Yapay Sinir Ağları)'dır.YSA temel olarak insan beyninin yapısı ve çalışma şeklini model olarak almaktadır.Beynin üstün özellikleri, bilim adamlarını üzerinde çalışmaya zorlamış ve beynin nörofiziksel yapısından esinlenerek matematiksel modeli çıkarılmaya çalışılmıştır. Beynin bütün davranışlarını tam olarak modelleyebilmek için fiziksel bileşenlerinin doğru olarak modellenmesi gerektiği düşüncesi ile çeşitli yapay hücre ve ağ modelleri geliştirilmiştir. Böylece yapay sinir ağları denen yeni ve günümüz bilgisayarlarının algoritmik hesaplama yönteminden farklı bir bilim alanı ortaya çıkmıştır. Yapay sinir ağları yapısı, bilgi işleme yöntemindeki farklılık ve uygulama alanları nedeniyle çeşitli bilim dallarının da kapsamı alanına girmektedir.

Genel anlamda YSA, beynin bir işlevi yerine getirme yöntemini modellemek için tasarlanan bir sistem olarak tanımlanabilir. YSA, yapay sinir hücrelerinin birbirleri ile çeşitli şekillerde bağlanmasından oluşur ve genellikle katmanlar şeklinde düzenlenir. Donanım olarak elektronik devrelerle ya da bilgisayarlarda yazılım olarak gerçeklenebilir. Beynin bilgi işleme yöntemine uygun olarak YSA, bir öğrenme sürecinden sonra bilgiyi toplama, hücreler arasındaki bağlantı ağırlıkları ile bu bilgiyi saklama ve genelleme yeteneğine sahip paralel dağılmış bir işlemcidir. Öğrenme süreci, arzu edilen amaca ulaşmak için YSA ağırlıklarının yenilenmesini sağlayan öğrenme algoritmalarını ihtiva eder.

Yukarıda verilen açıklamalardan, YSA hesaplama ve bilgi işleme gücünü, paralel dağılmış yapısından, öğrenebilme ve genelleme yeteneğinden aldığı söylenebilir. Genelleme, eğitim ya da öğrenme sürecinde karşılaşılmayan girişler için de YSA'nın uygun tepkileri üretmesi olarak tanımlanır. Bu üstün özellikleri, YSA'nın karmaşık problemleri çözebilme yeteneğini gösterir. Günümüzde birçok bilim alanında YSA, doğrusal olmama, öğrenme, genelleme, uyarlanabilirlik, analiz ve tasarım kolaylığı ve diğer özelliklere sahip olma nedeniyle etkin olmuş ve uygulama yeri bulmuştur.

Son yıllarda YSA üzerindeki çalışmalar oldukça artmıştır. YSA'nın mühendislik başta olmak üzere birçok bilimsel alanda, karmaşık ve belirsiz veriler altında problemlere çözümler ürettikleri ispatlanmıştır. Bu sistemlerin başlıca belirgin özellikleri öğrenebilen, uyarlanabilen, algoritmasız ve paralel dağıtılmış bir hafızaya sahip olmalarıdır. YSA modelleri, basit işlem elemanlarının birbirleri ile yoğun bir biçimde bağlanması yoluyla uygun çözüm elde etmeye çalışırlar. Geleneksel programlama yöntemleri ile çözülemeyen birçok problem YSA ile çözülebilmektedir.

6.5.1. Yapay hücre modelleri

Yapay sinir hücreleri, YSA'nın çalışmasına esas teşkil eden en küçük bilgi işleme birimidir. Geliştirilen hücre modellerinde bazı farklılıklar olmakla birlikte genel özellikleri ile bir yapay hücre modeli, Şekil 6.17'de görüldüğü gibi girdiler, ağırlıklar, birleştirme fonksiyonu, aktivasyon fonksiyonu ve çıktılar olmak üzere 5 bileşenden meydana gelir[152]. Hücre modellerinde, net girdiyi artıran +1 değerli bias girişi ya da azaltan -1 değerli eşik girişi bulunabilir ve bu giriş de sabit değerli bir giriş olarak girdi vektörü (x_0), katsayısı ise (genellikle b ile gösterilir) ağırlık vektörü (w_0) içerisine alınabilir. Genel olarak hücre modelleri gerçekleştirdiği işleve göre hücreler statik ya da dinamik bir davranış gösterebilirler. İşlem elemanı kendisine gelen girişleri alır ve geldiği yolun ağırlık değerine göre hepsini toplar. Bu toplam sonucunun aktivasyon fonksiyonuna göre belirli birleşik değerinden büyük veya küçük olması kontrol edilerek hücrenin çıktısını oluşturur ve bağlı olduğu diğer hücrelere gönderir. YSA bu hücrelerin bağlanarak bir ağa dönüştürülmesiyle meydana getirilir.

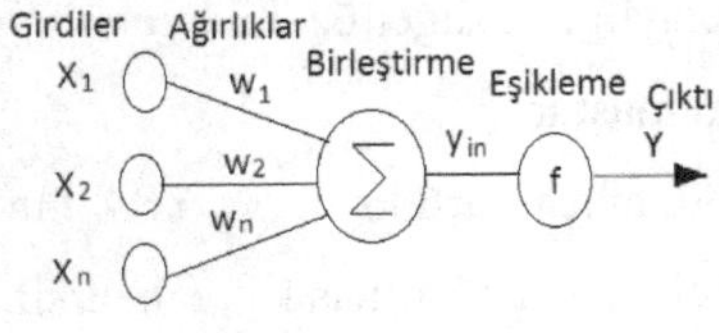

Şekil 6.17. Bir yapay sinir hücresinin modeli[153]

Şekil 6.17'deki bileşenler aşağıda açıklanmıştır.

Girdiler: Dış dünyadan gelen bilgilerdir. Bu bilgiler başka hücrelerden veya hücrenin kendi kendisinden de gelebilir.

Ağırlıklar:YSA'da öğrenme işlemi hücre bağlantılarının sahip olduğuağırlıklar değiştirilerek yapılır. Ağırlıklar hücreye gelen bilgilerin hücre üzerindekietkisini gösterir vedeğişken veya sabit olabilir. Ağırlıkların büyük ya da küçük olması,önemli olup olmadığını ifade etmez.

Birleştirme fonksiyonu: Hücreye gelen girişler ve geldiği yolun ağırlık değerine göre hücrenin net girdisinin hesaplandığı fonksiyondur. Net girdinin hesaplanmasında genellikle aşağıdaki formül kullanılmaktadır:

$$NET = \sum_{i=1}^{n} X_i . w_i + w_b \qquad (6.26)$$

Bu fonksiyonda gelen her girdinin değeri kendi ağırlık değeri ile çarpılıp toplanmaktadır. En çok kullanılan toplam fonksiyonu Eş. 6.11ifadesidir. Ancak çarpım, en büyük, en küçük ve çoğunluk gibi değişik toplama fonksiyonları da bulunmaktadır[154].

Aktivasyon fonksiyonu: Transfer veya eşik fonksiyonu olarak da adlandırılır. Aktivasyon fonksiyonu işlem elemanının hesaplanan net girdisini kullanarak önceden belirlenmiş sınırlar içinde çıkışlar üretir. Günümüzde oldukça yaygın olan çok katmanlı algılayıcı sinir ağı modelinde genellikle sigmoid aktivasyon fonksiyonu kullanılmaktadır [152,155]. Aktivasyon fonksiyonları detaylı olarak anlatılacaktır.

Hücrenin çıktısı: Aktivasyon fonksiyonuna göre oluşturulan çıktı değeridir. Bu çıktı değeri dışdünyaya veya diğer bağlı olduğu hücrelere gönderilebilir. Bir işlem elemanının birçok girdi değeri olmasına rağmen bir tek çıktı değeri olmaktadır.Şekil 6.18'de bir YSA hücresinin genel modeli verilmiştir.

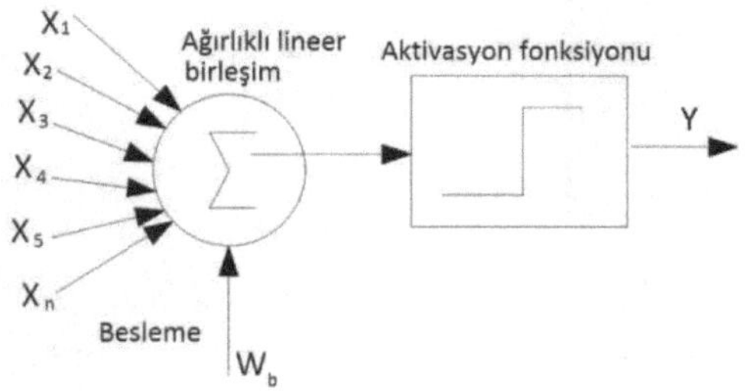

Şekil 6.18. Yapay sinir hücresinin genel modeli[156]

6.5.2. Aktivasyon fonksiyonlarının çeşitleri

Hücre modellerinde, hücrenin gerçekleştireceği işleve göre çeşitli tipte aktivasyon fonksiyonları kullanılabilir. Aşağıda, hücre modellerinde yaygın olarak tercih edilen çeşitli aktivasyon fonksiyonları tanıtılmıştır.

Doğrusalve doyumlu-doğrusalaktivasyon fonksiyonu

Doğrusal bir problemi çözmek amacıyla kullanılan doğrusal hücre ve YSA'da ya da genellikle katmanlı YSA'nın çıkış katmanında tercih edilen doğrusal fonksiyon, hücrenin net girdisini doğrudan hücre çıkışı olarak verir. Doğrusal aktivasyon fonksiyonu matematiksel olarak $y=v$şeklinde tanımlanabilir. Doyumlu doğrusal aktivasyon fonksiyonu ise aktif çalışma bölgesinde doğrusaldır ve hücrenin net girdisinin belirli bir değerinden sonra hücre çıkışını doyuma götürür. Doyumlu doğrusal aktivasyon fonksiyonunun Eş.6.27'de matematiksel tanımı, Şekil 6.19'da ise grafiği görülmektedir.

$$y = \begin{cases} 1 & v > 1 \\ v & -1 < v > 1 \\ -1 & v < -1 \end{cases} \tag{6.27}$$

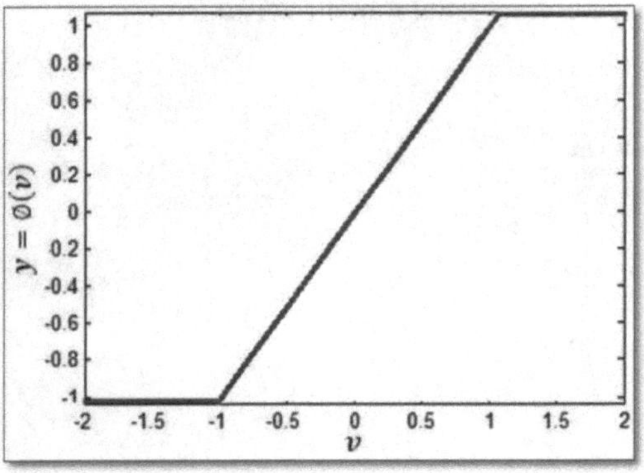

Şekil 6.19. Doyumlu-doğrusal aktivasyon fonksiyonu[157]

<u>Sigmoid aktivasyon fonksiyonu</u>

Şekil 6.20'de grafiği verilen 0 ile 1 arasında sonuçlanan sigmoid fonksiyonu, türevi alınabilir, sürekli ve doğrusal olmayan bir fonksiyon olması nedeniyle doğrusal olmayan problemlerin çözümünde kullanılan YSA'larda tercih edilir. Çift yönlü sigmoid fonksiyonun tanımı Eş.6. 28'de ve tek yönlü sigmoid fonksiyonunun matematiksel ifadesi ise Eş. 6.29'de verilmiştir.

$$\varphi(v) = \frac{1}{1 + e^{-v}} \tag{6.28}$$

$$\varphi(v) = \frac{1 - e^{-v}}{1 + e^{-v}} \tag{6.29}$$

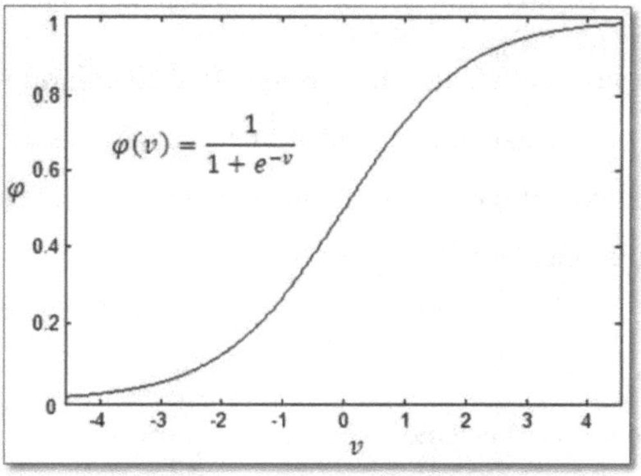

Şekil 6.20. Sigmoid aktivasyon fonksiyonu[158]

Eşik aktivasyon fonksiyonu

McCulloch-Pitts modeli olarak da bilinen eşik aktivasyon fonksiyonlu hücreler, mantıksal çıkış verir ve sınıflandırıcı ağlarda tercih edilir.Şekil 6.21'de Perceptron olarak da söylenen eşik fonksiyonlu hücrelerin matematiksel modeli aşağıdaki gibi tanımlanabilir.

$$y = \begin{cases} 1 & v \geq 0 \\ -1 & v < 0 \end{cases} \quad (6.30)$$

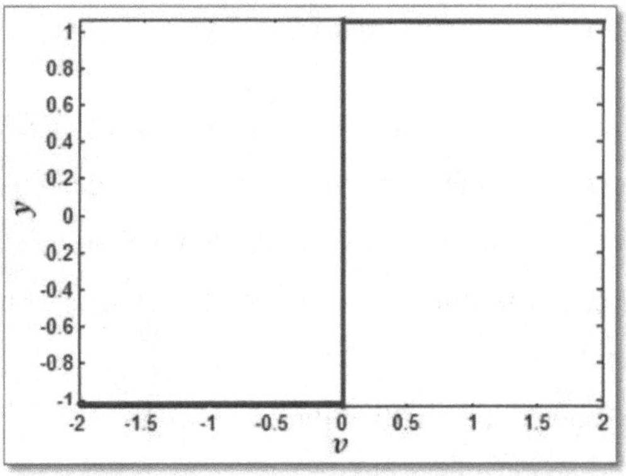

Şekil 6.21. Eşik aktivasyon fonksiyonu[156]

Diğer aktivasyon fonksiyonları

Yukarıda verilen ve yaygın olarak kullanılan aktivasyon fonksiyonlarının dışında YSA'da çeşitli aktivasyon fonksiyonları kullanılmış ve aktivasyon fonksiyonlarına göre YSA'nın problemleri çözülmüştür. Bu çalışmada sadece en yaygın olarak kullanılan fonksiyonlar incelenmiştir.

6.5.3. Statik hücre modeli

Ağırlıkların sabit olduğu ve hücrede geri besleme ya da geciktirilmiş sinyaller kullanılmadığı dikkate alınırsa bu hücre statik bir işlevi gerçekleştireceğinden bu model, statik hücre modeli olarak söylenebilir.
Statik hücrenin matematiksel modeli Eş.6.31'deki gibi yazılabilir.

$$v = \sum_{i=0}^{n} w_i x_i \; veya \quad v = \sum_{i=0}^{n} w_i x_i + b \quad , y = \emptyset(v) \tag{6.31}$$

Burada; w: hücrenin ağırlıklar matrisini, x: hücrenin giriş vektörünü, v: hücrenin net girişini, y: hücre çıkışını ve $\emptyset(v)$: hücrenin aktivasyon fonksiyonunu göstermektedir.

6.5.4. Dinamik hücre modelleri

Örüntü tanıma ve sınıflandırma uygulamalarında statik hücre ya da YSA modelleri uygun olmakla birlikte sistem modelleme ve denetimi gibi dinamik problemlerin çözümünde dinamik hücre ya da YSA yapılarının kullanılması gereklidir. Dinamik YSA yapıları çeşitli şekillerde elde edilebilir. Dinamik bir hücre genel olarak 2 şekilde oluşturulabilir.

a) Hücrenin ağırlıkları dinamik bir model olarak seçilebilir.

b) Hücrenin net girdisi dinamik bir modelden geçirilebilir.

6.5.5. Çok katmanlı yapay sinir ağları

Çok katmanlı YSA, yapay sinir hücrelerinin bir araya gelmesiyle oluşur. Bir araya gelme rastgele olmaz ve genellikle katmanlar halinde gerçekleştirilir. Bir yapay sinir ağının bu tip yapısı Şekil 6.22'de gösterilmektedir:

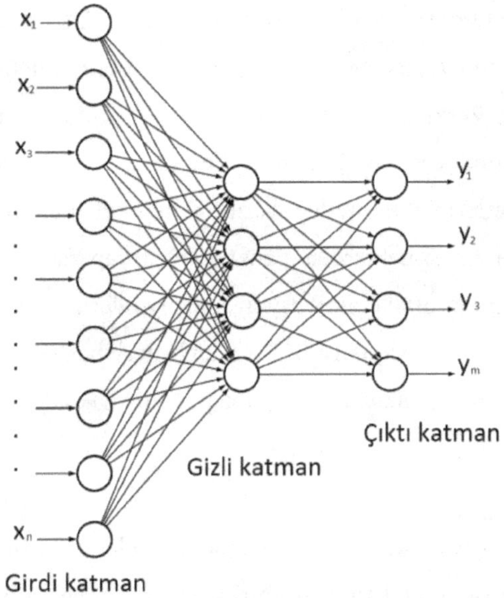

Şekil 6.22. Çok katmanlı bir YSA

Giriş katmanındaki nöronlar dış dünyadan gelen X_1 - X_n ile belirtilen verileri gizli katmana iletirler. Gizli katmanda, giriş katmanından ve bias (aktif yapma girişi) olarak adlandırılan nörondan gelen veriler toplama ve aktivasyon fonksiyonları kullanılarak çıktılar üretilir. Birden fazla gizli katman olabilir. Bu durumda her bir gizli katman kendisinden sonraki katmana çıkışlarını gönderir. Çıktı katmanı ise gizli katmandan aldığı verileri işleyerek ağın çıktısını üretir. Bu yapıdaki YSA'nın iki türlü çalışma şekli vardır, bunlardan birisi ağı eğitme, diğeri ise ağı kullanmadır.

6.5.6. Yapay sinir ağı yapıları

Yapay sinir ağları, hücrelerin birbirleri ile çeşitli şekillerde bağlanmalarından oluşur. Hücre çıkışları, ağırlıklar üzerinden diğer hücrelere ya da kendisine giriş olarak bağlanabilir ve bağlantılarda gecikme birimi de kullanılabilir. YSA'nın beklenilen hedefleri gerçekleştirebilmesi için öğrenmesi veya eğitilmesi gereklidir. Bunun için eğitme algoritmaları kullanılır. Eğitme algoritması eldeki problemin özelliğine göre öğrenme kuralının YSA'ya nasıl uygulanabileceğini belirtir. Genellikle öğretmeli öğrenme stratejisi kullanılır. Buna göre ağa hem örnek setleri hem de bu örnek setlerinin normalde vermesi gereken çıktılar gösterilir. Ağ kendisine gösterilen bu örneklerden genellemeler yaparak bir çözüm uzayı geliştirir. Öğrenme kurallarına ve aktivasyon fonksiyonlarına göre çeşitli YSA yapıları geliştirilmiştir. YSA yapılarının üretmesi, ileri beslemeli hesaplama ve geri beslemeli hesaplama olmak üzere 2 aşamadan oluşmaktadır.

İleri beslemeli yapay sinir ağları

İleri beslemeli YSA'da(İBYSA), hücreler katmanlar şeklinde düzenlenir ve bir katmandaki hücrelerin çıkışları bir sonraki katmana ağırlıklar üzerinden giriş olarak verilir. Giriş katmanı, dış ortamlardan aldığı bilgileri hiçbir değişikliğe uğratmadan gizli katmandaki hücrelere iletir. Bilgi, orta ve çıkış katmanında işlenerek ağ çıkışı belirlenir. Bu yapısı ile ileri beslemeli ağlar doğrusal olmayan statik bir işlevi gerçekleştirir. En çok bilinen geriye yayılım öğrenme algoritması, bu tip YSA'ların eğitiminde etkin olarak kullanılmakta ve bazen bu ağlara geriye yayılım ağları da denmektedir. Şekil 6.23'de bir ileri beslemeli YSA sistemi görülmektedir.

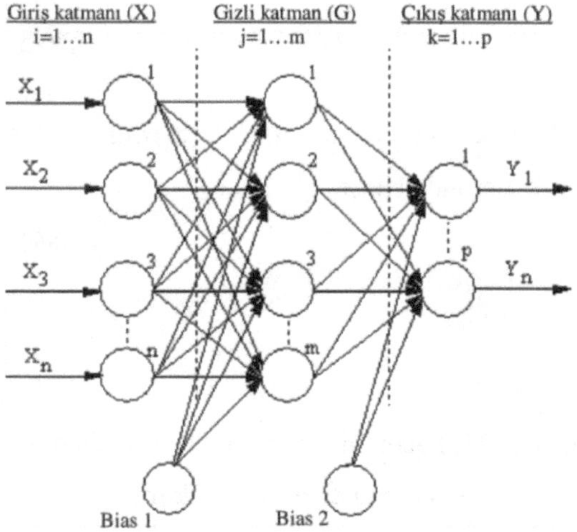

Şekil 6.23. İleri beslemeli 3 katmanlı YSA sistemi

Şekil 6.23'de mimarisi gösterilen algoritma, ana hatlarıyla şöyledir: Ağ mimarisi tanımlanır ve ağırlıklar bazı rastgele küçük sayılar ile başlatılarak, ağa ilk giriş sunulur. $X_1, X_2, ..., X_n$ giriş katmanındaki elemanların çıktısını, $G_1, G_2, ..., G_m$ gizli katmandaki nöronların çıkış değerlerini, $Y_1, Y_2, ..., Y_p$ ise çıkış katmanındaki elemanların çıkış değerlerini, ifade etmektedir. Gizli katmandaki j. nörona gelecek olan toplam giriş şu şekilde hesaplanır:

$$net_j = \sum_{i=1}^{n} w_{ji}.X_i + w_{Bj}\theta_j = \varphi(v_j) \qquad j = 1,2,.........m \qquad (6.32)$$

w_{ji}, i. giriş nöronundan j. gizli katman nöronuna giden ağırlığı ifade etmektedir. w_{Bj} ise biastan j. nörona giden ağırlığı ifade etmektedir. Gizli katmandaki j nöronunun çıkışı

$G_j = F_j(net_j)$ dir. Burada F_j,aktivasyon fonksiyonudur ve genellikle sigmoid kullanılmaktadır. Çıkış katmanındaki k. nöronuna gelecek olan toplam giriş ise:

$$net_k = \sum_{j=1}^{m} w_{kj}.G_j + w_{Bk} \qquad (6.33)$$

şeklinde yazılır. w_{Bk} biastan k. Çıkış nöronuna giden ağırlığı ifade etmektedir. Çıkış katmanındaki bir k. nöronun çıkışı;

$$Y_k = F_k(net_k), \qquad k = 1, 2, \ldots, p \qquad (6.34)$$

olarak belirlenir.

Geri beslemeli yapay sinir ağları

Geri beslemeli YSA'da(GBYSA), en az bir hücrenin çıkışı kendisine ya da diğer hücrelere giriş olarak verilir ve genellikle geri besleme bir geciktirme elemanı üzerinden yapılır. Geri besleme, bir katmandaki hücreler arasında olduğu gibi katmanlar arasındaki hücreler arasında da olabilir. Bu yapısı ile geri beslemeli YSA, doğrusal olmayan dinamik bir davranışı gösterir. Dolayısıyla, geri beslemenin yapılış şekline göre farklı yapıda ve davranışta geri beslemeli YSA yapıları elde edilebilir. Şekil 6.24'de iki katmanlı ve çıkışlarından giriş katmanına geri beslemeli bir YSA yapısı görülmektedir.

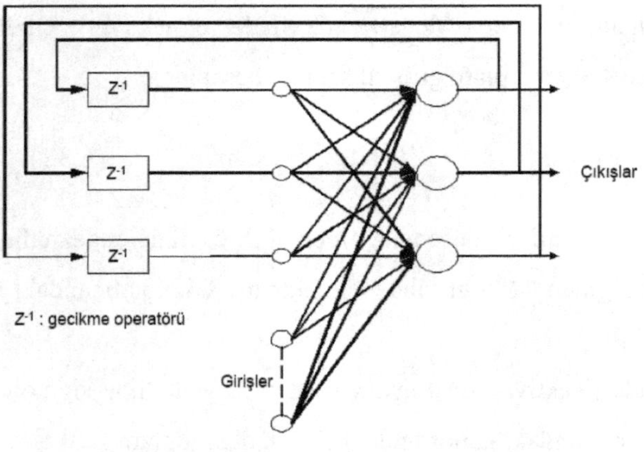

Şekil 6.24. Geri beslemeli bir YSA[152]

Ağdan elde edilen çıkış, hedeflenen çıkış(H_k) ile karşılaştırılır ve Ek hatası (k. çıkış nöronunun hatası) aşağıdaki gibi hesaplanır;

$$E_k = (H_k - Y_k)^2 \tag{6.35}$$

Bu bir çıkış nöronu için üretilen hatadır. Çıktı katmanı için oluşan toplam hatayı bulmak için bütün hataların toplanması gerekir. Ağın performansı için kullanılan RMSE hatası ise Eş. 6.36 ifadesiyle hesaplanır. Burada q örnek sayısını göstermektedir.

$$rmse = \sqrt{\frac{\sum_{k=1}^{p}(H_k - Y_k)^2}{q}} \tag{6.36}$$

6.5.7. Girdi ve çıktıların ölçeklendirilmesi (normalize edilmesi)

YSA'ya sunulacak örnekler toplanırken bazen aşırı büyük veya aşırı küçük değerlerle karşılaşılabilir. Bu değerlerin aynı ölçek üzerine indirgenmesi ağın yanlış yönlendirilmesine engel olur. Ayrıca transfer fonksiyonu olarak sigmoid kullanıldığında bu fonksiyonun çıkış aralığı 0 ile 1 arasında olduğundan giriş ve çıkış değerlerinin 0 ile 1 arasına alınması (normalize edilmesi) gereklidir. Giriş değerlerinin ölçeklendirilmesi için genellikle aşağıdaki eşitlikler kullanılmaktadır.Eş.6.37 ifadesinde $\acute{x}$ ölçeklendirilmiş yeni girdi değerini, x girdi değerini, x_{min}en küçük değerini vex_{max}, en büyük değerini ifade etmektedir.

$$\acute{x} = \frac{x - x_{min}}{x_{max} - x_{min}} \tag{6.37}$$

Eğitim ve test yapıldıktan sonra çıkış değerleri önceki normalizasyon formülünün tersi ile orijinal değerlere döndürülebilir. Örneğin çıktılar Eş.6.37 ifadesindeki formül ile normalize edilmiş ise aşağıdaki formül ile gerçek hayattaki değerine döndürülebilir.

$$x = x'.(x_{max} - x_{min}) + x_{min} \tag{6.38}$$

Modelin performansının incelenmesi için, varyans mutlak kesir'i (R-kare (R^2)), ölçülen ve tahmin edilen sonuçlar arasında hesaplanmıştır. R^2 fonksiyonu aşağıdaki formülle ifade edilir:

$$R^2 = 1 - \left(\frac{\sum_i (T_i - O_i)^2}{\sum_i (O_i)^2} \right) \tag{6.39}$$

Yukarıda, T ölçülen ve O tahmin edilen sonuçlardır.

6.5.8. Çok katmanlı yapay sinir ağlarını oluşturmaları

Yapay sinir ağlarını bir problemin çözümünde kullanırken aşağıdaki adımlar izlenir.

- Örneklerin toplanması
- Ağın topolojik yapısının belirlenmesi
- Öğrenme parametrelerinin belirlenmesi
- Ağırlıklara başlangıç değerlerinin atanması
- Öğrenme setinden örneklerin seçilmesi ve normalize edilmesi
- Normalize edilmiş örneklerin ağa gösterilmesi
- İleriye doğru hesaplamaların yapılması
- Öğrenme tamamlanıncaya kadar ağırlıkların değiştirilmesi
- Test setinin ağa gösterilmesi ve ağın başarısının değerlendirilmesi

Bu bölümde, takım aşınma sisteminin tahmini için tercih edilen, matematiksel, bulanık mantık ve YSA modelleri incelenmiştir ve bu modellerin temeli bilimsel açıdan araştırılmıştır. Açıklanan modellerin bilimsel yönleri göz önüne alınarak, takım durumu izleme sisteminin tasarımı için MATLAB programı seçilmiştir ve bu program ortamında, bu yöntemlerin uygulanmasına karar verilmiştir.

7. İŞ MİLİ VE İLERLEME TAHRİKSİSTEMİ MODELİ

Bu bölümde, talaş kaldırma işleminde iş mili ve ilerleme sisteminin benzetiminin yapılması için, iş mili ve ilerleme tahrik sistemlerinin modellemesi incelenecektir. Bu amaca ulaşmak için CNC takım tezgâhlarında kullanılan DC motorlarının, matematiksel olarak dönüşüm fonksiyonları çıkarılacak ve takım aşınmasının, anlık olarak izleme işlemi ile kesici tahrik ve iş mili tahrik sistemlerinin sağlıklı, mantıklı ve kabul edilebilir ilişkilendirilmesi açıklanacaktır.

Takım yanak aşınmasının izlenmesi doğrultusunda, bu çalışmada ilerleme ve mil motorlarının modellenmesi, motor akımının elde edilmesi için kullanılır. Geliştirilen bu sistem algılayıcısız bir işlem sergileyeceğinden, motor akımının ölçülmesi gerekliliğini ortadan kaldırır. Yapılan tahrik sisteminin blok diyagramı, talaş kaldırma süresince dinamometreden gelen kesme kuvveti sinyallerini alarak, motor akımının sinyallerinin değişimini gösterir. Talaş kaldırma esnasında takım yanak aşınması dolayısıyla, motorun çektiği gücün ve akımın artmasınaneden olur. Böylece takım aşınması ve motor akımı arasında bir bağlantı kurulurken, takım aşınmasının izlenmesi için motor akımının sinyallerinin değişimi izlenilir ve akımın değişmesiyle takımın ne durumda olduğu ve ömrünün ne zaman biteceği tahmin edilmiş olur.

Takım tezgâhlarında ilerleme ve iş mil hareketinin gerçekleştirilmesi için genellikle servo motor sistemlerikullanılmaktadır. Dolayısıyla takım tezgâhlarında servo motor, sürücü sisteminin hareket kaynağını oluşturmaktadır. Fiziksel olarak, servo motorlar bir doğru akım (DC) motordan, dişli çark grubundan, potansiyometreden ve geri besleme devresinden oluşmaktadır. Dişli çarklar, hızın düşürülmesi ve momentin artırılması için; potansiyometre, motordan çıkan şaftın pozisyonunun ölçülmesi için; geri besleme ise kontrol devresi sinyalini voltaja dönüştürerek geri besleme pozisyonuyla karşılaştırması ve kontrollü dönme hareketi sağlama için görev yapar. Servo motorlar AC ve DC olmak üzere iki guruba ayrılmaktadır. AC motorların modellemesi bu çalışma kapsamında olmadığı için dikkate alınmamıştır.Sadece DC motorların modellemesi bu bölümde incelenmiştir. DC servo motorları, oluşturdukları hız kontrolüne bağlı olarak, akım kontrolü ile hız kontrolü, voltaj kontrolü ile hız kontrolü ve armatör rezistansı ile hız kontrolü olmak üzere üç guruba ayrılmaktadır. Tüm, DC motorların modellemesi çoğunlukla birbirleriyle benzerdir, bu nedenle bu çalışmada akım kontrolü ile hızın kontrol edilmesi göz önüne alınmış ve bu tür motorun diferansiyel eşitlikleri elde edilmiştir.

7.1. Yüksüz Bir DC Motorunun Modellenmesi

Şekil 7.1'de bir doğru akımlı DC motor şeması gösterilmiştir. Görüldüğü gibi akım alanı (i_f) sabit olduğu için motor hızı, armatörünvoltajı (V_a) ile kontrol edilir.

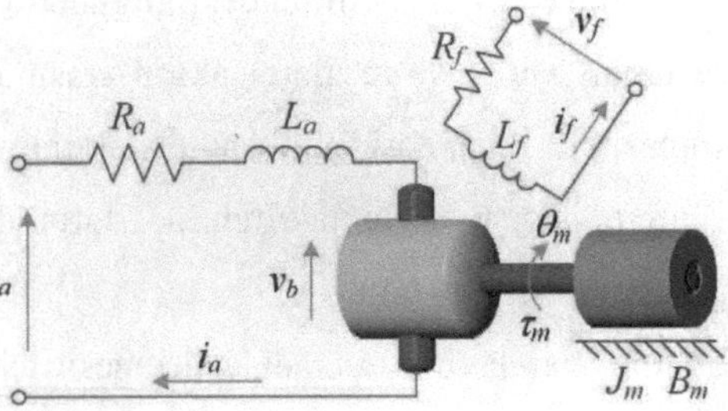

Şekil 7.1. DC motorun şematik gösterimi[159]

Motorun alan devresinden kaynaklanan akı (ψ), akım alanıyla (i_f)orantılıdır (k_f)

$$\psi = k_f . i_f \qquad (7.1)$$

Motordan alınan moment (τ_m), akı ve armatör akımı (i_a) ile orantılıdır (k_1).

$$\tau_m = k_1 . i_a . \psi \tag{7.2}$$

Alan akımı sabit ise akı sabit olur, dolayısıyla,

$$\tau_m = (k_1 . k_2) . i_a \tag{7.3}$$

şeklinde yazılır ve $k_a = k_1 . k_2$ olduğunda, motorda geliştirilen moment Eş. 7.4 şeklinde yazılır.

$$\tau_m = k_a . i_a \tag{7.4}$$

Yukarıdaki eşitlikte k_a: motor momenti sabitini göstermektedir.
Armatör döndüğünde üzerine bir voltaj aktarılır. Bu voltaj karşı elektromotor kuvveti (v_b) olarak adlandırılır ve genelde akı ve açısal hızın ($\dot{\theta}$) çarpımıyla orantılı (k) kalmaktadır.

$$V_b = k . \psi . \dot{\theta}_m \tag{7.5}$$

Sabit bir akı için,karşı elektromotor kuvveti açısal hızla doğru orantılıdır. Dolayısıyla $k_b = k . \psi$ olduğunda, karşı elektromotor kuvveti,

$$V_b = k_b . \dot{\theta}_m \tag{7.6}$$

şeklinde yazılır.k_b,karşı elektromotor kuvvetinin sabiti olarak tanımlanır. Armatör devresine Kirchhoff kuralı[159] uygulandıktan sonra, Eş. 7.7 elde edilir.

$$V_a = L_a . \frac{di_a}{dt} + R_a . i_a + V_b \tag{7.7}$$

Verilen eşitliği Laplas alanına (s düzlemine) taşıdıktan sonra eşitlik şu şekilde ifade edilir:

$$I_a = \frac{V_a - V_b}{L_a . s + R_a} \tag{7.8}$$

Eş. 7.5'in ilavesiyle,

$$I_a = \frac{V_a - k_b . s . \theta_m}{L_a . s + R_a} \tag{7.9}$$

olur.

Motorun moment d-iferansiyel denklemi,

$$\tau_m = J_m . \ddot{\theta}_m + B_m . \dot{\theta}_m \tag{7.10}$$

şeklindedir.

Eş.7.4 ve Eş.7.10 bir araya getirildiğinde,

$$k_a . i_a = J_m . \ddot{\theta}_m + B_m . \dot{\theta}_m \tag{7.11}$$

elde edilir.

Bu Laplas alanına taşındığında,

$$I_a = \frac{J_m . s^2 . \theta_m - B_m . s . \theta_m}{k_a} \tag{7.12}$$

elde edilir.

Eş.7.8 ve Eş.7.12 bir araya getirildiğinde ve düzenlenerek sırasıyla yapıldığında,

$$k_a . V_a - k_a . k_b . s . \theta_m = (L_a . s + R_a) . (J_m . s + B_m) . s . \theta_m \tag{7.13}$$

$$V_a = \frac{(L_a.s + R_a).(J_m.s + B_m).s.\theta_m + k_a.k_b.s.\theta_m}{k_a} \tag{7.14}$$

$$\frac{\theta_m}{V_a} = \frac{k_a}{[(L_a.s + R_a)(J_m.s + B_m) + k_a.k_b].s} \tag{7.15}$$

elde edilir.

Eş.7.15, DC motor mili pozisyonu ile armatör üzerine uygulanan voltaj arasındaki ilişkiyi göstermektedir. Şekil 7.2'de bu ilişki blok diyagramıhalinde gösterilmiştir.

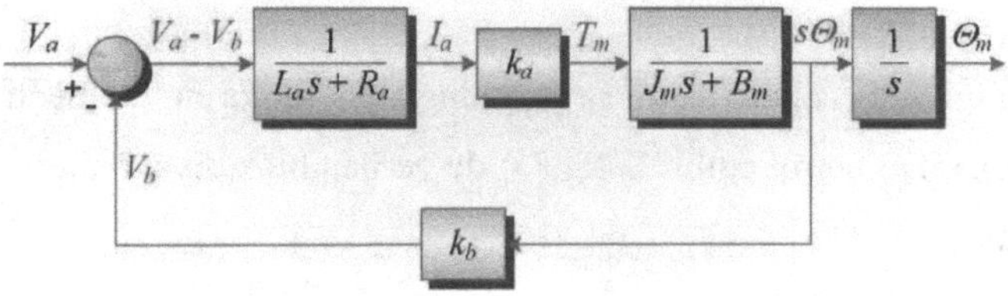

Şekil 7.2. DC motorun blok diyagramı[159]

7.2. Dişli Çark Aracılığıyla Yük Uygulanmış DC Motorun Modellenmesi

Dişli çarklar aracılığıyla yükün motor miline bağlandığında, bu yük dişli oranına bağlı olarak motor miline iletilir. Şekil 7.3, yük uygulanmış bir motor değişkenlerini göstermektedir.

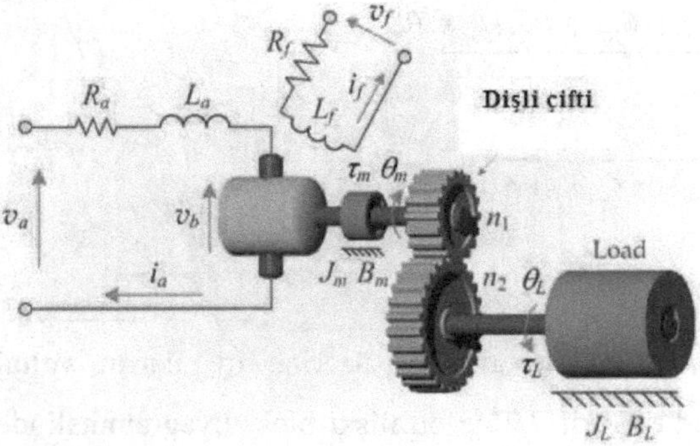

Şekil 7.3. Yük uygulanmış DC motorun şematik gösterimi[160,159]

Önceden ifade edildiği gibi, akım alanı sabit olduğunda motorun momenti armatörün voltaj girdisi ile kontrol edilir. Şekil 7.4'de verilen blok diyagramı bu hususu göstermektedir.

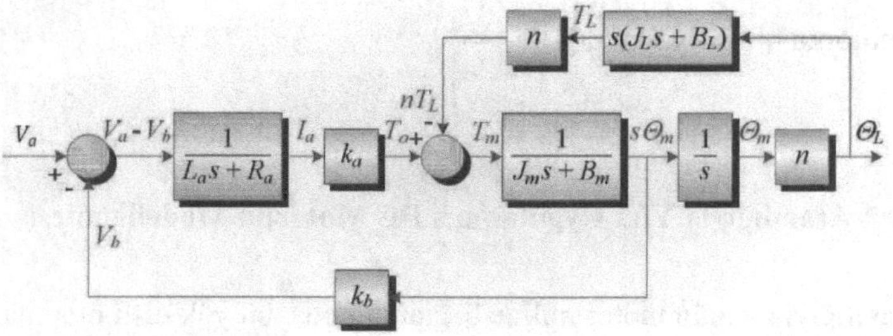

Şekil 7.4. Yük uygulanmış DC motorun blok diyagramı[160,161]

Yükün, dişli çarklar aracılığıyla motor üzerine bıraktığı etki göz önüne alındığında, Şekil 7.5'deki blok diyagram elde edilir.

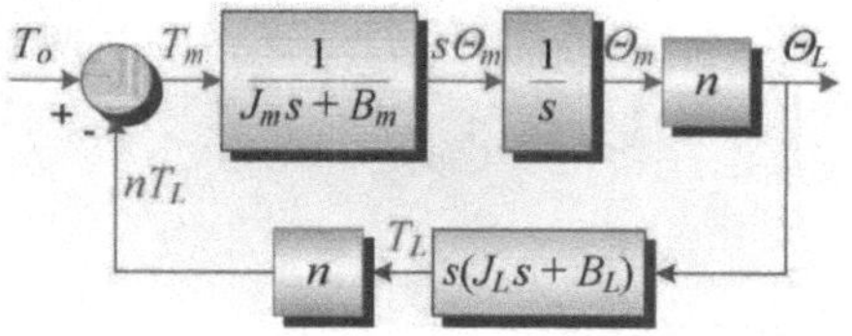

Şekil 7.5. Motor milini etkileyen yük blok diyagramı[161]

Yüksüz motor momentinin yük pozisyonuna bağlayan dönüşüm fonksiyonu Eş.7.16'da verilmiştir.

$$\frac{\theta_L}{T_0} = \frac{\frac{n}{(J_m.s+B_m).s}}{1+\frac{n}{(J_m.s+B_m)}.n.s.(J_L.s+B_L)} \tag{7.16}$$

$$\frac{\theta_L}{T_0} = \frac{n}{[(J_m+n^2.J_L).s+(B_m+n^2.B_L)].s} \tag{7.17}$$

Burada,

$$n = \frac{n_1}{n_2} \tag{7.18}$$

olur.

Ataletler başka bir ifadeyle aşağıdaki gibi yazılır ve,

$$J_0 = J_m + n^2.J_L \tag{7.19}$$

$$B_0 = B_m + n^2.B_L \tag{7.20}$$

Eş.7.19 ve Eş.7.20, Eş.7.17'de yerine konulursa, yüksüz motor momentini yük pozisyonuna bağlayan dönüşüm fonksiyonu Eş.7.21 şeklinde elde edilir.

Bu fonksiyonun tamamlanmış eşdeğer blok diyagramı Şekil 7.6'da gösterilmiştir.

$$\frac{\theta_L}{T_0} = \frac{n}{(J_0.s + B_0).s} \tag{7.21}$$

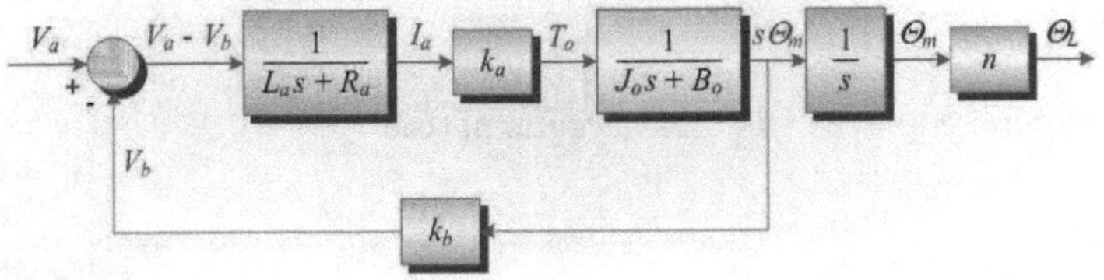

Şekil 7.6. Yük uygulanmış DC motorun eşdeğer blok diyagramı[160]

Şekil 7.6'da gösterilen blok diyagrama göre, birleşmiş dönüşüm fonksiyonu Eş.7.22 şeklinde elde edilir.

$$\frac{\theta_L}{V_a} = \frac{k_a.n}{[(L_a.s + R_a).(J_a.s + B_0) + k_a.k_b].s} \tag{7.22}$$

7.3. Dişli Çark Aracılığıyla YükUygulanmış DC Servo Motorun Modellemesi

Şekil 7.3'de gösterilen DC motora bir durum geri beslemesinin sağlanılması için, bir kontrol devresinin eklenilmesi yeterlidir (Şekil 7.7). Servo motorlar, istenen konuma ulaşabilme ve aynı pozisyonda istenilen zamana kadar devam etme yeteneğine sahiptir. İstenilen pozisyonun ayarlaması için bu tür aktüatörler uygulanan kontrol sinyalleri, PWM[18] olarak adlandırılır.

18. Pulse with modulation type

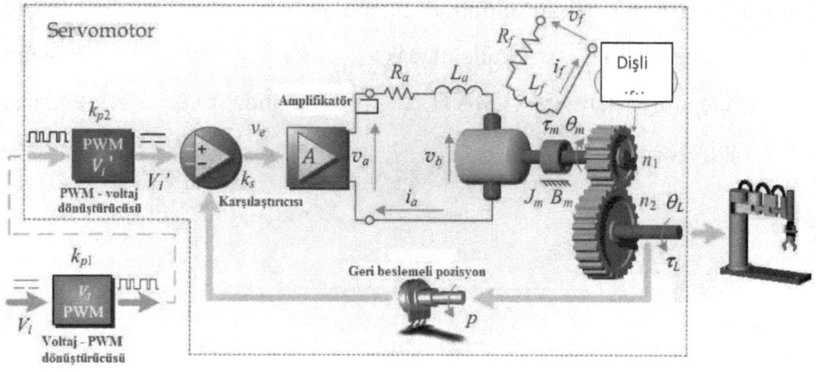

Şekil 7.7. Robot tahrik eden bir DC motorun şematik gösterimi[159]

Şekil 7.8.'de yük uygulanan servomotorun blok diyagramı verilmiştir.

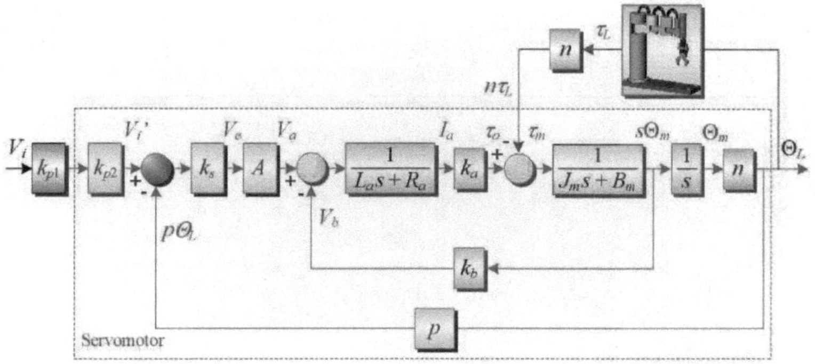

Şekil 7.8. Robota bağlanan DC motorun blok diyagramı[161]

Bu bölümde, özet olarak CNC takım tezgâhlarının tahrik sistemleri ve DC motorun matematiksel modeliincelenmiştir. Modelleme esnasında, tüm dönüşüm fonksiyonları çıkarılmış ve blok diyagramları hazırlanmıştır. Bu blok diyagramlar, sensörsüz takım durumu izleme sisteminin geliştirilmesi için sonraki bölümlerde kullanılacak ve bu dönüşüm fonksiyonlarındanfaydalanılarak, MATLAB programında blok diyagramların benzetimi yapılacaktır.

8. MATERYAL VE METOT

Çalışma kapsamında gerçekleştirilen takım durumu izleme sisteminin sağlıklı ve gerçekçi verilere dayalı olarak oluşturulması amacıyla deneysel çalışma planlanmış ve uygulanmıştır. Bu bölümde takım aşınmasının izlenmesi için, deneysel çalışma donanımlarının hazırlanma işlemi açıklanmıştır. Deney yapılması esnasında kullanılan, CNC takım tezgâhı, malzeme, kesici takım, algılayıcılar ve aşınma ölçer cihazlarının bilgileri verilmiştir. Ayrıca algılayıcıların bağlanması içinaparat tasarlanmıştır.

8.1. Takım Tezgâhı

Deneylerin yapılması için, Teknoloji Fakültesi, İmalat Mühendisliği Bölümü laboratuarında mevcut olan Johnford TC-35 CNC torna tezgâhı kullanılmıştır. CNC takım tezgâhı Resim 8.1'de gösterilmiştir.

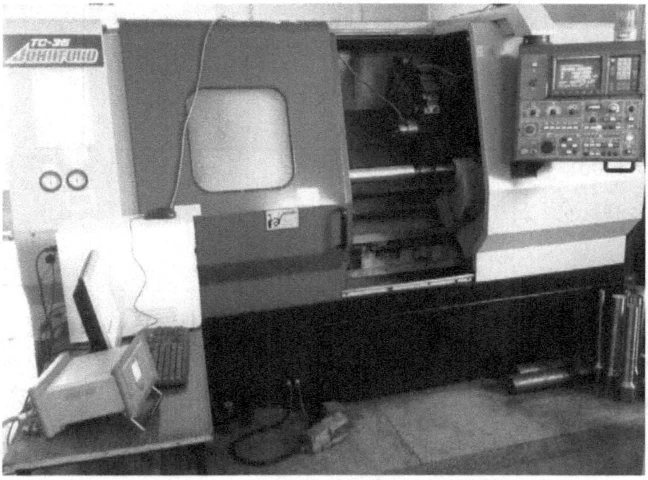

Resim 8. 1. CNC takım tezgâhı

8.2. Deney Numunesi

Deney numunelerinin hazırlanmasında,$\emptyset 100 \times 1000$ mm boyutunda olan bir SAE 4140 malzemeden silindirik ham iş parçası hazırlanmıştır. İş parçasının kimyasal özellikleri Çizelge 8.1'de ve mekanik özellikleri Çizelge 8.2'de verilmiştir.

Çizelge 8.1. İş parçasının kimyasal özellikleri

İş parçası	SAE 4140 (AISI 4140)						
Kimyasal bileşimi (%)	C	Si	Mn	Cr	P	S	Mo
	0,38-0,43	0,15-0,30	0,75-1,00	0,80-1,10	0,035	0,04	0,15-0,25

Çizelge 8. 2. İş parçasının mekanik özellikleri

İş parçası	SAE 4140 (AISI 4140)						
Mekaniközellikleri	Yoğunluk	Esneme modülü	Çekme dayanımı	Akma dayanımı	Sertlik	Uzama	Poisson oranı
	7,7-8,03 X1000kg/m^3	190-210 *Gpa*	555 *Mpa*	411,1 *Mpa*	197 *HB*	%25,7	0,27-0,3

Numunelerin üzerinden talaş kaldırmak için SANDVIK şirketine ait olan bir kesici uç seçilmiştir. Deneylerde tercih edilen kesici takımın kod özellikleri Çizelge 8.2'de ve geometrik özellikleri Çizelge 8.4'de ve Şekil 8.1'degösterilmiştir.

Çizelge 8. 3. Kesici takım özellikleri

Kesici takım	SANDVIKTNMG 1604 04-QM H13A
Takım tutucu	TIZITCTANR 2525M16
Talaş açısı(°)	0

Çizelge 8. 4. Kesici takımın geometrik özellikleri

Kesici uç	SANDVIK TNMG 16 04 04-QM H13A				
Geometrik değerleri	Kesici uç kalınlığı (S)	Teğet daire çapı (IC)	Köşe yarıçapı (RE)	Kesici uç ağırlığı (WT)	Kesme kenarı uzunluğu (L)
	4,7625 *mm*	9,525 *mm*	0,4 *mm*	0,007 *kg*	16,4978 *mm*

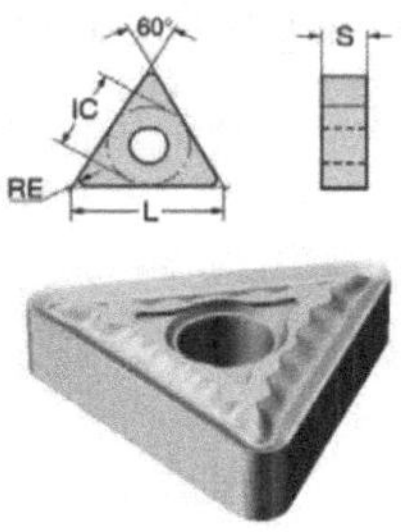

Şekil 8. 1. Kullanılan kesici uç geometrisi

Dik kesme işleminde uygun olarak kullanılan takım tutucusu, Şekil 8.2'de gösterilmektedir.

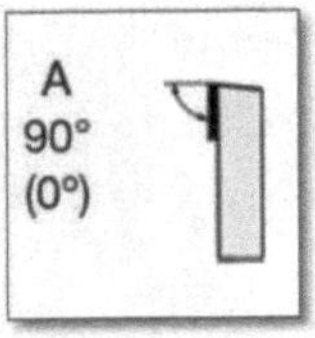

Şekil 8.2. Dik kesme için kullanılan takım

8.3. Bağlama Aparatları

Bu çalışmada,takım aşınma izlenmesi için dinamometre ve titreşim ölçer algılayıcılarıseçilmiştir.dolayısıyla takım tutucu, dinamometre ve titreşim ölçer algılayıcılarının talaş kaldırma işleminin gerçekleştirmesi için birbirleri ilemontaj edilmesi gerekmiştir. Bu donanımların bağlanmasında bir rijit yapının oluşturulması, kesme kuvvetlerininsağlıklı ölçülmesinde ve titreşim sinyallerinin hatasız alınmasında önemli bir role sahiptir. Bu özellikdikkate alınarak dinamometrenin takım tutucusuna bağlanabilmesi için bir adaptörün yapılması gerekmiştir.Teknoloji Fakültesi atölyelerinde mevcut olan talaşlı imalat tezgâhlarındanfaydalanılarak dinamometre ve titreşim ölçer algılayıcılarının bağlanması için Şekil 8.3'de görülen aparat yapılmıştır.

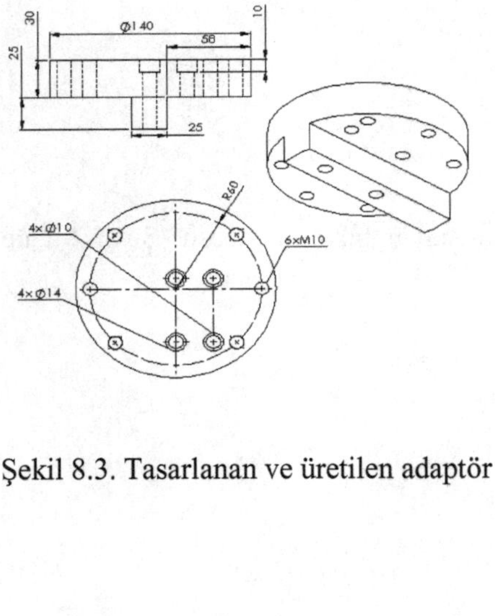

Şekil 8.3. Tasarlanan ve üretilen adaptör

Dinamometreyi bağlamak için imal edilen adaptör, önce Şekil 8.3'de görüldüğü gibi taret'e bağlanmış ve dinamometre ise adaptörün üzerine sabitlenmiştir. Takımın dinamometre üzerine bağlanması için takımın sapında dalma erozyon kullanılarak iki delik açılmış ve Şekil 8.4'de gösterildiği gibi dinamometreye bağlanmıştır.

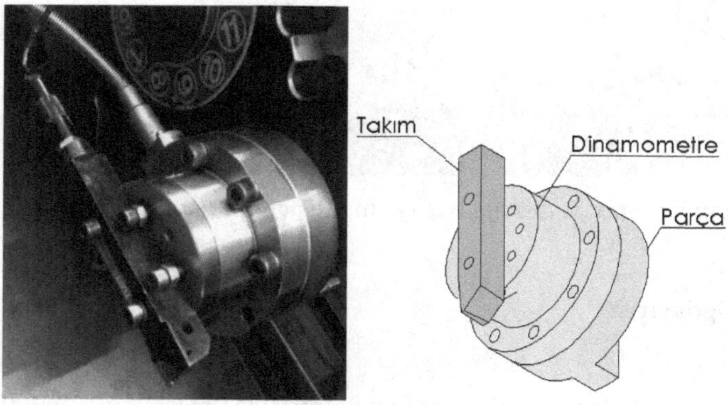

Şekil 8.4. Algılayıcı ve takımın montajı

Talaş kaldırma işleminin gerçekleştirilmesi için tüm donanımlar CNC takım tezgâhı üzerine bağlanmıştır (Resim8.2).

Resim 8. 2. Donanımların takım taşıyıcı başlığa montaj edilmesi

8.4. Titreşim Algılayıcısı

Talaş kaldırma süresince takımın titreşim genliğinin ölçülmesi için TV300 markalı biralgılayıcı seçilmiştir (Resim 8.3). Bu algılayıcı talaş kaldırma alanında en çok kullanılan titreşim algılayıcılarından biri olarak tanınmaktadır. Titreşim algılayıcı ile titreşimin miktarının ölçülmesi için üç değişkenin dikkate alınması gerekmektedir. Bu değişkenler, ivme (a), hız (v) ve yer değiştirme (z), olarak belirlenmektedir. Tercih edilen titreşimalgılayıcı, bu değişkenlerin karekök ortalamalarını ölçer ve değerleri gösterir. Titreşimalgılayıcısının özellikleri Çizelge 8.5'deverilmiştir.

Çizelge 8.5. Titreşim algılayıcısı özellikleri (vibration meter, TV300,TIME)

<table>
<tr><th colspan="2">Ölçüm aralığı</th><th colspan="2">Frekans aralığı</th><th colspan="2">Özellikler</th><th>Özellik değerleri</th></tr>
<tr><td rowspan="5">İvme</td><td rowspan="5">0.1 m/s2
.
.
392 m/s2 (Peak)</td><td rowspan="5">İvme</td><td rowspan="5">10Hz – 200 Hz,
10Hz – 500 Hz,
10Hz – 1KHz,
10Hz – 10KHz</td><td rowspan="7">TV300</td><td>Doğruluk</td><td>≤±5%</td></tr>
<tr><td>Sıcaklık</td><td>0- 40°</td></tr>
<tr><td>Nem aralığı</td><td>≤80%</td></tr>
<tr><td>Görüntüleme ekranı</td><td>LCD, 320×200 piksel</td></tr>
<tr><td>Boyut</td><td>171×78.5×28 mm</td></tr>
<tr><td>Hız</td><td>0.01-80 cm/s (RMS)</td><td>Hız</td><td>10Hz - 1KHz</td><td rowspan="2">Ağırlık</td><td rowspan="2">230g</td></tr>
<tr><td>Yer değiştirme</td><td>0.001 – 10 mm (Peak – peak)</td><td>Yer değiştirme</td><td>10Hz– 500 Hz</td></tr>
</table>

Resim 8. 3. Titreşim algılayıcısı (vibration meter, TV300, TIME)

8.5. Veri Görüntüleme Programı

Titreşim algılayıcısından alınan veriler veri görüntüleme yazılımında analiz edilmiş ve zamanabağlı grafikler çıkarılabilmektedir. Bu program grafikleri ivme, hız ve yer değiştirme grafikleri şeklinde göstermektedir, ancak kullanım kriterine bağlı olarak bu grafiklerin birisi seçilebilir. Bu programdanalınan örnek bir grafik, Şekil 8.5'de verilmiştir.

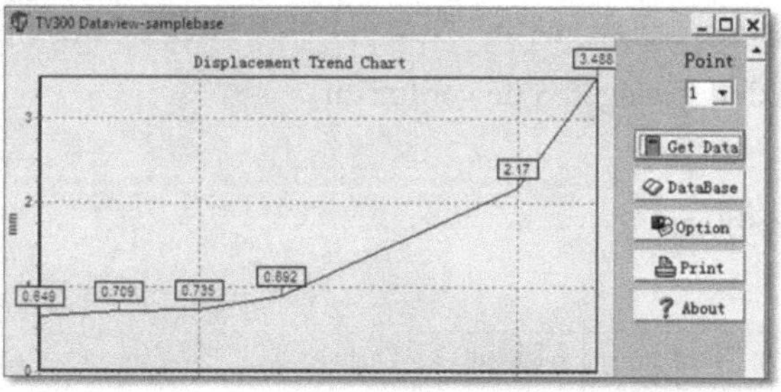

Şekil 8.5. Titreşim verilerini toplayan yazılım (Dataview)

8.6. Kuvvet Ve Moment Algılayıcısı

Talaş kaldırma esnasında, kesme kuvvetlerinin ölçülmesi için dinamometre kullanılmıştır. Talaş kaldırma işleminde, esas kesme kuvveti (F_c=F_x), ilerleme kuvveti (F_f=F_z), radyal kuvveti (F_r=F_y) ve kesmeden doğan momentin (M_z) ölçülmesi için Kistler type9272 dinamometresitercih edilmiştir (Resim 8.4).

Resim 8.4. Dinamometre (Kistler, tip 92 72)

Çalışma esnasında kesme kuvveti ve kesme momentinin ölçülmesi için tercih edilen dinamometrenin özellikleri Çizelge8.6'de verilmiştir.

Çizelge 8.6. Dinamometre özellikleri

Özellikler	Değişkenler	Birim	Miktar
Ölçüm aralıkları	F_x, F_z M_z	*KN* *KN* *Nm*	±5 - 5…..20 ±200
Duyarlık	F_x, F_y F_z M_z	*PC/N* *PC/N* *PC/Ncm*	≈ -7.9 ≈ -3.6 ≈ -1.6
Doğal frekans	$f_n x$, $f_n y$ $f_n z$ $f_n(M_z)$	*KHz* *KHz* *KHz*	≈ 3,1 ≈ 6,3 ≈ 4,2
Çalışmasıcaklığı aralıkları	°C	-	0, … ,70
Çap	D	*mm*	100
İç çap	d	*mm*	15
Boy	H	*mm*	70
Ağırlık	M	*Kg*	4,2

8.7. Dynaware Programı

Kesme kuvveti sinyalleri belli zaman aralıklarında ölçülmüş ve sinyaller Dynaware yazılımına aktarılmıştır. Ölçülen kuvvet ve moment miktarları yazılım ortamında gösterilebilmekte ve ortalama değerleri elde edilebilmektedir. Ayrıca zaman boyunca en büyük ve en küçük kuvvet miktarlarıda belirlenebilmektedir. Örnek olarak bir sinyal gösterimi Şekil 8.6'daverilmiştir.

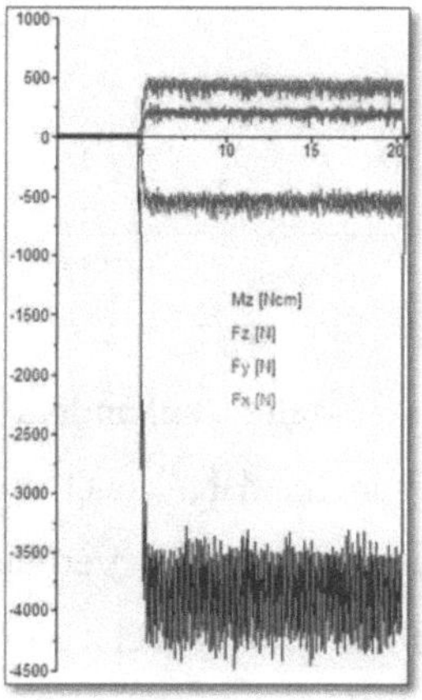

Şekil 8.6. Kesme kuvveti ve kesme momenti sinyalleri

8.8. Deney Tasarımı

Deney tasarımının yapılmasında, JMP (JUMP) programından faydalanılmış, talaş kaldırma parametrelerinin miktarlarının belirlenmesi için ISO 3685 numaralı standardı göz önüne alınmış ve bu standardauygulanmıştır. ISO 3685 standardı, Çizelge 8.7'de seçilen kesme parametreleri ile takım aşınmasını belirlemek için en uygun şartlarıönermiştir.Tam faktöriyel yöntemi kullanılarak deney tasarımı yapılmıştır.

Çizelge 8.7. Kesme parametreleri

Kesme hızı (*m/min*)	İlerleme (*mm/rev*)	Kesme derinliği (*mm*)	Yanak aşınması aralıkları(*mm*)
110	0,17	0,75	Başlangıç, 0.1, 0.2,0.3
135	0,22	1,25	
160	0,27	1,75	

8.9. Deney Düzeneğinin Kurulması

Deney tasarımı yapıldıktan sonra, seçilen kesme parametreleri kullanılarak deneyler yapılmıştır. Deney sayılarının fazla olması, modelin daha genel bir model olarak kabul edilmesi için önem taşımaktadır. Yukarıda verilen deneylerden faydalanılarak aşınma miktarını tahmin etmek için, kesici takım belli bir aşınma miktarına vardığında algılayıcı verileri alınmıştır. Zamandan bağımsız bir tahmin sisteminin kurulması için bu çalışmadakesme kuvvetleri ve titreşim genliğitercih edilmiştir. Her iki modelin avantajlarını görmek için hem zaman hesaplanmış ve hem de algılayıcılardan alınan değişkenler ölçülmüş ve analitik ve deneysel modellerelde edilmiştir. Çalışmada seçilen aşınma aralıkları, ISO 3685 standardıdikkate alınarak 0; 0,1; 0,2 ve 0,3 mm olarak seçilmiştir. Bu standarda göre kaplamalı ve kaplamasız uçlar için ömür kriteri, ortalama yanak aşınma miktarı 0,3 mm'dir. Tam faktöriyel deney tasarımı uygulanmış ve 108 adetdeney yapılmıştır.

8.10. Yanak AşınmasınınÖlçülmesi

Kesici takımın yanak aşınması miktarının ölçülmesi için Dino Capture 2.0 mikroskobu seçilmiştir. Bu cihazın ayırma özelliği 2592x1944 piksel ve büyütme boyu 10x-92x aralıklarındadır. Resim8.5'deyanak aşınma ölçer cihazı görünmektedir.

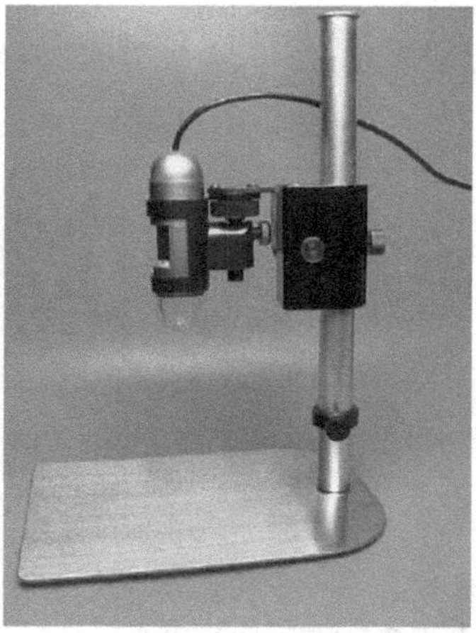

Resim 8. 5. Yanak aşınmasının ölçülmesi için seçilen mikroskop

8.11.Zamanın Hesaplaması

Belli aşınma miktarları arasında bütün kuvvetler ve titreşim genliği miktarları kaydedilmiştir. Ayrıca zaman değişkeni bir analitik modelin yapılması ve tezgâhın sürücü sisteminin benzetimindeuygulanması için ölçülmüştür. Deneylerin yapılması süresince iş parçası üzerinden kaldırılan talaş kaldırmauzunluğu ve çapları kayıt edilmiştir. Bu boy ve çap miktarları ilerleme miktarıyla beraber dikkate alınarak, belli aşınma aralıklarında zamanın değeriEş.8.1'de verilen eşitlikle hesaplanmaktadır.

$$t = \frac{W}{f \times N} \tag{8.1}$$

Yukarıda;*t*, kesme zamanı;*W*,işleme boyu ve *f*, ilerleme miktarını göstermekte ve N torna tezgâhında devir sayısını belirlemektedir. Devir sayısının ölçülmesi iş parçasının çapına bağlı olarak Eş.8.2 ve Eş. 8.3'de verilen eşitliklerle hesaplanmıştır.

$$D = \frac{d_1 + d_2}{2} \qquad (8.2)$$

$$N = \frac{1000 \times V}{\pi D} \qquad (8.3)$$

Yukarıda D, iş parçası ortalama çapı, V kesme hızı ve d_1, d_2 iş parçasının işlenmiş ve işlenmemiş çaplarını göstermektedir.

8.12. Titreşim genliğinin ölçülmesi esnasında ortaya çıkan sorunlar

Takım aşınmasının ölçülmesinde dikkate alınan takımın titreşim genliği çeşitli sorunlara maruz kalarak değişebilir. Bu faktörlerin giderilmesi için titreşim genliğinin ölçülmesinde sağlam bir sonucun elde edilmesi amacıyla bazı deneyler yeniden yapılmıştır. Deney yapma esnasına görülen bu sorunlar, yığıntı talaştan, çevre kirliliğinden, kesme hızından vb. faktörlerden kaynaklanarak aşağıdaki şekilde ifade edilir.

Titreşim ölçme ortamında ses, gürültü ve diğer titreşim yapan aletlerin olduğunda, titreşim genliği takım yanak aşınmasından bağımsız olarak değişmektedir. Seçilen kesme hızı değerlerinin birbirleri ile uzak olduğu halde, yüksek kesme hızlarında, titreşim genliğinin artışı, sadece takım aşınmasından bağımsız olarak değişmektedir.

Bazı şartlarda, örneğin düşük kesme hızı değerlerinde kesici uçta oluşan yığıntı talaş dolayısıyla, titreşimin genliği takım aşınmasından bağımsız olarak, dramatik şekilde (Bazen iki katına kadar) artmaktadır.

Bu bölümde deneysel çalışmasının sonuçlandırması için tüm donanımlar açıklanmış ve donanımların birbirlerine bağlanma işlemi detaylı olarak gösterilmiştir. Çalışma esnasında tercih edilen tüm algılayıcılar ve onların ölçme yöntemleri verilmiştir. Ayrıca deneylerin yapılması için kullanılan malzeme, takım, kesme parametreleri açıklanarakdeneylerin yapılma şekli vurgulanmıştır.

9. BULGULAR VE TARTIŞMA

Bu bölümde, takım aşınmasının tahmini için analitik, bulanık mantık ve yapay sinir ağları modelleri yapılmıştır. Modelleme işlemlerinde MATLAB yazılımı kullanılarak gerekli kodlar bu ortamda yazılmış ve tahmin blok diyagramları tasarlanmıştır. Aşınma prosedürünün detaylı ve kapsamlı bir şekilde modellenmesi için, kuvvet-aşınma, kuvvet-zaman, aşınma-zaman, titreşim-zaman gibideğişken gruplarının modelleriçıkarılmıştır. Bu bölümün son aşamasında, takım aşınma modeli ile iş mili tahrik sistemi değişkeni olan akım arasında ilişki kurularak anlık takım aşınması ile akım değişimi arasındaki benzetim MATLAB ortamında gerçekleştirilmiştir.

9.1. Analitik Modelin Tasarlanması

Analitik modeller, kuvvet, kesme parametreleri, aşınma ve ölçülen değişkenler arasında olan ilişkiyi göstermektedir. Bu modellerde çeşitli parametrelerin etkisinin belirlenmesi için, zamana bağlı kuvvet modeli, aşınmaya bağlı kuvvet modeli olmak üzere, aşınma ve kuvvet arasındaki ilişkiyi ortaya koyan modeller yapılmıştır.

9.1.1. En küçük kareler metodu

Üçüncü bölümde verilen kuvvet ve zaman arasında var olan deneysel modeli (Eş. 3.8)referans alınmıştır[126]. Deneysel verilerden faydalanarak genel bir analitik modelin bulunması için, bu eşitliğin sabitlerinin türetilmesi ve en az 5 bağımsız denklemin hazırlanması gerekmektedir.Deneylerin sayısı 108 olarakbelirlendiğinden sabitlerin bulunmasında verilerin devreye girmesi, analitik modeligenelleştirecektir. Bu amacın gerçekleştirilmesive sabitlerin genel bir modele yansıtılması için en küçük kareler yöntemi tercih edilmiştir. Bu yöntemin uygulandığı matematiksel model Eş. 9.1'de verilmiştir.

$$F - F_0 = b_0 . V^{b_1} . f^{b_2} . d^{b_3} . t^{b_4} \tag{9.1}$$

Eşitliğin her iki tarafının logaritması alınırsa,

$$ln(F - F_0) = ln(b_0 . V^{b_1} . f^{b_2} . d^{b_3} . t^{b_4}) \tag{9.2}$$

elde edilir.

Bu eşitlikle aşağıdaki işlemler yapılırsa,

$$ln(F - F_0) = lnb_0 + b_1 . lnV + b_2 . lnf + b_3 . lnd + b_4 . lnt \tag{9.3}$$

$$E = \sum_{i=1}^{n} ((lnb_0 + b_1 . lnV_i + b_2 . lnf_i + b_3 . lnd_i + b_4 . lnt_i) - (ln(F - F_0)_i))^2 \tag{9.4}$$

$$Lnb_0 = K \tag{9.5}$$

sıralı eşitlikleri hazırlanır.

Eş. 9.5, Eş. 9.4'de yerine konur ve sabitlere göre kısmi türevler alınırsa,

$$\frac{\partial E}{\partial K} = \sum_{i=1}^{n} 2.((K + b_0 . lnV_i + b_1 . lnf_i + b_3 . lnd_i + b_4 . lnt_i) - (ln(F - F_0)_i)) = 0 \tag{9.6}$$

$$\frac{\partial E}{\partial b_1} = \sum_{i=1}^{n} 2. lnV_i((K + b_1 . lnV_i + b_2 . lnf_i + b_3 . lnd_i + b_4 . lnt_i) - (ln(F - F_0)_i) = 0 \tag{9.7}$$

$$\frac{\partial E}{\partial b_2} = \sum_{i=1}^{n} 2. lnf_i((K + b_1 . lnV_i + b_2 . lnf_i + b_3 . lnd_i + b_4 . lnt_i) - (ln(F - F_0)_i) = 0 \tag{9.8}$$

$$\frac{\partial E}{\partial b_3} = \sum_{i=1}^{n} 2. lnd_i((K + b_1 . lnV_i + b_2 . lnf_i + b_3 . lnd_i + b_4 . lnt_i) - (ln(F - F_0)_i) = 0 \tag{9.9}$$

$$\frac{\partial E}{\partial b_4} = \sum_{i=1}^{n} 2. lnt_i((K + b_1 . lnV_i + b_2 . lnf_i + b_3 . lnd_i + b_4 . lnt_i) - (ln(F - F_0)_i) = 0 \tag{9.10}$$

eşitlikleri bulunur. Eş. 9.6 ila Eş. 9.10 için matris formu düzenlenirse,

$$\begin{bmatrix} n & lnV_i & lnf_i & lnd_i & lnt_i \\ lnV_i & (lnV_i)^2 & lnV_i.lnf_i & lnV_i.lnd_i & lnV_i.lnt_i \\ lnf_i & lnf_i.lnV_i & (lnf_i)^2 & lnf_i.lnd_i & lnf_i.lnt_i \\ lnd_i & lnd_i.lnV_i & lnd_i.lnf_i & (lnd_i)^2 & lnd_i.lnt_i \\ lnt_i & lnt_i.lnV_i & lnt_i.lnf_i & lnt_i.lnd_i & (lnt_i)^2 \end{bmatrix} \times \begin{bmatrix} K \\ b_1 \\ b_2 \\ b_3 \\ b_4 \end{bmatrix}$$

$$= \begin{bmatrix} ln(F-F_0)_i \\ lnV_i ln(F-F_0)_i \\ lnf_i ln(F-F_0)_i \\ lnd_i ln(F-F_0)_i \\ lnt_i ln(F-F_0)_i \end{bmatrix} \qquad (9.11)$$

elde edilir. Eş. 9.1'deki sabitlerin bulunmasında, en küçük kareler metodunun uygulamalı olarak uygulanması için MATLAB yazılımında bir program hazırlanmıştır (Ek.2). Tüm deneyler ve kesme parametreleri bu programa verilmiş ve program, en küçük kareler metodunu uygulayarak k, b_1, b_2, b_3, b_4 *ve* b_5 sabitlerini türetmiştir.

9.1.2. Farklı değişkenlere dayalı aşınma ve kuvvet modellerinin yapılması

Takım aşınmasının izlenmesinin ve tahmininin muhtelif değişkenlere dayalı olabilmesi için, kullanılan değişkenler; değiştirilebilen değişkenler ve ölçülebilen değişkenler olmak üzere ikiyeayrılmıştır. Değiştirilebilen değişkenler; kesme hızı, ilerleme ve talaş derinliği parametrelerini, ölçülebilen değişkenler ise doğrudan ölçülen değişkenleri (Kuvvet ve titreşim) ve dolaylı ölçülen değişkenleri (zaman ve akım) temsil etmektedir.İlerleyen alt başlıklarda, tüm bu değişkenlerin birbirleri ile ilişkilerinin matematiksel modelleri geliştirilmiştir.

9.1.3. Aşınmamış kesici uç modeli

Eş.9.1'de görüldüğü gibi talaş kaldırma işleminde kesici takıma uygulanan kuvvet,aşınmamış kesici uç kuvveti (F_o) ve aşınmış kesici uç kuvvetinden (F)

oluşmaktadır. Takım aşınmasından bağımsız olarak aşınmamış kesmekuvvetinin matematiksel modeli, kesme parametreleri ve kesme kuvvetleri değerlerinden faydalanarak yapılmıştır. Bu model öncedenbahsedilen küçük kareler metodu uygulamasıyla geliştirilmiştir (Eş.9.12)

$$F_0 = 7507{,}8.V^{-0{,}2948}.f^{0{,}6635}.d^{0{,}9450} \qquad (9.12)$$

Bu eşitlikte yer alan sabitler, yapılan 108 adet deneysel verilerin MATLAB ortamında dikkate alınmasıyla türetilmiştir. Şekil 9.1'de ilerleme ve talaş derinliğinin aşınmamış kesici uç kesme kuvveti üzerinde bıraktığı etki gösterilmiştir. Şekilde görüldüğü gibi talaş derinliği ve ilerlemenin değerleri arttıkça kesme kuvveti artmaktadır. Şekil 9.2'de kesme hızı ve ilerlemenin aşınmamış kesici uç kesme kuvveti üzerine etkileri incelenmiştir. Bu grafiğe göre kesme hızı arttıkça kesme kuvvetiazalmaktadır. Ancak ilerlemenin artışı kesme kuvveti artışına neden olmuştur.

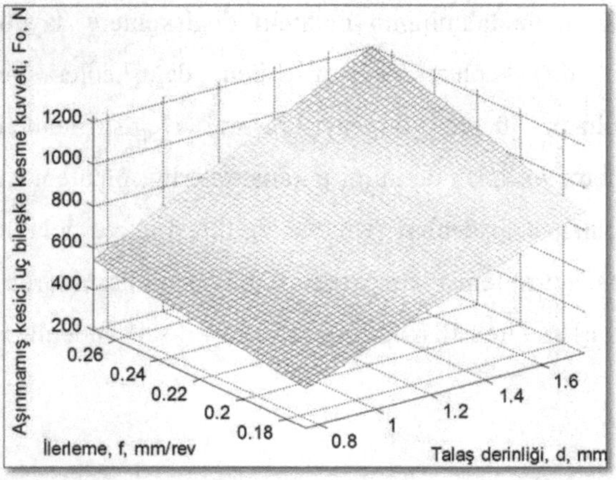

Şekil 9.1. Aşınmamış kesici uç modelinde, bileşke kesme kuvveti, talaş derinliği ve ilerleme arasında ilişki: V=160*m/min*

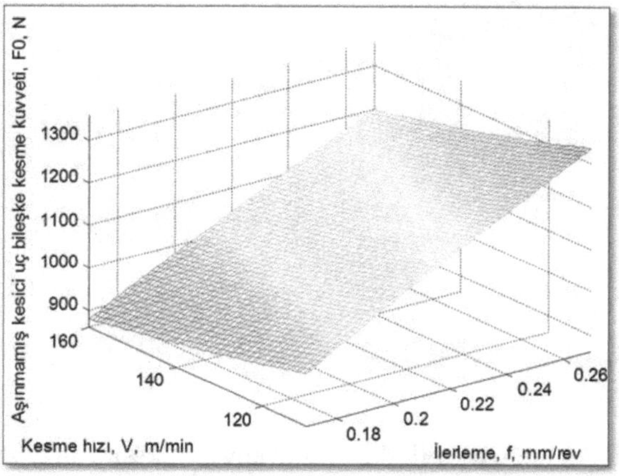

Şekil 9.2. Aşınmamış kesici uç modelinde, bileşke kesme kuvveti, kesme hızı ve ilerleme arasındaki ilişki: d=1,75 *mm*

Eş. 9.12 dikkate alınarak,kesme hızı ve talaş derinliğindenaşınmamış kesici uç kesme kuvvetine yansıyan etki, Şekil 9.3'de gösterilmiştir. Talaş derinliğinin artışının kesme kuvvetinin artışına ve kesme hızının artışının kesme kuvvetinin azalmasına sebep olduğu görülmektedir

.

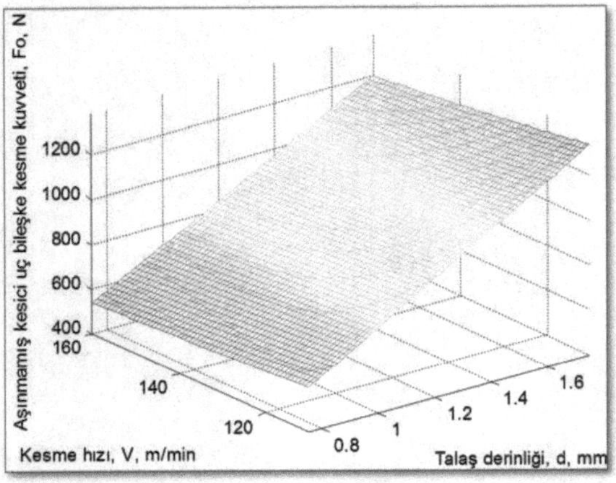

Şekil 9.3. Aşınmamış kesici uç modelinde, bileşke kesme kuvveti, kesme hızı ve talaş derinliği aralarındaki ilişki: f=0,27*mm/rev*

Kesme parametrelerinin bileşke kesme kuvveti üzerine olan etkilerinin incelenmesi için ANOVA analizi yapılmıştır. Analiz sonucu olarak, Şekil 9.4'de ölçülen ve tahmin edilen sonuçların karşılaştırılması gösterilmiştir.

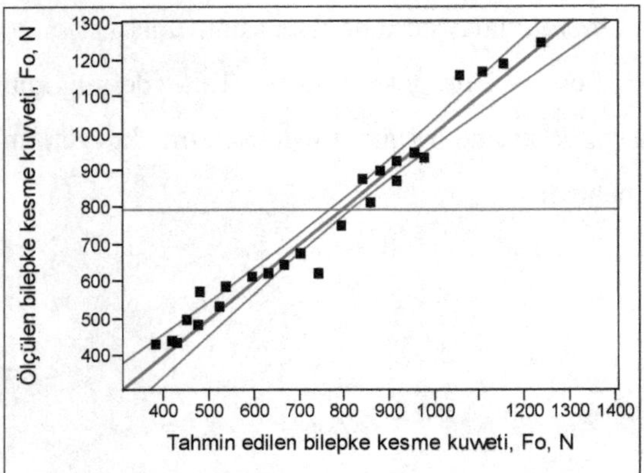

Şekil 9.4. Aşınmamış kesici uç modelinde, Anova analizinin sonucu olarak tahmin edilen ve ölçülen kesme kuvvetlerininkarşılaştırılması: R^2= 0.9615

Aynı zamanda, ANOVA analizinden alınan parametrelerin etki dereceleri Çizelge 9.1'de verilmiştir. Çizelgeye göre p-değerlerinin, 0,05'den düşük olmaları nedeniyle,aşınmamış kesici uç modeli içintüm parametrelerin anlamlı olduklarıgörülmüştür. En büyük F-değeri, 651 olarak talaş derinliğine ve en küçük F-değeri, 15 olarak kesme hızına ait olduğu görülmüş, talaş derinliğinin en etkili ve kesme hızının en etkisiz faktörler oldukları ispatlanmıştır.

Çizelge 9.1. Aşınmamış kesici uç modeli için ANOVA etki testleri

Parametre	Nparm	DF	Karelerin toplamı	F oranı	Prob > F
Kesme hızı	1	1	41318,5	15,1153	0,0009
İlerleme	1	1	283906,2	103,8593	<0,0001
Talaş derinliği	1	1	1780132,9	651,2130	<0,0001

9.1.4. Kuvvet ve zamanın dolaylı matematiksel modeli

Yanak aşınması modelinin bir parçası olan, kuvvet ve zamanın matematiksel modeli, kesme kuvvetlerinin tahmini içinhazırlanmıştır. Kuvvet ve zaman modelinin geliştirilmesi için yazılan benzer program kullanılmış ve programdan alınan matris denklemi,

$$\begin{bmatrix} 108 & 528{,}5 & -165{,}4 & 17{,}8 & 341{,}3 \\ 528{,}5 & 2588{,}9 & -809{,}6 & 87{,}2 & 1664{,}1 \\ -165{,}4 & -809{,}6 & 257{,}3 & -27{,}3 & -527{,}9 \\ 17{,}8 & 87{,}2 & -27{,}3 & 160 & 53{,}0 \\ 341{,}3 & 1664{,}1 & -527{,}9 & 53{,}0 & 1183{,}1 \end{bmatrix} \times \begin{bmatrix} K \\ b_1 \\ b_2 \\ b_3 \\ b_4 \end{bmatrix} = \begin{bmatrix} 424 \\ 2075 \\ -651{,}2 \\ 78{,}9 \\ 604{,}6278 \end{bmatrix} \qquad (9.13)$$

olarak elde edilmiştir. Eş. 9.13, çözülerek sabitler,

$$K = -12{,}8985, b_1 = 2{,}9674, b_2 = 1{,}3207, b_3 = 1{,}0135, b_4 = 1{,}3164, b_0 = 2{,}5018.10^{-6}$$

olarak bulunmuştur. Eşitlikten elde edilen sabitler dikkate alındığında, dolaylı kesme kuvveti modeli,

$$F = F_0 + 2{,}5018.10^{-6}.V^{2{,}9674}.f^{1{,}3207}.d^{1{,}0135}.t^{1{,}3164} \qquad (9.14)$$

şeklinde yazılmıştır. Aşınmamış kesme kuvveti (F_0) modeli Eş. 9.14'e eklendiğinde, kesme kuvveti modeli,

$$F = 7507{,}8.V^{-0{,}2948}.f^{0{,}6635}.d^{0{,}9450} + 2{,}5018.10^{-6}.V^{2{,}9674}.f^{1{,}3207}.d^{1{,}0135}.t^{1{,}3164} \qquad (9.15)$$

halinde yazılabilir.

Yukarıdaki model, talaş kaldırma esnasındakesme parametrelerinin kuvveteolanetkilerini göstermektedir. Şekil 9.5'de gösterildiği gibi esas kesme kuvvetinindeğeri zamanın artmasıyla artmıştır. Talaş kaldırma işlemine başlandığında, sadece talaş kaldırma parametrelerine bağlı olan bir sabit kuvvet oluşmuş ve bu kuvvet zaman arttıkça artış göstermiştir. Eş. 9.14'de verilen bileşke kesme kuvvetinin dolaylı modelinde, eşitliğin sol tarafı yeni ve aşınmamış kesici uç ve eşitliğin sağ tarafı aşınmış kesici uç kuvvetlerinin modellerini göstermektedir. Talaş kaldırma dinamiksel bir olaya sahip olduğu için eşitliğin sol tarafı zamandan bağımsız olarak statik bir bileşke kesme kuvveti modelini ve eşitliğin sağ tarafı zamana bağlı olduğu için dinamik bir bileşke kesme kuvveti modelini sergilemektedir. Talaş kaldırma işlemi esnasında tüm bileşke kesme kuvvetlerinin elde edilebilmesi için statik ve dinamik modeller birbirleri ile toplanmıştır.

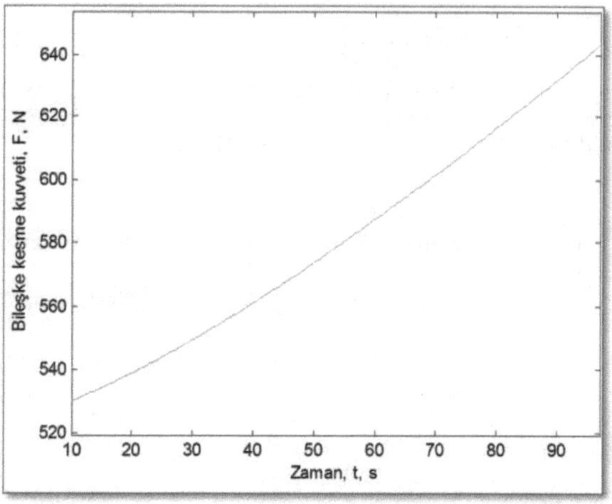

Şekil 9.5. Kuvvet ve zamanın dolaylı analitik modelinden çıkarılan kuvvet değişimi: V=110*m/min*, f=0,22*mm/rev*, d=0,75*mm*

Kesme hızının zamanagöre değişimi kesme kuvvetinin artmasına sebep olmuştur. Bu artış Şekil 9.6'da gösterilmektedir. Bu modelde kesme hızıyla kesme kuvvetinin ilişkisiaşınma dikkate alınarak yapılmıştır.

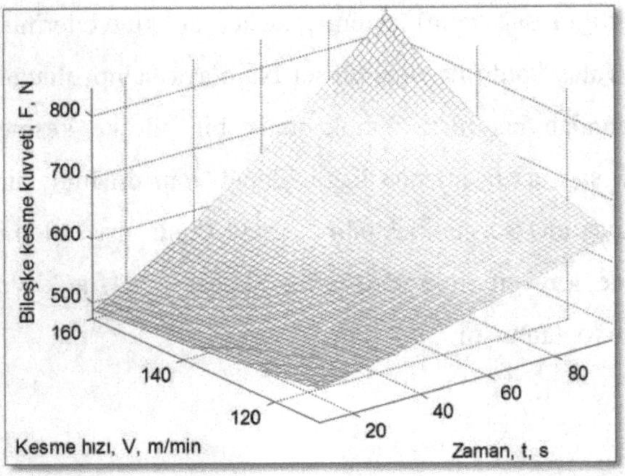

Şekil 9.6. Kuvvet ve zamanın dolaylı analitik modelinde kesme kuvveti, zaman ve kesme hızı arasındaki ilişki: *d*= 0,75*mm*, *f*=0,22 *mm/rev*

Şekil 9.7, ilerleme ve bileşke kesme kuvveti arasında olan üç boyutlu ilişkiyi göstermektedir. Görüldüğü gibi ilerleme değerinin arttığında bileşke kesme kuvveti artmaktadır.

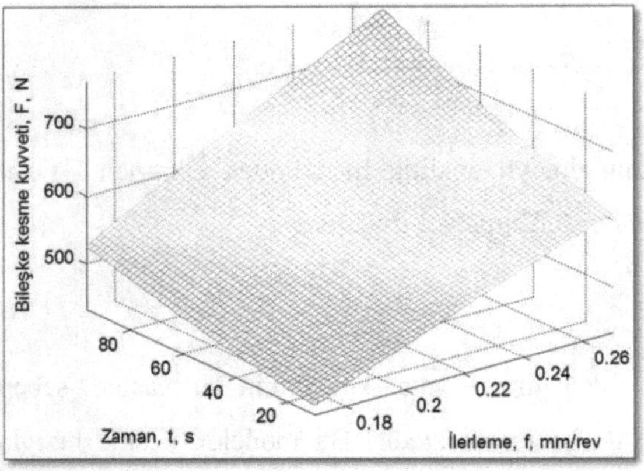

Şekil 9.7. Kuvvet ve zamanın dolaylı analitik modelinde, kesme kuvveti, zaman ve ilerleme arasındaki ilişki: *d*= 0,75*mm*, *V*=110*m/min*

Zamana göre talaş derinliğinin kesme kuvvetine göreetkisi Şekil 9.8'de gösterilmiştir. Şekilde gösterildiği gibi zamana göre talaş derinliği arttığında kuvvet miktarı artmış ve bu artış oranı yüksek zamanlarda dramatik olarak değişmiştir. Aynı zamanda kesme kuvvetinin değişmesinde talaş derinliği diğer parametrelere göre (kesme hızı ve ilerleme) en etkilifaktör olarak tespit edilmiştir.

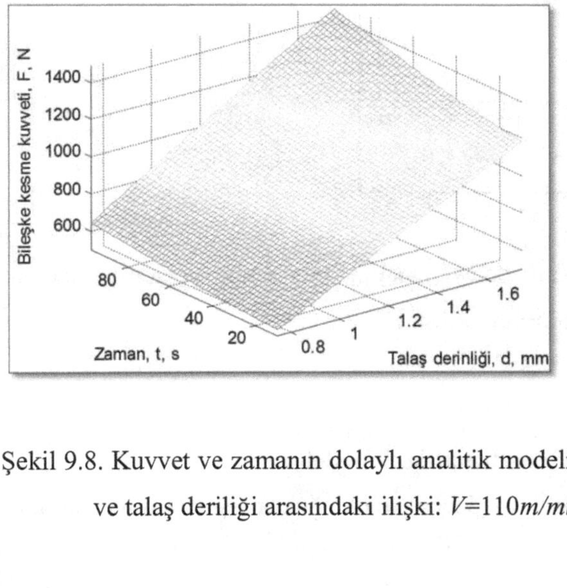

Şekil 9.8. Kuvvet ve zamanın dolaylı analitik modelinde, kesme kuvveti, zaman ve talaş deriliği arasındaki ilişki: V=110*m/min*,f=0,22*mm/rev*

Yapılmış bu analitik model bir matematiksel model olarak talaş kaldırma İşlemlerininbenzetimi için kullanılabilir. Bu modelin daha sağlam sonuç vereceği ve talaş kaldırma İşleminikusursuz olaraktemsili için modelin kalibre edilmesi gerekmektedir. Bu nedenle modele belli zamanlarda talaş kaldırma parametreleri girdi olarak verilmiş ve sonuçları ölçülmüş kuvvet miktarlarıyla karşılaştırılmıştır. Bu karşılaştırılma sonucunda Şekil 9.9'da görüldüğü gibi modelin verdiği miktarlar elde edilmiş veölçülen değerlerle örtüşmüş ve R^2 değeri 0,97olarak bulunmuştur. Dolayısıyla yapılan model kontrol sisteminde de kullanılabilen bir model olacaktır. Bu karşılaştırma JMP programında yapılmıştır.

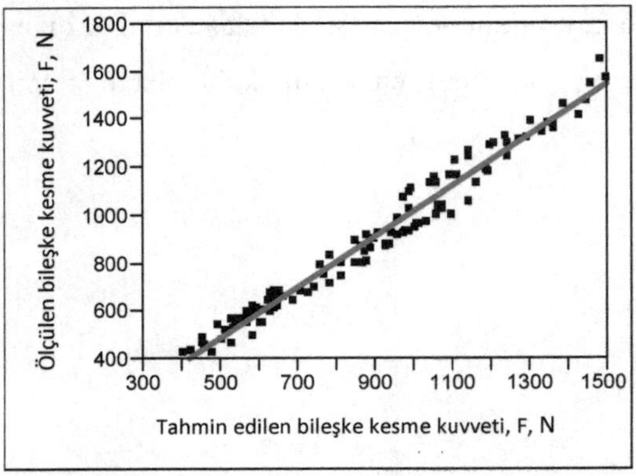

Şekil 9.9. Kuvvet ve zamanın dolaylı analitik modelinin ölçülen ve tahmin edilen kuvvet miktarlarının örtüşmesi: R^2=0,97

9.1.5. Zamana bağlı kuvvetinmatematiksel modeli

Eş. 9.1'de verilen modelde,$F_0{}'$ın değeri 0 olduğunda eşitlik aşağıdaki gibi sadeleşir.

$$F = b_0.V^{b_1}.f^{b_2}.d^{b_3}.t^{b_4} \tag{9.16}$$

Diğer bir ifadeyle önceki model,aşınmamış kesici takımın kesici kuvvet miktarını,ayrı olarak hesaplamaktadır. Burada, kuvvet modeli parametrelere ve zamana bağlı olarak ve tüm kuvvetleri göz önüne alarak yapılmıştır. Böylece bu modelde ölçülmüş kuvvet, aşınmamış kesici uç kesme kuvvetini de kapsamaktadır.

Eş. 9.16'daki modelin sabitleri en küçük kareler yöntemiyle bulunduğundakuvvetin doğrusal modeli,

$$F = 2361\,.\,V^{-0,0937}.\,f^{0,6457}.\,d^{0,9572}.\,t^{0,0783} \qquad (9.17)$$

olarak belirlenir.Modelde görüldüğü gibi kesme kuvveti üzerine en etkin parametreler; sırasıyla, talaş derinliği, ilerleme ve kesme hızı olarak bulunmuştur. Şekil 9.10'da kesme kuvvetinin zaman boyunca değişimi gösterilmiştir.

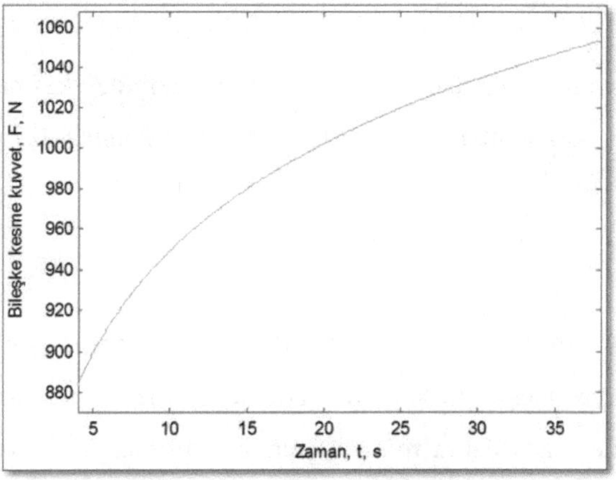

Şekil 9.10. Kuvvet ve zamanın doğrudan matematiksel modelinde, kesme kuvvetinin zamana göre değişmesi: *V*=135*m/min*, *f*=0,27*mm/rev*, *d*=1,25*mm*

Aşınmamış ve aşınmış kesici uç kesme kuvvetleri birleştirilerek yapılan bu model sonucunda kesme hızının zamanla değişimi Şekil 9.11'de verilmiştir. Görüldüğü gibi değişme eğimi bir önceki modele göre daha yavaştır.

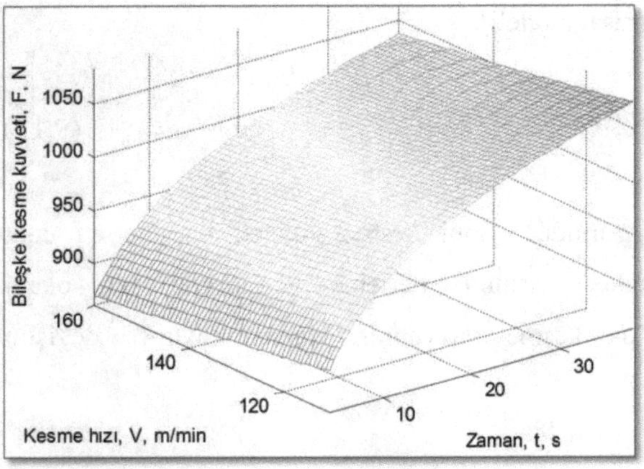

Şekil 9.11. Kuvvet ve zamanın doğrudan matematiksel modelinde, kesme kuvveti, zaman ve kesme hızı arasındaki ilişki: *d*= 1,25*mm*,*f*=0,27 *mm/rev*

Keme kuvveti ve ilerlemenin zamana göre ilişkisi Şekil 9.12'de gösterilmiştir. Bu grafik Şekil 9.11 grafiğiyle karşılaştırıldığında,ilerleme kesme kuvvetinin artmasında, kesme hızına göre daha üstün role sahiptir. Zamana bağlı olarak ilerleme arttıkça, kesme kuvvet miktarı da artmaktadır.

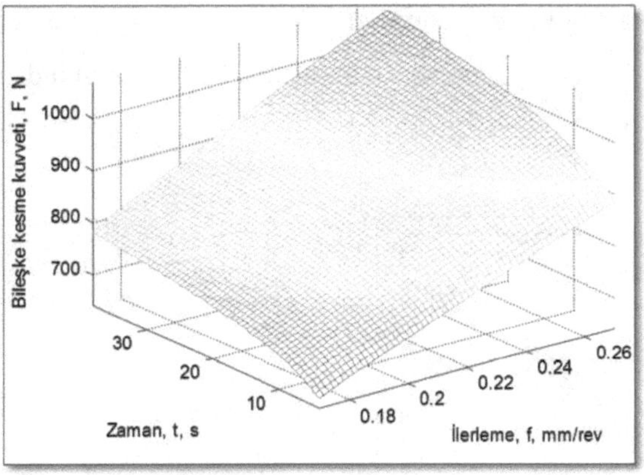

Şekil 9.12. Kuvvet ve zamanın doğrudan matematiksel modelinde, kesme kuvveti, zaman ve ilerleme ilişkileri: *d*= 1,25*mm, V*=135 *mm/rev*

Zamana göre talaş derinliği ve kesme kuvveti ilişkileri, Şekil9.13'de verilmiştir. Şekilde görüldüğü gibi diğer kesme parametrelerine nazarantalaş derinliği en etkin faktörolarak bulunmuştur. Zamana göre kesme kuvvetinin miktarı hızla büyümektedir.

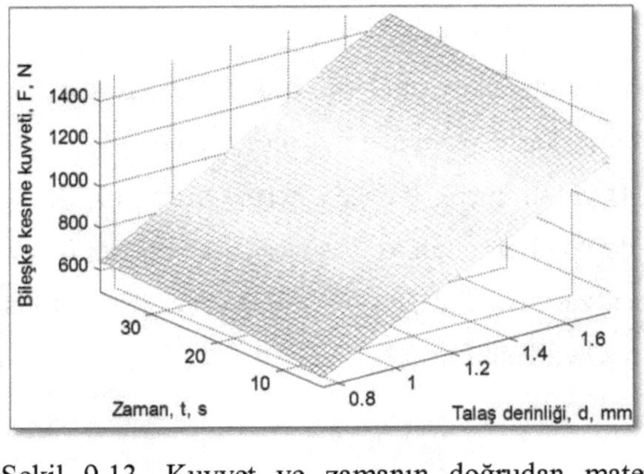

Şekil 9.13. Kuvvet ve zamanın doğrudan matematiksel modelinde, kesici kuvvet, zaman ve talaş derinliği ilişkileri: *V*= 135*mm*, *f*=0,27 *mm/rev*

Kuvvet ve zamanın doğrudan tahmin modelinin sonuçları Şekil 9.14'de verilmiştir. Modelin tahmin ettiği sonuçlar ve ölçülmüş veriler karşılaştırıldığında en fazla %8 hata oranıtespit edilmiştir. JMP programından alınan grafiğe göre R^2 değeri 0,97 bulunmuştur.

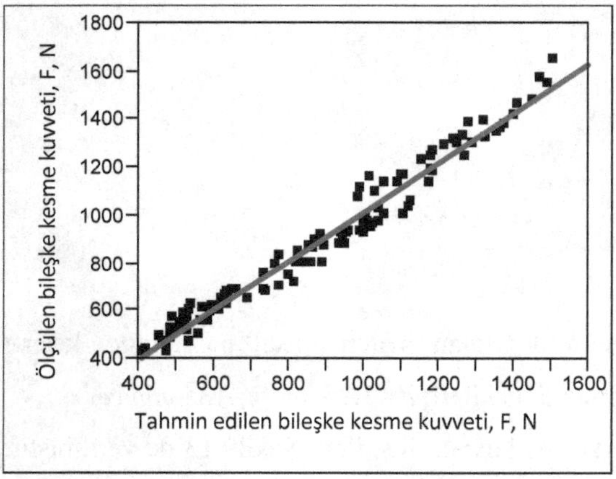

Şekil 9.14. Kuvvet ve zamanın doğrudan matematiksel modelinden alınan ve ölçülen miktarların karşılaşılması: R^2= 0,97

Yapılan ANOVA analizi sonucunda parametrelerin etki dereceleri Çizelge 9.2'de verilmiştir. Çizelgeye göre, kesme parametrelerinin içinde en yüksek F-değeri talaş derinliğine (1804) ve en küçük F-değeri kesme hızına (0,72) ait olduğundan nedeniyle, talaş derinliği en etkili ve kesme hızı en etkisiz faktör olarak kabul edilmiştir. Ayrıca zamanın F-değeri, 69 olduğu için ilerlemeden sonra üçüncü etkili faktör olarak belirlenmiştir.

Çizelge 9. 2. ANOVA etki testleri

Parametre	Nparm	DF	Karelerin toplamı	F Oranı	Prob > F
Kesme hızı, *V, m/min*	1	1	3564,9	0,7266	0,3960
İlerleme, *f, mm/rev*	1	1	1254314,3	255,6669	<0,0001
Talaş derinliği, *d, mm*	1	1	8850654,0	1804,029	<0,0001
Zaman, *t, s*	1	1	339408,7	69,1817	<0,0001

9.1.6. Aşınma ve kuvvet modeli

Analitik modellerin incelenmesi doğrultusunda, aşınma ve kuvvetin, zaman dahil edilmediğinde tahmin modeli yapılmıştır. Bu model; aşınma miktarının kesme kuvvetiyle olan ilişkisini göstermektedir. Ayrıca bu model başka kesme parametrelerinin de kuvvetle beraber etkisinitakım aşınmasına yansıtabilmektedir. Aşınma ve kuvvet modelinin sabitleri elde edildikten sonra, analitik model,

$$V_b = 8{,}9592.10^{-35}.V^{2{,}4073}.f^{-4{,}7131}.d^{-8{,}153}.F^{8{,}6977} \qquad (9.18)$$

olarak elde edilmiştir.

Kesme parametrelerinin birbirlerine göre takım aşınmasınayansıttıkları etkileri değişmemiştir. Buna rağmen kuvvet devreye girdiğinde kesme parametrelerinin önemi düşmüştür ve sadece kesme hızının etkisi pozitif olarak devam etmiştir. Şekil 9.15'de bu ilişki gösterilmektedir.

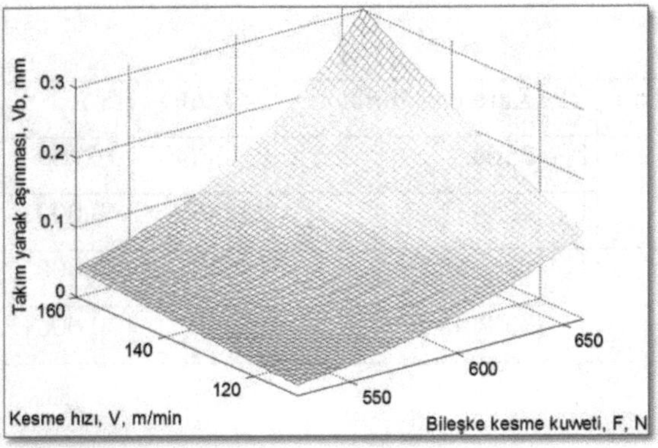

Şekil 9.15. Aşınma ve kuvvet modelinde; kesme kuvveti ve kesme hızı ilişkileri: *f*=0,27*mm/rev*, *d*=0,75*mm*

Görüldüğü gibi kuvvetin etkisi çok büyüktür ve kuvvet, aşınma tahmini için bir etkin değişken olarak tanımlanmıştır.Kesme parametrelerinin bileşke kesme kuvvetine olan etkilerinin öneminin belirtilmesi için ANOVA analizi yapılmış ve parametrelerin etki dereceleri Çizelge 9.3'de verilmiştir. Çizelgeye göre, kesme kuvveti en yüksek *F*-değerine (320) ve kesme hızı en düşük*F*-değerine (65) sahip oldukları için sırasıyla en etkili ve en etkisiz faktörler olarak nitelendirilmiştir.

Çizelge 9.3. Aşınma ve zaman modelinde, ANOVA etki testleri

Parametre	Nparm	DF	Kareler toplamı	F Oranı	Prob > F
Kesme hızı, *V, m/min*	1	1	0,2083646	65,1956	<0,0001
İlerleme, *f, mm/rev*	1	1	0,6325526	197,9208	<0,0001
Talaş derinliği, *d, mm*	1	1	0,9445369	295,5382	<0,0001
Bileşke kesme kuvveti, *F, N*	1	1	1,0232160	320,1563	<0,0001

Matematiksel modellerinin doğru yapılmasının tespiti için deney süresince kesme parametreleri ve kesme kuvvetleriyapılan tahmin modeline verilmiş ve elde edilen sonuçlar Çizelge 9.4'deaçıklanmıştır. Bu sonuçların R^2 değeri; 0,80 olarak bulunmuş ve buna dayanarak modelin tahmin doğruluğu bir matematiksel sistem için yeterli görülmüştür.

Çizelge 9.4. Aşınma ve zaman modelinde, modelleme süresince kullanılmayan parametrelerle yapılan testlerin matematiksel model sonuçları

Test	Kesme hızı *(m/min)*	İlerleme *(mm/rev)*	Talaş derinliği *(mm)*	Kesme kuvveti *(N)*	Ölçülen aşınma *(mm)*	Matematiksel model sonucu *(mm)*
1	110	0,21	1,6	1180	0,1	0,14
2	132	0,22	1,4	1046	0,21	0,17
3	112	0,24	1,4	993,89	0,11	0,06
4	110	0,2	0,9	731	0,22	0,26
5	125	0,2	1	704	0,16	0,13
6	135	0,23	1	744	0,18	0,1352
7	110	0,27	1,2	956	0,12	0,0887
8	155	0,27	1,2	968	0,3	0,18
9	160	0,27	1,25	905	0,16	0,0953
10	160	0,27	1,1	804	0,09	0,0963
11	135	0,17	1,3	816	0,26	0,1447
12	110	0,17	1,25	1050	0,49	0,6695

9.1.7. Zaman etkisinin dâhil edildiği aşınma modelinin benzetimi

Önceki bölümlerde tartışıldığı gibi, analitik modeller benzetim işlemlerinde sistemin davranışlarının incelenmesi için kullanılır. Torna tezgâhı üzerine başka bir sistem örneğin adaptif kontrol uygulandığında, uygulamalıdan önce bu sistemin sanal dünyada yapılması ve incelenmesi gereklidir. Zira bu simüle edilmiş model tezgâhın davranışlarını yansıtmaktadır. Kesme parametrelerinin yüzey pürüzlülüğüne olan etkisi, aşınmaya olan etkisi ve bu gibi etkilerin incelenmesi için her türlü sistemin birinci adım olarak sanal dünyasında yapılması önem taşımaktadır. Bu nedenle bu kısımda aşınma modelinin benzetimi yapılmıştır. Bu benzetim zamana bağlı olarak yapılan modellerden oluşmaktadır. Bu modele kesme parametreleri girildiğinde aşınmadan etkilenen kuvvet miktarı tahmin edilir. Eş. 9.15'de yer alan kuvvet ve zaman modelinden diferansiyel alındığında,

$$\frac{dF}{dt} = \dot{F} = 3{,}29336.10^{-6}.V^{2,9674}.f^{1,3207}.d^{1,0135}.t^{0,3164} \qquad (9.19)$$

olarak elde edilmiştir.

Diferansiyel denkleminin sınır değeri zamanın sıfır olduğu görüldüğünde sadece kesme parametrelerine bağlı olarak,

$$F(0) = 7507{,}8.V^{-0,2948}.f^{0,6635}.d^{0,9450} \qquad (9.20)$$

şeklinde yazılır.

Bu modelinbenzetimiŞekil 9.16'da gösterilmiştir.

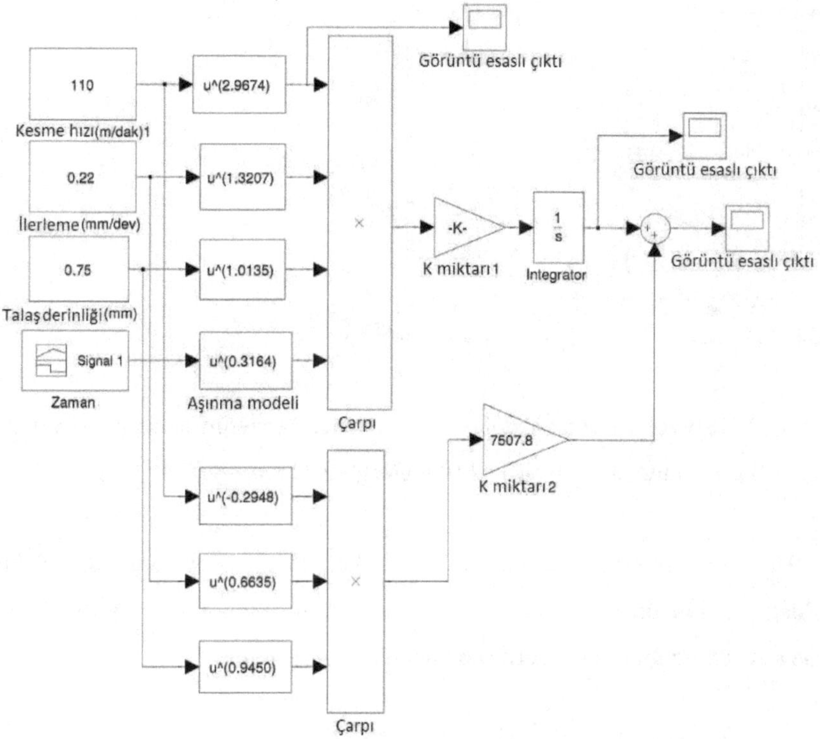

Şekil 9.16. Kuvvet ve zaman dolaylı modelinin çeşitli girdiler için benzetimi

Blok diyagram sonucunda kuvvet ve aşınma ilişkileri Şekil 9.17'de gösterilmiştir. Görüldüğü gibi kuvvet, zamana bağlı olarak değişmektedir.

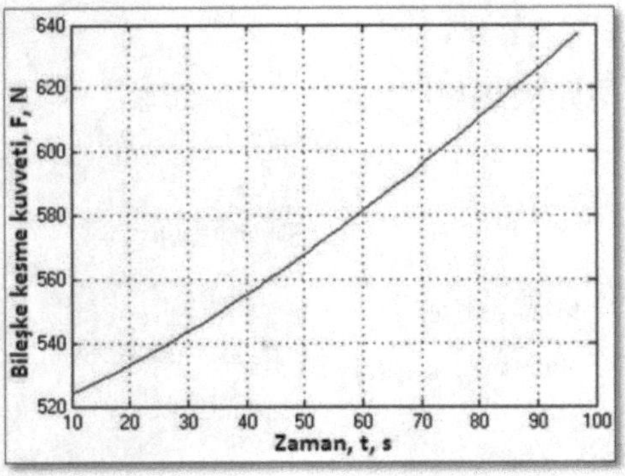

Şekil 9.17. Kuvvet ve zaman dolaylı modelinde; benzetim sonucu zaman ve kesme kuvveti ilişkisi: *V*=110*m/min*, *f*=0,22*mm/rev*, *d*=0,75*mm*

Eş. 9.17'deki bileşke kesme kuvveti modelinin benzetimi de Şekil 9.18'degösterilmiştir. Görüldüğü gibi kesme parametreleri sisteme girildiğinde kesme kuvvetinin grafiği benzetim sonucu olarak elde edilir.

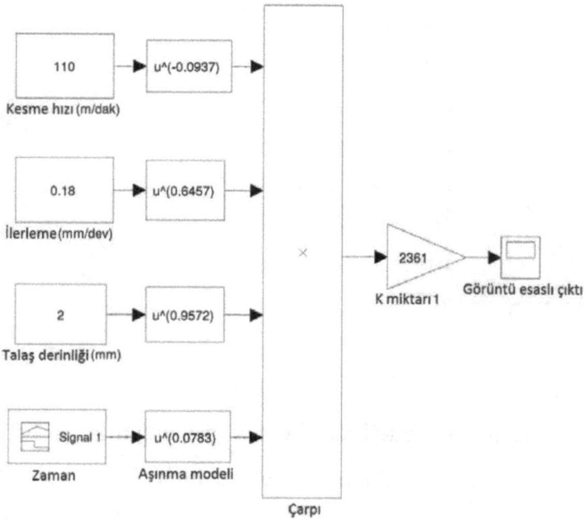

Şekil 9.18. Kuvvet ve aşınma doğrudan modelinin zamana bağlı olarak çeşitli parametrelere göre blok diyagramı

Şekil 9.19, belli bir zaman aralığında kesme kuvvetinin değişimini göstermektedir. Ayrıca blok diyagramda aşınma miktarı 0-0,3 mm arasında değişecek şekilde dikkate alınmıştır.

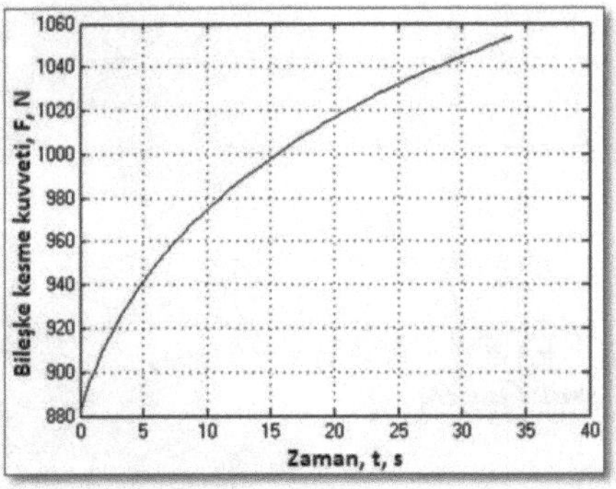

Şekil 9.19. Kuvvet ve zaman doğrudan modelinde; benzetim sonucu kuvvet ve zaman ilişkileri: *V*=135*m/min*, *f*=0,27*mm/rev*, *d*=1,25*mm*

9.2. Bulanık Mantık İle Kesme İşleminin Modellenmesi

Bir önceki bölümlerde ifade edildiği gibi bulanık mantık yöntemi lineer olmayan sistemlerin modellenmesi için kullanılmaktadır.Bu bölümde bulanık mantık modellemesi MATLAB programından faydalanarak yapılmıştır.

MATLAB programının yaptığı teorik işlemin algılanması için bölümün bu kısmında bir örnekle bulanık çıkarım sisteminin analizi yapılmıştır. Bu bulanık mantık modelinin matematiksel analizinin yapılması için bir sıradeney seçilmiştir.Bulanık mantığının doğru bir şekilde tasarlanması için, en uygun bir dönüşüm fonksiyonunun seçilmesi gerekmektedir.Bu çalışmada Gaussian üyelikfonksiyonu en uygun görülen fonksiyonolarak seçildiğine göre, burada da bu tür dönüşüm fonksiyonubulanıklaştırmaişlemi için tercih edilmiştir. Eş.9.21, bu fonksiyonun matematiksel eşitliğini göstermektedir (Şekil 9.20).

$$\mu(x) = e^{\frac{-(x-m)^2}{2k^2}} \tag{9.21}$$

Yukarıda m, grafiğin orta değerin ve k > 0 olmak kaydıyla standart sapmayı göstermektedir.

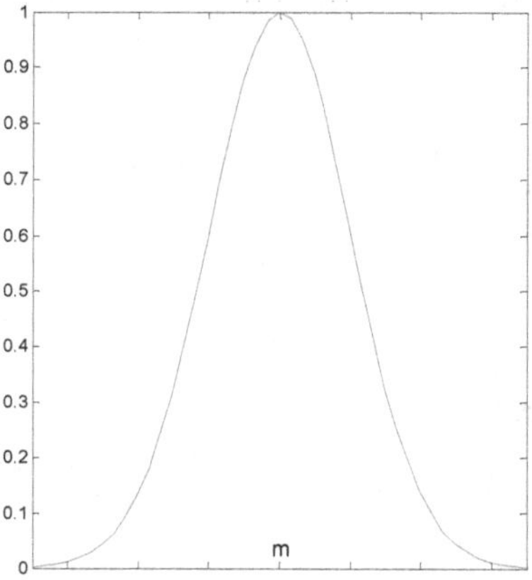

Şekil 9.20. Gauss üyelik fonksiyonu

Seçilen deney setindeki; ilerleme: 0,23 *mm/rev,* talaş derinliği: 1,5 *mm*, kesme hızı: 100 *m/min* ve kesme kuvveti: 1290 N olarak dikkate alınmıştır. Değişkenler seçildikten sonra bulanıklaştırma işlemi üyelik fonksiyonunu göz önünde bulundurarakyapılmıştır. Girdi değişkenlerinin (Şekil 9.21.'den Şekil 9.24'e) ve çıktı değişkeninin (Şekil 9.25) bulanık kümeleri göz önüne alınarak, tüm veriler Eş. 9.21 kullanılarak bulanıklaştırılmıştır:

$$\mu(f_2 = 0.23) = 1\ \mu(d_2 = 1.5) = 1, \mu(v_2 = 100) = 1, \mu(F_2 = 1290) = 0.15, \mu(F_3 = 1290) = 0.21$$

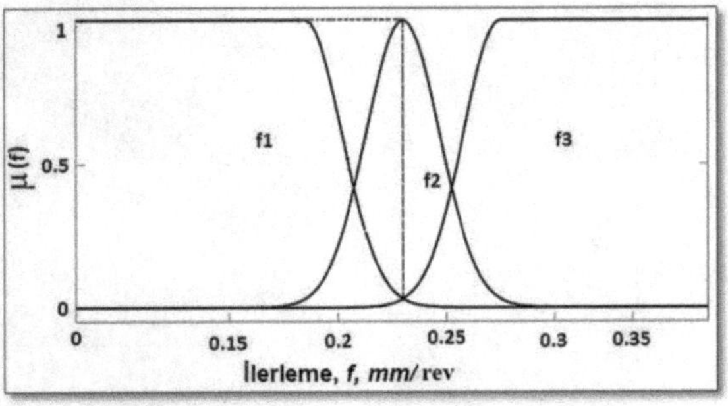

Şekil 9.21. İlerleme girdisinin üyelik fonksiyonu

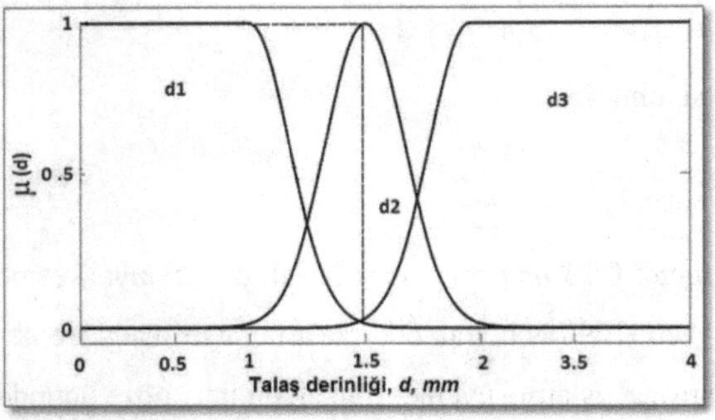

Şekil 9.22. Talaş derinliği girdisinin üyelik fonksiyonu

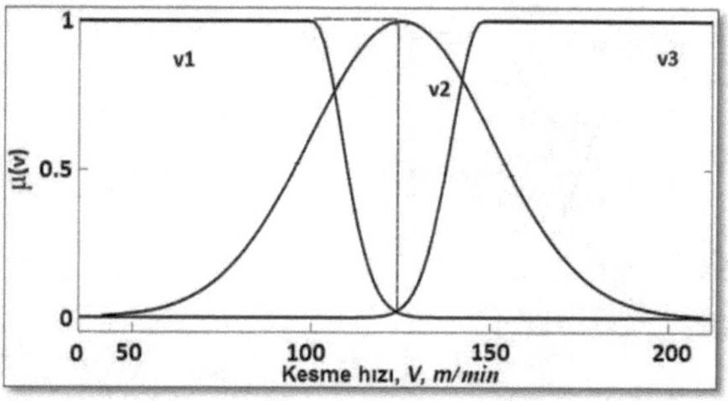

Şekil 9.23. Kesme hızı girdisinin üyelik fonksiyonu

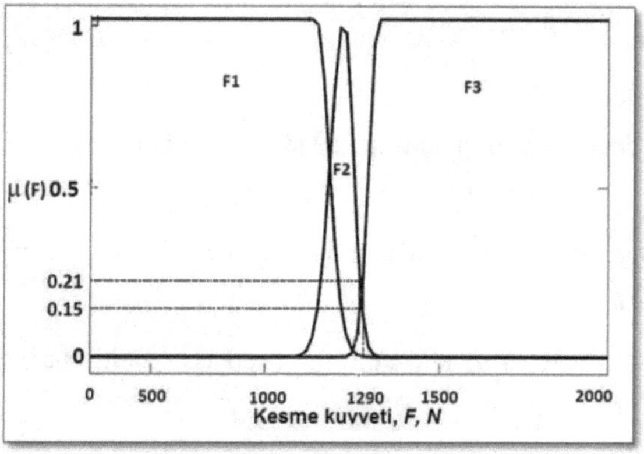

Şekil 9.24. Kesme kuvveti girdisinin üyelik fonksiyonu

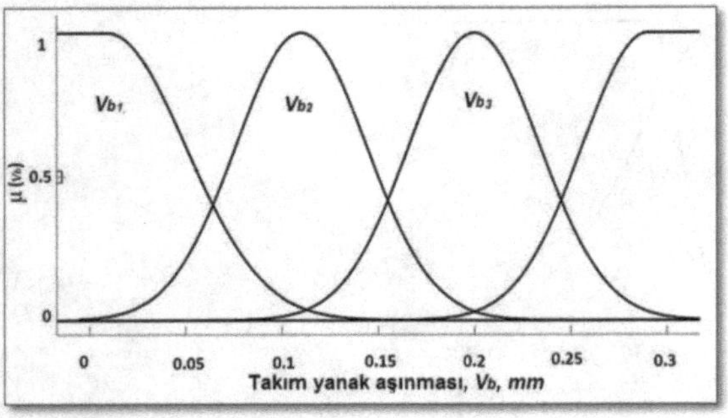

Şekil 9.25. Takım yanak aşınması girdisinin üyelik fonksiyonu

Deney sırasının sonucuna ve tüm girdi ve çıktı üyelik fonksiyonuna göre, kurallar şu şekilde yazılmıştır.

1. If feed rate is $f_2$and cutting depth is d_2 and cutting speed is V_2 and cutting force is F_1 then tool wear is V_{b1}
2. If feed rate is f_2 and cutting depth is d_2 and cutting speed is V_2 and cutting force is F_2 then tool wear is V_{b2}
3. If feed rate is f_2 and cutting depth is d_2 and cutting speed is V_2 and cutting force is F_3 then tool wear is V_{b3}

Kurallar yazıldıktan sonra, "AND" operatörü dikkate alınarak, tüm kurallar için üyelik fonksiyonu derecesi aşağıdaki şekilde çıkarılmıştır:

Kural 1: $\mu(V_{b1}) = 0$

Kural 2: $\mu(V_{b2}) = 0.15$

Kural 3: $\mu(V_{b3}) = 0.21$

Yukarıda verilen rakamlar bulanık mantık değerleri olarak adlandırılır. Yanak aşınmasının gerçek değerinin bulunması için, önce çıktılar birleşmiş ve sonra durulaştırılmıştır. Şekil 9.40'da birleştirme işleminin yapılması gösterilmiştir. Bu çalışmada ağırlık merkezi metodu, çıktı kümelerinin durulaştırılması için seçilmiştir (Eş.9.22).

$$Çıktı = \frac{\int_a^b \mu(V_b) V_b dV_b}{\int_a^b \mu(V_b) dV_b} \tag{9.22}$$

Yukarıda, V_b, yanak aşınmasının gerçek miktarını ve $\mu(V_b)$, aşınma miktarının üyelik fonksiyonu derecesini göstermektedir. Ayrıca *a ve b* belirli entegral aralıklarını ifade eder. Eş. 9.23, Şekil 9.26 üzerine uygulandığında, yanak aşınmasının tahmin edilmiş değeri şu şekilde elde edilir.

$$\mu(V_b) = \frac{\int_0^{0.023} e^{\frac{-(V_b-0.1)^2}{0.0032}} + 0.1 \times 0.15 \times 0.73 + \int_{0.123}^{0.13} (V_b + 0.123) e^{\frac{-(V_b-0.2)^2}{0.0032}} + 0.14 \times 0.21 \times 0.2 + \int_{0.27}^{0.3} (V_b + 0.27) e^{\frac{-(V_b-0.2)^2}{0.0032}}}{\int_0^{0.023} e^{\frac{-(V_b-0.1)^2}{0.0032}} + 0.1 \times 0.15 + \int_{0.123}^{0.13} e^{\frac{-(V_b-0.2)^2}{0.0032}} + 0.14 \times 0.21 + \int_{0.27}^{0.3} e^{\frac{-(V_b-0.2)^2}{0.0032}}}$$

$$= 0.161 \cong 0.157mm \tag{9.23}$$

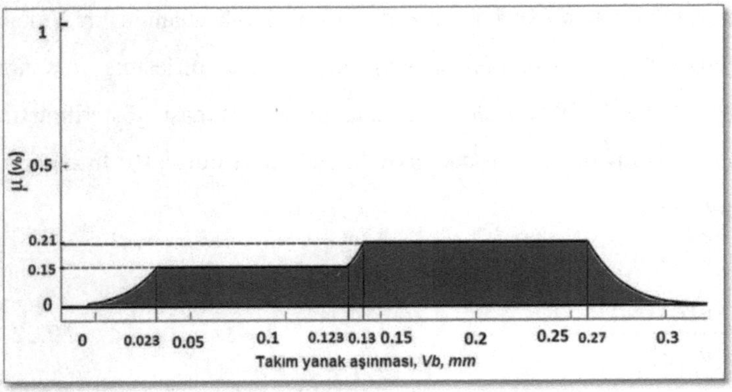

Şekil 9.26. Kuralların toplanmış çıktıları

9.2.1. Aşınmamış kesici uçkesme kuvvetinin modellenmesi

Aşınmamış bir kesici ucun kuvvetinin modellenmesi matematiksel olarak bir önceki kısımdayapılmıştır. Bu kısımda bulanık mantık yöntemi ile kesme kuvvetinin modellenmesi yapılacaktır. Aşınmamışkesici ucun kesme kuvvetinin modellemesi için, aşınmamışkesici uç kullanılarak deney tasarımı yapılmıştır. Tam faktöriyel formatında tasarlanan deneyler farklı kesme parametrelerinde talaş kaldırması için uygulanmıştır. Fakat aşınma miktarının kuvvet üzerine verdiği etkinin engellemesi için kısa bir zaman kesme işlemi devam etmiştir. Deney sayısı 27 olduğuna göre 27 aşınmamışkesici uç seçilerek kesici kuvvetler kullanılan dinamometre aracılığıyla ölçülmüştür. Bir önceki bölümde kesici kuvvetin modeli matematiksel olarak yapılırsa da talaş kaldırma işlemi lineer olmayan birişlem olduğu için bulanık mantık modellemesinin daha anlamlı sonuçlara sahip olduğu beklenilir. Genel olarak, Mamdani ve Sugeno yöntemleri olmak üzere[157], iki tür çıkarım metodu kullanılmaktadır ve sonuç belirleme işleminde kısmen birbirlerinden farklı olur. Bu çalışma kapsamında da dikkate alınan Mamdani çıkarım metodu literatürde de tercih edilen metot olarak görülmektedir[119]. Aynı zamanda girdi verilerinin bulanıklaştırılması için Gauss üyelik foksiyonu göz önüne alınmıştır. Bu sistemin tasarımı için kesme parametreleri (kesme hızı, ilerleme ve talaş derinliği) girdi olarak ve ölçülen bileşke kesme kuvveti çıktı olarak bulanık mantık sistemine verilmiştir. Bulanıklaştırma, kural tasarlama, çıkarım sistemi çıkarma ve durulaştırma işlemleri yapıldıktan sonra sonuçlar iki boyutlu ve üç boyutlu olarak elde edilmiştir. Şekil 9.27'dekesme kuvvetinin değişmesi kesme hızı ve talaş derinliğine bağlı olarak görülmektedir. Kesme hızının kesme kuvveti üzerine olan ters etkisi bir daha bulanık mantık sistemiyle tespit edilmiştir. Matematiksel modelde de görüldüğü gibi talaş derinliği arttıkça, kesme kuvveti miktarı artmaktadır.

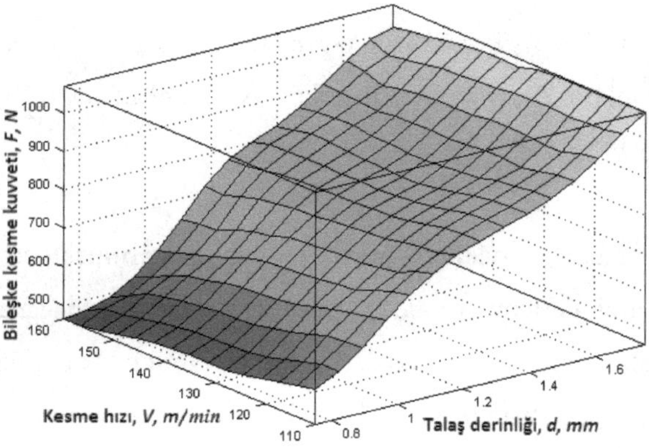

Şekil 9.27. Bulanık mantık aşınmamış kesme kuvveti modelinde, kesme hızının ve talaş derinliğinin kesme kuvveti üzerine olan etkisi: *f*= 0,22*mm/rev*

Şekil 9.28'de, kesme hızı ve ilerlemenin 3 boyutlu olarak modeli verilmiştir. Şekillerde görüldüğü gibi ilerleme miktarı arttıkça kesme kuvveti artmıştır.Ancak kesme hızının artışı kesme kuvvetinin azalmasınasebep olmuştur. Bu modelleme sonucundaki etkiler tüm faktörler göz önüne alınarak değerlendirilmiştir.

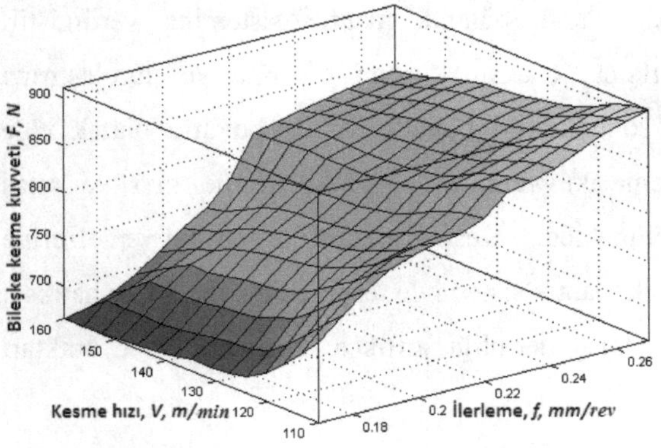

Şekil 9.28. Bulanık mantık aşınmamış kesme kuvveti modelinde, kesme hızının ve talaş derinliğinin kesme kuvveti üzerine olan etkisi: d=1,25*mm*

Talaş derinliğinin ve ilerlemenin modelleri Şekil 9.29'da gösterilmektedir. Şekillerden de anlaşıldığı gibi ilerleme ve talaş derinliği kuvvetin artmasına sebep olmuştur. Ancak, talaş derinliğinin etkisi, kesme kuvvetinin üzerinde ilerlemeden daha fazladır. Bulanık mantık modellemesi, matematiksel modelin de doğru olarak yapılmasını bir daha tespit etmiştir. Bileşke kesme kuvveti üzerine olan en etkin faktör sırasıyla; talaş derinliği, ilerleme ve kesme hızı olarak tespit edilmiştir. Bunlardan, kesme hızının artması kesme kuvvetinin düşmesine ve talaş derinliğinin ve ilerlemenin artması ise kesme kuvvetin artmasına neden olmuştur. Kesme hızının artması, iş parçasının sıcaklığının artmasına sebep olur ve bu nedenle malzemede bir yumuşama meydana gelir ve bir sonuç olarak kesme kuvvetinin düşmesine neden olur.

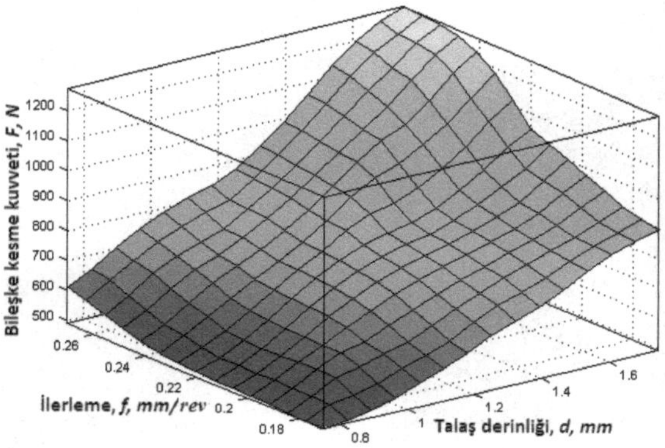

Şekil 9.29. Bulanık mantık aşınmamış kesme kuvveti modelinde, kesme hızının ve talaş derinliğinin kesme kuvveti üzerine olan etkisi: *V*=135 *m/min*

9.2.2. Kuvvet ve aşınmanın bulanık mantıkla modellenmesi

Bu çalışmada aşınmanın tahmini için, bileşke kesme kuvveti ve titreşim değişkenlerinin kullanıldıklarına göre kesme kuvveti ve takım aşınmasının modellenmesi, kesme parametreleri göz önüne alınarak yapılmıştır. Şekil 9.30'da kesme kuvveti, kesme hızı ve takım aşınma ilişkileri gösterilmiştir. Şekillerde görüldüğü gibi, kesme hızı ve kesme kuvveti artışı takım aşınma artışına sebep olmuş, ancak kesme kuvvetinin etkisinin daha fazla olduğu ortaya çıkmıştır. Kesme hızının kesme kuvveti ile ters bir ilişkisi olduğu için kesme hızı arttığında aşınma miktarı da artmaktadır. Farklı kesme parametreler için farklı kesme kuvvetlerinoluşması nedeniyle, takım ömrününtükenmesiayrı ayrı kesme kuvvetleri değerlerinde meydana gelmektedir. Dolayısıyla belli bir kesme kuvveti için 0,3 mm aşınma miktarı gerçekleştiğinde ve kesme kuvveti miktarı bu sınırı aştığında takım aşınma miktarı 0,3 mm olarak devam edecektir. Ancak bu bulanık mantığın tasarımına bağlı olan bir yaklaşımdır.

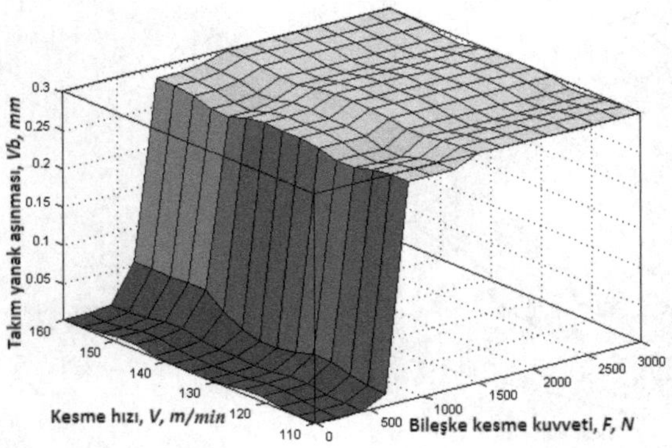

Şekil 9.30. Kuvvet ve aşınma bulanık modelinde, kesme hızı ve bileşke kesme kuvvetinin, takım yanak aşınmasına üzerine olan etkileri: *f*=0,17*mm/rev*,*d*= 1,25 *mm*

Farklı bir grafik aracılığıyla; ilerleme, kesme kuvveti ve takım aşınması ilişkileri Şekil 9.31'de verilmiştir. Önceki şekillerde olduğu gibi kesme kuvvetinin artmasıyla beraber, takım aşınması artış göstermektedir. Ancak ilerlemenin artmasıyla takım aşınması düşüş göstermektedir. Aslında, ilerleme miktarının artışı, aşınmanın düşmesine sebep olmaz, fakat tasarlanan bulanık mantık sistemi başka faktörlerin etkisinide tahmin sistemine dâhil ederek genel bir sonuç çıkarmıştır. Bu paradoksu gidermek için ilerleme ve kuvvet miktarları birbirinden bağımsız değişken olarak değerlendirilmelidir, hâlbuki bu değişkenlerin birbirlerinden bağımsız olmaları imkânsızdır. Örnek olarak, ilerleme ve talaş derinliği arttıkça kesme kuvveti artar. Bu nedenle bulanık mantık sisteminde ilerleme ve talaş derinliği değerleri artırılırsa kuvvetinde artırılması gerekir, aksi halde takım aşınma değeri düşecektir. Aynı husus kesme hızı için de ters olarak geçerlidir, yani kesme hızı artırıldığında kesme kuvveti düşer. Dolayısıyla kesme kuvveti değeri sabit seçildiğinde takım aşınmasında artış görülecektir. Bu nedenler göz önüne alınarak, grafiklerde tüm değişkenler birbirlerine göre sabit olarak değerlendirilir.Dolayısıyla ilerlemenin ters bir ilişkiye sahip olduğu doğru bir tespit sonucudur.

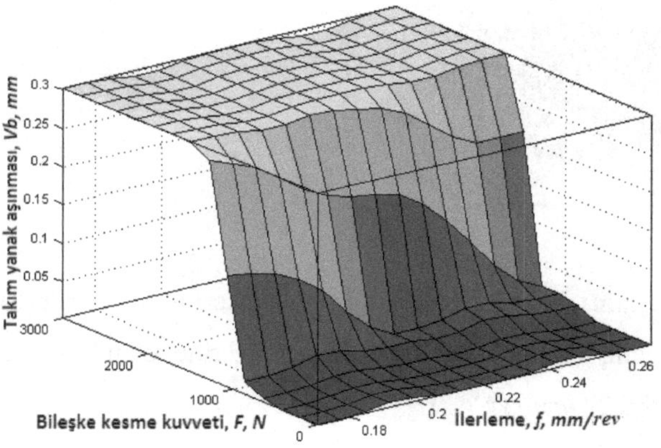

Şekil 9.31. Kuvvet ve aşınma bulanık modelinde, ilerleme ve bileşke kesme kuvvetinin, takım yanak aşınmasına üzerine olan etkileri: *V*=135*m/min*, *d*= 1,75 *mm*

Şekil 9.32, talaş derinliği, kesme kuvveti ve takım aşınması arasında olan ilişkileri göstermektedir. Kesme kuvveti, takım aşınmasıyla beraber arttığına göre, kesme kuvveti en etkin değişken olarak görülmektedir. Ancak talaş derinliği arttığında aşınma miktarıazalmış, hâlbuki talaş derinliği arttığında, kesme kuvvetinin de arttırılması gerekmektedir.

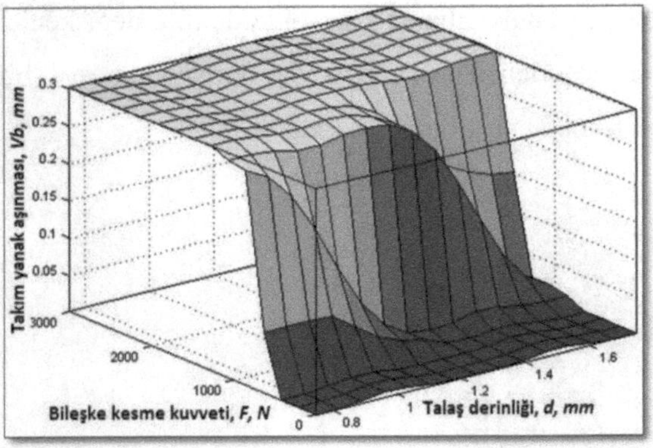

Şekil 9.32. Kuvvet ve aşınma bulanık modelinde, talaş derinliği ve bileşke kesme kuvvetinin, takım yanak aşınmasına üzerine olan etkileri: V=160*m/min*, f=0,22 *mm/rev*

Takım aşınması ve kesme kuvveti ilişkileri, iki boyutlu olarak Şekil 9.33 ve Şekil 9.34gösterilmiştir. Bu ilişkiler farklı kesme parametreleri için verilmiştir. Şekillerde görüldüğü üzeretüm grafiklerde aşınma ve kesme kuvveti arasında lineer olmayan bir bağlantı vardır. Bu bağlantı üzerinden zaman yerine kesme kuvveti kullanılarak aşınma miktarı tahmin edilebilir. Sistem, 0,3*mm* takım aşınma değerini tanıdıktan sonra kesme kuvvetinin artış oranı aşınma miktarına hiçbir etki bırakmayacaktır.

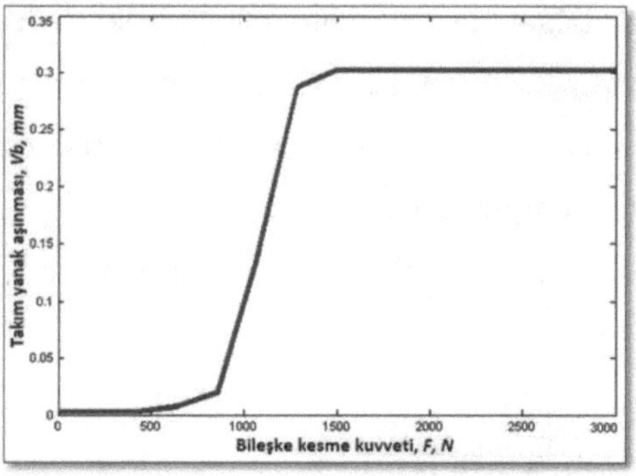

Şekil 9.33. Kuvvet ve aşınma bulanık modelinde, talaş derinliği ve bileşke kesme kuvvetinin, takım yanak aşınmasına üzerine olan etkileri: *V*=110 *m/min*, *f*=0,17 *mm/rev*, d=1,75 *mm*

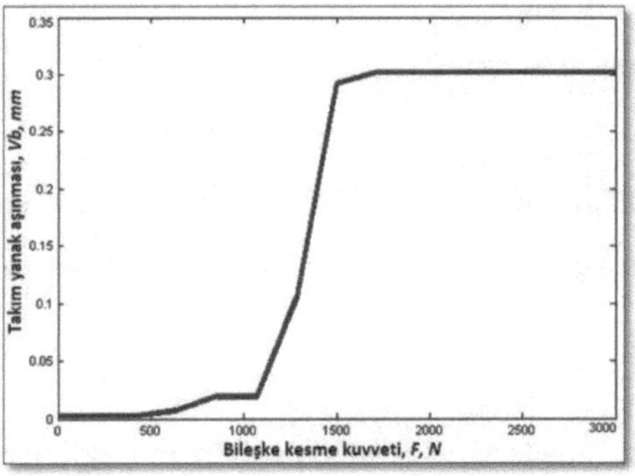

Şekil 9.34. Kuvvet ve aşınma bulanık modelinde, talaş derinliği ve bileşke kesme kuvvetinin, takım yanak aşınmasına üzerine olan etkileri: *V*= 110 *m/min*, *f*=0,22 *mm/rev*, *d*= 1,75 *mm*

Kesme kuvvetinden faydalanarak, takım aşınmasının tahmininde farklı yöntemler kullanılmaktadır. Ancak en uygun metot, sistemin en doğru sonuçları vereceğine bağlıdır. Burada geliştirilmiş bulanık mantık sistemi yüksek bir doğrulukla takım aşınmasını tahmin etmiştir. Şekil 9.35'e göre ölçülen ve tahmin edilen sonuçlar birbirleriyle örtüşmektedir. JMP programından alınan R^2 değeri 0,98 olarak elde edilmiştir.

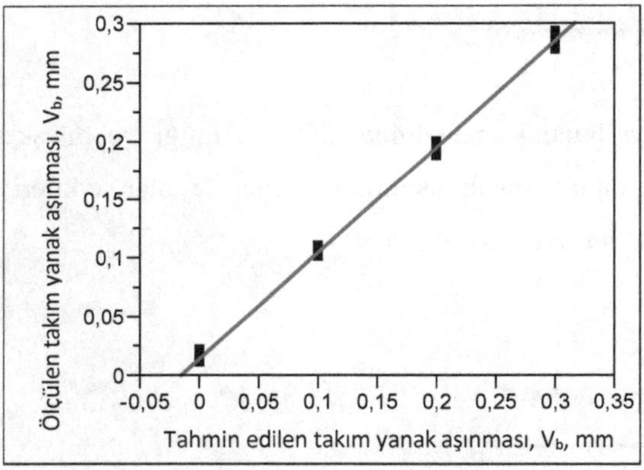

Şekil 9.35. Kuvvet ve aşınma bulanık modelinde, bulanık mantık tahmin sisteminden alınan sonuçlar ve ölçülen değerlerin karşılaştırılması

Şekil 9.36'da, ölçülen ve tahmin edilen değerlerin arasında olan hata farklıkları gösterilmiştir. Şekle göre yaklaşık olarak hata değerleri +0,02 ile -0,02 aralığında değişmektedir. Diğer bir ifadeyle modelin en yüksek hata miktarı 0,02*mm* olarakdeğerlendirilir.

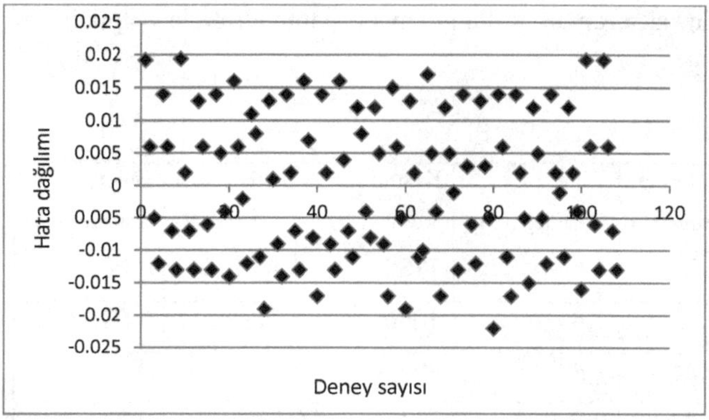

Şekil 9.36. Kuvvet ve aşınma bulanık modelinde, ölçülen ve tahmin edilen takım aşınması aralığındaki hata dağılımı

Bulanık mantık tahmin sistemi yapıldıktan sonra, test esnasında hiç kullanılmayan parametreler sisteme girilerek, tahmin edilen ve ölçülen takım yanak aşınması değerleri Çizelge 9.5'de verilmiştir.

Çizelge 9.5. Tahmin sisteminde kullanılmayan parametrelerle yapılan test sonuçları

Test	Kesme Hızı *(m/min)*	İlerleme *(mm/rev)*	Talaş Derinliği*(mm)*	Kesme Kuvveti*(N)*	Ölçülen Aşınma*(mm)*	Bulanık Sonucu*(mm)*
1	110	0,21	1,6	1180	0,1	0,08
2	132	0,22	1,4	1046	0,21	0,231
3	112	0,24	1,4	993,89	0,11	0,13
4	110	0,2	0,9	731	0,22	0,24
5	125	0,2	1	704	0,16	0,153
6	135	0,23	1	744	0,18	0,175
7	110	0,27	1,2	956	0,12	0,115
8	155	0,27	1,2	968	0,3	0,281
9	160	0,27	1,25	905	0,16	0,16
10	160	0,27	1,1	804	0,09	0,08
11	135	0,17	1,3	816	0,26	0,297
12	110	0,17	1,25	1050	0,49	-

Takım yanak aşınmasının anlık olarak tahmin edilmesi için, girdilerin bulanık mantık sistemi içerisine girilmesi gerekmektedir. Bu girdiler bir takım kesme parametreleri ve ölçülen değişkenlerden oluşur. Bu kesme parametreleri, kesici uca ve iş parçasına göre seçilir. Kesme parametreleri talaş kaldırma öncesi CNC takım tezgâhı üzerinde ayarlanır ve operatör istemediği sürece sabit olarak devam eder. Ancak aşınma miktarını tahmin eden en etkili faktör olan bileşke kesme kuvveti anlık olarak değişir. Kesme kuvveti miktarının anlık olarak değişimi bir dinamometre aracılığıyla Şekil 9.37 ve Şekil 9.38'de verilen benzetim sistemlerine gönderilir. Şekilde görüldüğü gibi kesme parametreleri sabit olarak sisteme verilir ve aynı zamanda kesme kuvveti sinyalleri anlık olarak bulanık sistemine aktarılır ve bulanık modeli takım yanak aşınma miktarını anlık olarak tahmin eder.

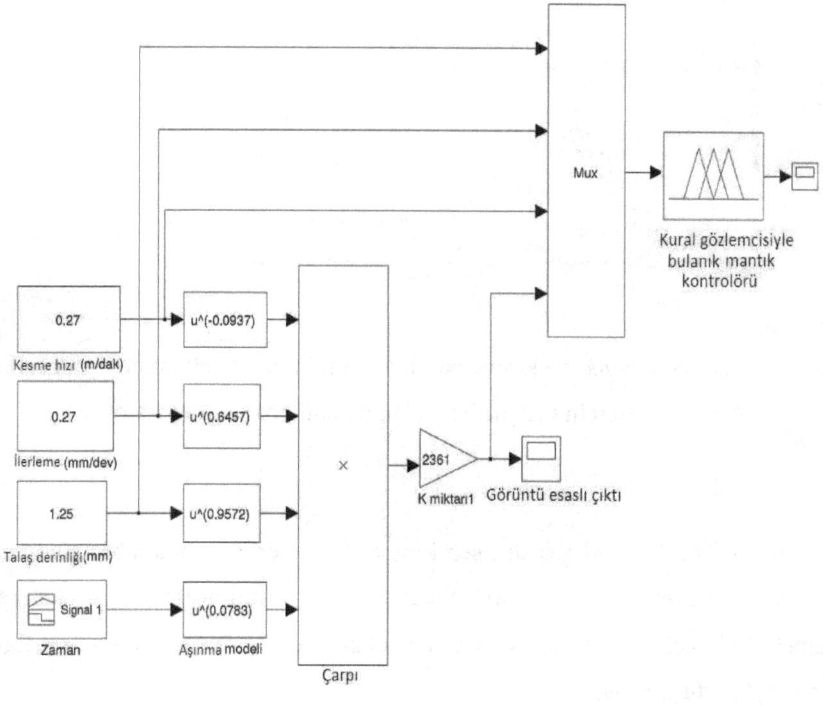

Şekil 9.37. Bileşke kesme kuvveti modelini kullanarak, takım aşınmasını tahmin etmek için geliştirilmiş olan bulanık mantık benzetim sistemi

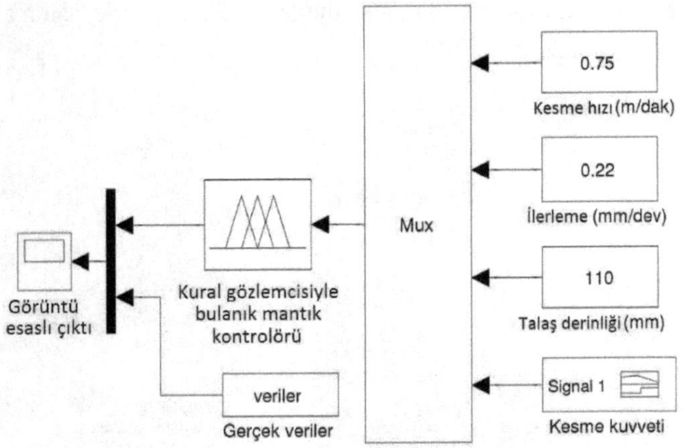

Şekil 9.38. Kesme kuvveti ve kesme parametreleri kullanılarak takım aşınmasını tahmin etmek için geliştirilmiş olan bulanık mantık benzetim sistemi

Benzetim sistemi kullanılarak değişen kesme kuvvetleri arasında tahmin edilen ve ölçülen değerlerin sonuçları, Şekil 9.39'da verilmiştir. Belli kesme parametreleri seçilerek tahmin edilen sonuçların ve ölçülen sonuçların grafiği birbirleriyle örtüşmektedir.

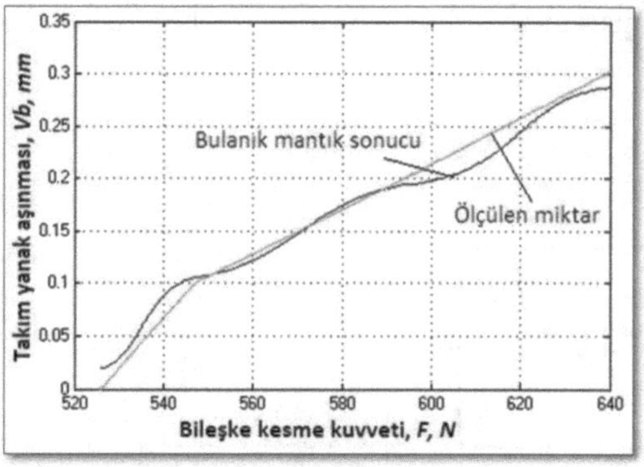

Şekil 9.39. Kuvvet ve aşınma bulanık modelinde, takım aşınması anlık tahmin sistemi sonucunun ölçülen grafikle karşılaştırılması: *V*=110 *m/min*, *f*=0,22 *mm/rev*, *d*=0,75 *mm*

9.2.3. Aşınma, titreşim ve kesme kuvvetinin bulanık mantıkla modellenmesi

Güvenilir bir takım aşınma tahmin ve izleme modelinin kurulması için mümkün olduğu kadar, çoklu algılayıcı yöntemlerin dikkate alınması önem taşımaktadır. Bunun nedeni, farklı sinyaller kullanıldığında sistemin izlenilmesinin doğruluğunun daha yüksek olduğunun imkânını sağlamaktır. Ayrıca talaş kaldırma süresince algılayıcıların biri hatalı bilgiler gösterdiğinde diğer algılayıcıların bilgileri sistemin yanlış tahminini engellemiş olur ve dolayısıyla öngörülmemiş hasarları engeller.

Bu çalışmada, aşınma miktarını doğru ve güvenilir bir şekilde tahmin etmek için, kesme kuvveti ve titreşim genliği ölçülmüştür ve aşınma tahmin sistemini geliştirmek için bu kısımda bulanık mantık sistemi geliştirilmiştir. Bulanık mantık modelinintasarımında, kesme hızı (*V*), kesme derinliği (*d*), ilerleme (*f*), bileşke kesici kuvvet (*F*) ve titreşim genliği (*a*) girdi olarak ve takım aşınması çıktı olarak dikkate alınmıştır. Tercih edilen Mamdani metodunun genel yapısı

Şekil 9.40'da verilmiştir. Kesme parametrelerinin sayısı üç ve her birisi üçer seviye olacak şekilde seçilmiştir.

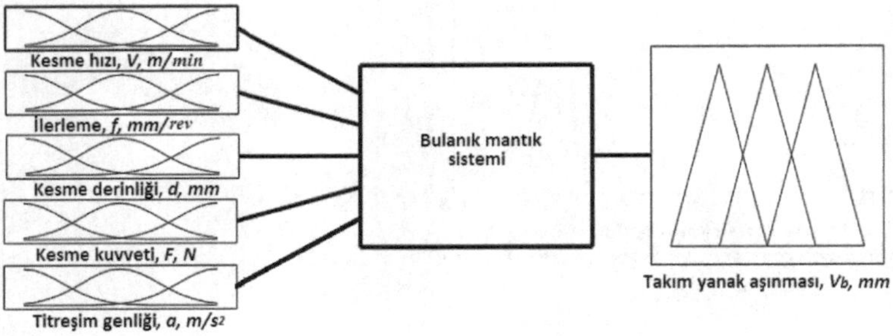

Şekil 9.40. Aşınma, titreşim ve kesme kuvveti bulanık modelinin yapısı

Tasarlanan sistemde, kesme parametrelerinin bulanıklaştırılması için, üç bulanık kümesi kullanılmıştır. Kesme kuvveti ve titreşim genliği için, deneylerin sayısına uygun olacak 108 bulanık kümesi seçilmiştir. Diğer taraftan, seçilen 0; 0,1; 0,2 ve 0,3 *mm* aşınma aralıkları için dört bulanık kümesi kullanılmıştır. Deneylere göre, çıkarım motorunu oluşturmak amacıyla kurallar yazılmıştır. Bulanık mantık çıkarım sistemi Şekil 9.41'de görülmektedir. Girdi miktarları sisteme girildiğinde, takım aşınması tahmin edilmektedir. Bulanık modelinin girdi bölümünde kesme parametreleri, kesme kuvveti ve titreşim genliği değiştirildiğinde aşınma miktarının doğru değeri otomatik olarak değişir. Girdilerin arasında, aşınmayı tahmin etmek için kesme kuvveti ve titreşim genliği değişkenleri en etkin role sahiptir. Kesme parametreleri ise, sistemin hangi koşullarda çalışacağını belirlemektedir. Diğer bir ifadeyle, sabit kesme parametreleri seçildiğinde, talaş kaldırma süresince takım aşınması, kesme kuvveti ve titreşim değerlerine bağlı olarak artmaktadır.

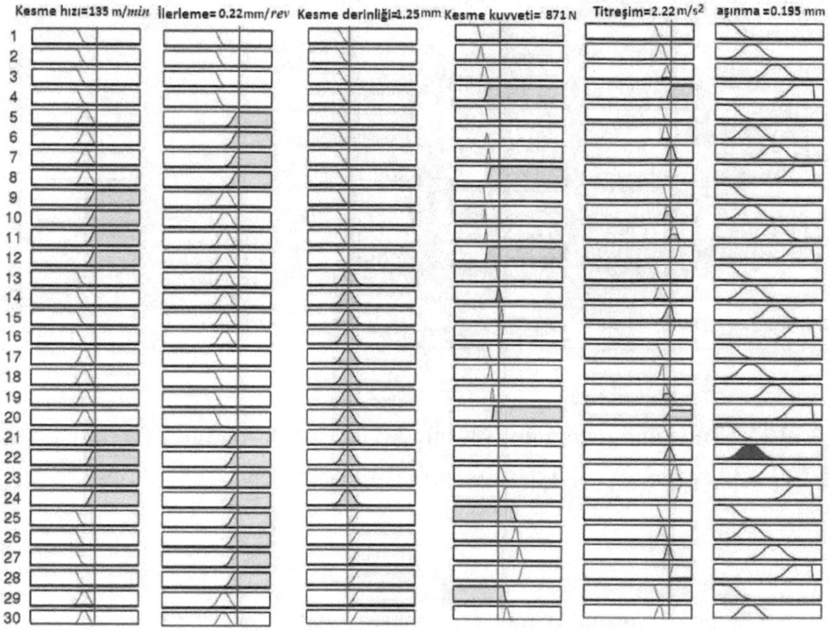

Şekil 9.41. Aşınma, titreşim ve kesme kuvveti bulanık modelinde, aşınma tahmini için bulanık mantık çıkarım sistemi

Hem kesme kuvveti hem de titreşim genliği, takım aşınmasıyla doğru bir ilişkiye sahiptir. Şekil 9.42'de sabit kesme parametrelerinde, kesme kuvvetinin ve titreşim genliğinin takım aşınması üzerine olan etkisi üç boyutlu bulanık mantık grafiğiyle gösterilmektedir. Talaş kaldırma süresince takımın aşınması takım üzerinde titreşimin artmasına sebep olur ve bu titreşim genliği bir etkin değişken olarak, kesme kuvveti gibi aşınmanın tahmin edilmesi için zamanın yerine kullanılır. Şekilde görüldüğü gibi, titreşim genliği ve kesme kuvveti, takım aşınmasıyla lineer olmayan bir ilişki gerçekleştirmiştir.

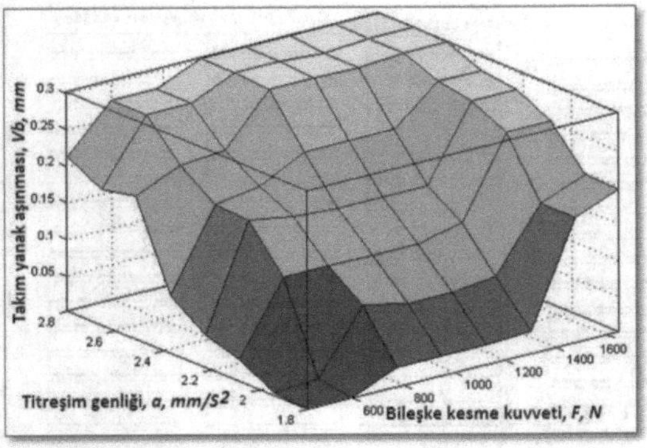

Şekil 9.42. Titreşim genliğinin ve bileşke kesme kuvvetinin, takım yanak aşınması üzerine etkileri: *V*=110*m/min*, *f*= 0,17 *mm/rev,d*=1,25*mm*

Şekil 9.43, farklı kesme parametrelerinde, titreşim ve kesme kuvvetinin aşınmayla ilişkilerini göstermektedir. Kesme parametrelerinin değiştirilmesi aşınmamış takımın kesme kuvvetine ve titreşim genliğine etki ederek takımın ömrünün erken veya geç tükeneceğinibelirtir. Şekillerde görüldüğü gibi, talaş kaldırma işlemine başlanmadan önce takım aşınması sıfırın üzerinde olarak belirlenmiştir. Talaş kaldırma işlemi süresince kesme kuvveti artmakta ve aynı zamanda takım aşınmaya devam etmektedir. Aşınma miktarı 0,3 *mm* olduğunda, takım aşınmış ve ömrü tükenmiş kabul edilir. Dolayısıyla yanak aşınma miktarı 0,3 mm olduğunda takımın değişilmesi gerekir ve kesme işlemi durdurulur, ancak kesme işlemi durdurulmazsa bulanık sistemi yanak aşınma değerini sabit 0,3 *mm* olarak göstermeye devam edecektir. Bu sistemde, kesme parametrelerinin en önemli rolleri, sadece yeni bir takım için kesme kuvvetinin ve titreşim genliğinin miktarlarının değişmesidir. Ancak, talaş kaldırma süresince takım aşınmaya başladığında bu sabit kesme parametrelerinin etkisi düşmektedir. Bundan dolayı takım aşınmasının tahmini ve izlenilmesi, dinamometre ve titreşim ölçerlerinin kullanılmasıyla gerçekleşir. Ancak, kesme kuvvetinin etkisi titreşime göre daha güvenilebilirolarak bulunmuştur. Talaş kaldırma süresince, başka ses ve gürültülerden bağımsız olarak titreşim ölçmenin zorluğu, sinyallerin güvenilir bir şekilde ölçülmesi gerekliliğini zayıflatmaktadır.

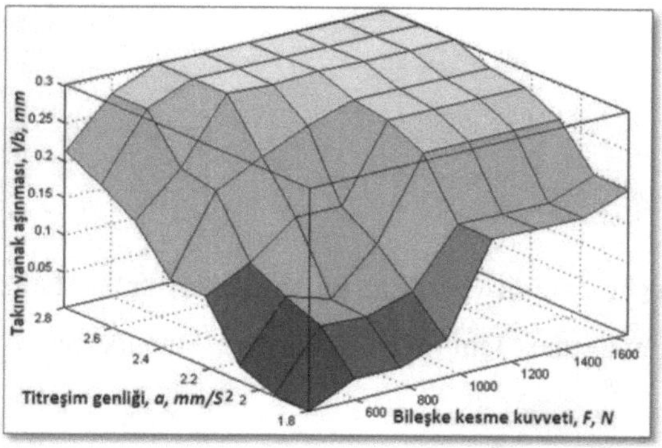

Şekil 9.43. Titreşim genliği ve bileşke kesme kuvvetinin, takım yanak aşınması üzerine olan etkileri: *V*=160*m/min*, *f*= 0,27 *mm/rev*, *d*=0,75*mm*

Şekil 9.44'de, tasarlanan benzetim sistemi kullanılarak belli kesme parametreleri için ölçülen ve tahmin edilen aşınma miktarlarının benzetimi bir blok diyagram aracılığıyla yapılmıştır. Bu blok diyagrama kesme parametreleri, algılayıcılardan alınan kesme kuvveti ve titreşim değerleri girdi olarak verilir ve aşınma miktarı anlık olarak tahmin edilir.

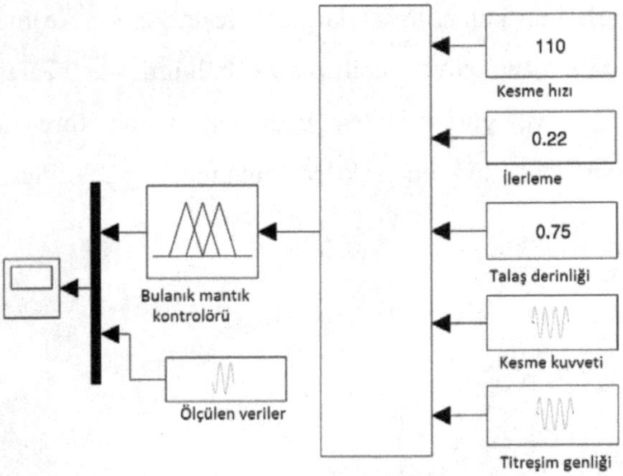

Şekil 9.44. Kesme kuvveti, titreşim genliği ve kesme parametreleri kullanılarak takım aşınmasını tahmin etmek için geliştirilmiş olan bulanık mantık benzetim sistemi

Şekil 9.45'de, Benzetimden alınan takım aşınma miktarlarının ve ölçülen miktarların zamana göre değişmesi görülmektedir. Şekil 9.46'da aynı durum farklı kesme parametreleriyle gösterilmiştir. Kesme parametrelerinin değişmesi, takımın ömrünü, zaman içerisinde etkilemektedir. Şekillerde görüldüğü gibi, bulanık mantıktan alınan sonuçlar, yüksek doğrulukla ölçülen sonuçlarla örtüşmektedir.

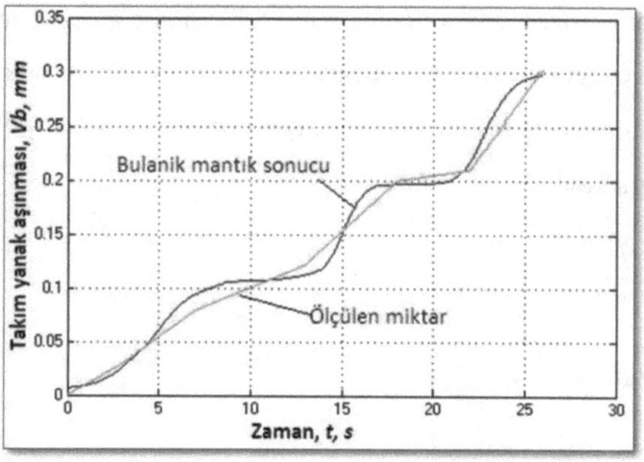

Şekil 9.45. Takım aşınması anlık tahmin sistemi sonucunun ölçülen grafikle karşılaştırılması: *V*=160 *m/min*, *f*=0,22 *mm/rev*, *d*=1,75 *mm*

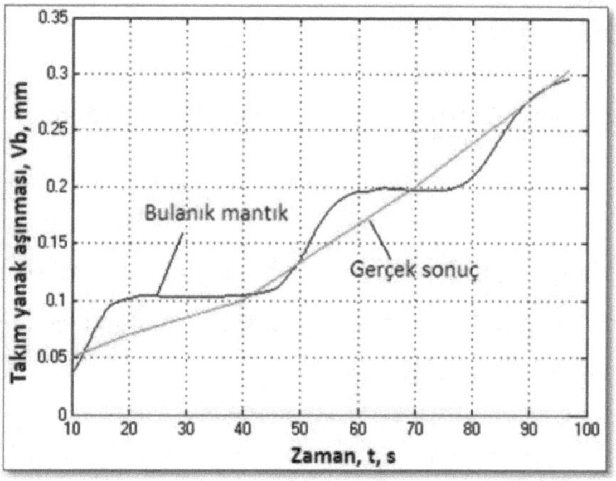

Şekil 9.46. Takım aşınması anlık tahmin sistemi sonucunun ölçülen grafikle karşılaştırılması: *V*=160 *m/min*, *f*=0,22 *mm/rev*, *d*=1,75 *mm*

Ayrıca, tüm veriler için, bulanık mantıktan alınan sonuçlar, ölçülen sonuçlar ile karşılaştırılmıştır. Ölçülen ve tahmin edilen değerler arasında oluşan hata miktarı Şekil 9.47'de gösterilmiştir. Görüldüğü gibi oluşan hata miktarı +0,008 ile -0,006 aralıklarında değişmektedir.

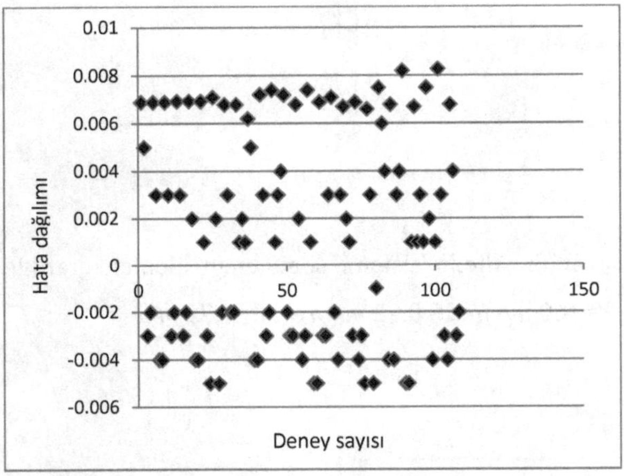

Şekil 9.47. Ölçülen ve tahmin edilen takım aşınması arasındaki hata dağılımı

En büyük hata 0,008 mm olduğu için bu sistemin tahmin gücü yüksek bir doğruluğa sahiptir. Şekil 9.48'de görüldüğü gibi bu karşılaştırma sonucunun göstergesi olan R^2 değeri 0,99 olarak elde edilmiştir.

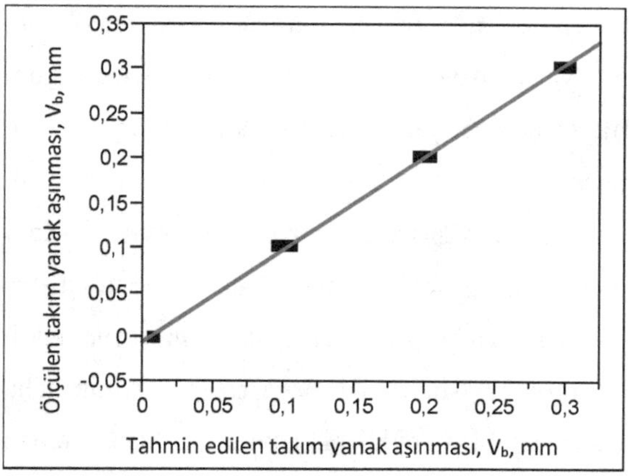

Şekil 9.48. Bulanık mantık tahmin sisteminden alınan sonuçlar ve ölçülen değerlerin karşılaştırılması

9.3. Yapay Sinir Ağlarıyla Kesme İşleminin Modellenmesi

Bu bölümde, takım talaş kaldırma işleminin modellenmesi için YSA tahmin sistemi geliştirilmiştir. Tüm değişkenler ve kesme parametreleri göz önüne alınarak, kuvvet-aşınma, aşınma-zaman, titreşim-aşınma gibi tahmin modelleri yapılacaktır. Takım yanak aşınma ve kuvvet modelleri yapıldıktan sonra anlık izleme ve tahmin sisteminin gerçekleştirilmesi için, benzetim sistemi yapılacak ve modellerden alınan sonuçlar ölçülmüş sonuçlarla karşılaştırılacaktır.

9.3. Yapay sinir ağlarıyla modelleme

Yapay sinir ağları tahmin modelinin geliştirilmesi için, MATLAB programı kullanılmıştır. Tahmin modelinin yapılmasında, bu yazılımın hem 'YSA paketinden faydalanılmış hem de programlama işlemi yapılmıştır (EK.4). Yapay sinir ağlarının tahmin arayüzünden yararlanarak, farklı ağlar, algoritmalar ve fonksiyonlar denenmiştir. Yapay sinir ağlarının ağları değiştirildiğinde, farklı sonuçlar çıkar. Bu nedenle en doğru sonuca varmak için birçok ağ çalıştırılmasında fayda vardır. Aynı zamanda farklı algoritmalar, işleme göre farklı sonuçlar elde edebilir. Bu yüzden geliştirilmiş birçok algoritmagöz önüne alınmıştır. Ayrıca çıktı sonucunun elde edilmesi için bir fonksiyondan yararlanmak gerekmektedir. Sistemin verdiği sonuçlar uygulanan fonksiyonlara da bağlıdır, bu nedenle sonuçlar farklı fonksiyonlarda da elde edilmiştir. Katmanların ve nöronların sayısı yapay sinir ağı tasarımının en etkin faktörlerinden biridir. Örneğin nöron sayısının daha fazla artışı sistemin daha fazla eğitimine sebep olur ve sonuçlarda da ciddi bir kayma meydana getirir. Deney sayısına, girdi sayısına ve elde edilen sonuçlara göre nöron sayısı seçilir. Bu çalışmada da tüm faktörler öngörülerek yapay sinir ağları tasarımı yapılmıştır. YSA sisteminin MATLAB programı üzerinde yapılmasının matematiksel açıklanması bu bölümde bir örnekle açıklanmıştır.

Yapay sinir ağları bölümünde açıklandığı gibi, bir YSA modeli birkaç katmandan oluşmaktadır. Birinci katman girdi katmanından, ikincisi gizli katmanlardan ve sonuncu ise çıktı katmandan oluşmaktadır. Gizli katmanlar, girdi katmandan alınan değerleri işleyerek çıktı vektörünü oluşturur. Bir sonraki adımda gizli katmanlardan alınan değerler çıktı katmanında işlenilerek sonuç elde edilir. Gizli ve çıktı katmanları sonucunun elde etmesi için bir aktivasyon fonksiyonu kullanmaktadır. Bu çalışmada farklı tahmin sistemlerinin kurulması için farklı aktivasyonfonksiyonlarıgöz önüne alınmıştır ve elde edilen sonuçlara göre 2 katmanlı YSA modellerinde genellikle, gizli katmanlar için Hyperbolic tangent fonksiyonu tercih edilmiştir.

YSA modelinin en önemli bölümü eğitim işlemidir. Eğitim süresince girdiler sisteme verilir ve istenilen çıktı sistemden beklenilir. YSA modeli bu işlemin tamamlaması için ağırlıkları kullanır. İlk başta ağırlıklar rastgele olarak seçilir. Ancak istenilen sonucun elde edilmesi için sistemde, geri beslemeli algoritma kullanılmaktadır. Geri beslemeli algoritma bir eğitim metodu olarak, istenilen sonucun elde edilmesi için oluşturduğu sonucu istenilen sonuçla karşılaştırır ve ağırlıkları değiştirilerek geriye doğru besler. Geri besleme işlemi istenilen ve oluşturulan çıktılar arasında hata değerinin en düşük yapılması amacıyla devam eder ve istenilen sonucun elde edilmesinden sonra eğitim işlemi durdurulur ve yeni tahmin işlemi için bu ağırlıklar kullanılır.Şekil 9.49'da örnek olarak bir YSA sistemi verilmiştir. Şekilde görüldüğü gibi, bu sistem iki girdi ve 1 çıktıdan oluşmaktadır. Ayrıca bu YSA sistemi, girdi katmanda iki nöron, gizli katmanda iki nöron ve çıktı katmanda bir nöron taşımaktadır. Ağırlıklar nöronları birbirlerine bağlayan çizgilerin üzerinde verilmiştir. Ayrıca bias (aktif yapma girişi) değerleri,YSA şematiğinin yukarı ve aşağısında *b*, harfi ile gösterilmiştir.

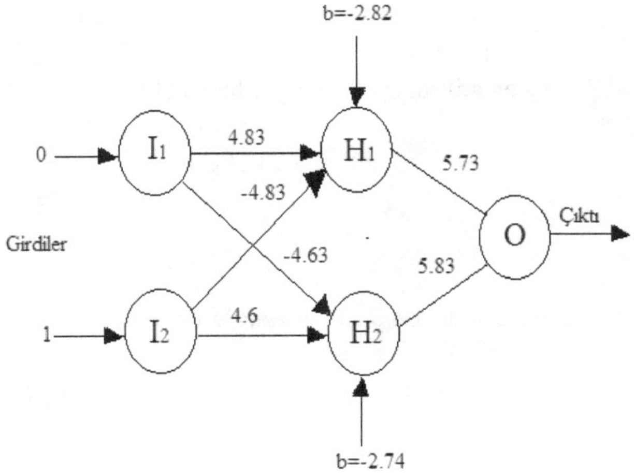

Şekil 9.49. YSA sisteminin genel yapısı

Şekil 9.49'de verilen YSA sisteminin sonuçlarının elde edilmesi için, Hyperbolic tangent aktivasyon fonksiyonu seçilmiştir. Şekil 9.50'de bu fonksiyonun matematiksel grafiği verilmiştir.

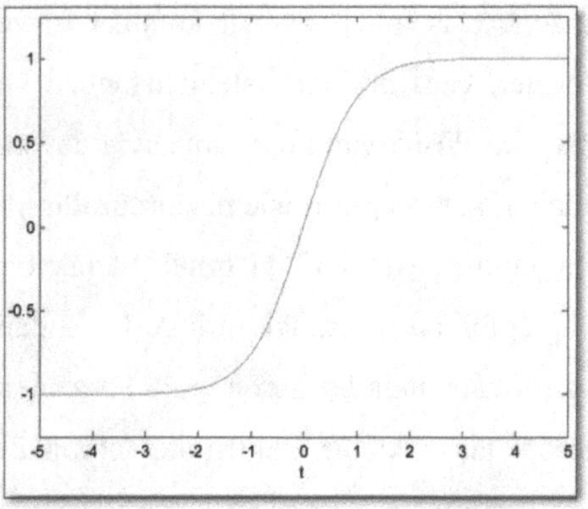

Şekil 9.50. Hyperbolik tanjant aktivasyon fonksiyonu

Şekil 9.50'de verilen grafiğin, matematiksel eşitliği şu şekildi yazılır.

$$y = \frac{2}{(1 + e^{(-2\times t)})} - 1 \tag{9.24}$$

Ayrıca, net girdilerinin elde edilmesi için, aşağıdaki eşitlikgöz önüne alınır:

$$Z = \sum_{i=1}^{n} I_i \times w_i + b \tag{9.25}$$

Yukarıda *I*, girdi değerlerini, *w* ağırlıkları ve *b* bias değerini göstermektedir.Şekilde verilen ağırlıklara ve kullanılan aktivasyon fonksiyonuna göre, çıktı miktarı sırasıyla aşağıdaki eşitliklerle elde edilmiştir.

$$H_1 : Z_1 = \sum_{i=1}^{3} I_i \times w_i = \sum 0(4.83) + 1(-4.83) - 2.82 = -7.65 \tag{9.26}$$

$$Çıktı = \quad p = \frac{2}{(1 + e^{(-2\times-7{,}65)}) - 1} = 4.5324 \times 10\wedge - 7 \tag{9.27}$$

$$H_2: Z_2 = \sum_{i=1}^{3} I_i \times w_i = \sum 0(-4.63) + 1(4.6) - 2.74 = 1.86 \tag{9.28}$$

$$Çıktı = \quad p = \frac{2}{(1 + e^{(-2\times1.86)}) - 1} = 82.5288 \tag{9.29}$$

$$O: Z_3 = \sum_{i=1}^{3} I_i \times w_i$$

$$= \sum 4.5324 \times 10\wedge - 7(-4.63) + 82.5288(-4.63) - 2.86$$

$$= -384.9683 \tag{9.30}$$

$$Çıktı = \quad p = \frac{2}{(1 + e^{(-2\times-384.9683)}) - 1} = 0 \tag{9.31}$$

Birinci devir için çıktılar elde edildikten sonra, hata miktarı hesaplanır ve bu hata değeri kullanılarak geri besleme işlemi yapılır. Karesel hata ortalaması (mse) aşağıda verilen eşitlik aracılığıyla elde edilir:

$$E = (hedef - çıktı)^2 \tag{9.32}$$

Doğru çıktı miktarı 0,75 farz edilirse, *E* değeri şu şekilde elde edilir.

$$E = (0{,}75 - 0)^2 = 0{,}5625 \tag{9.33}$$

9.3.1. Aşınmamış kesici takım kuvvetinin modellenmesi

Aşınmamış bir kesici ucun bileşke kesme kuvvetinin modellemesi için, tam faktöriyel deney tasarımı aracılığıyla yapılan deneyler kullanılmıştır. Kesme parametreleri girdi olarak sinir ağlarına verilmiş ve bileşke kesme kuvveti sonuç olarak sistemden alınmıştır. Kesme kuvveti modelini yapmak için, bir 'newfit' ağı kullanılmıştır. Bu ağ, bu deneyler için en doğru sonucu vermektedir. Ayrıca, sistemin eğitimi için 'Levenberg-Marquadt' algoritması uygulanmıştır. Geliştirilen sinir ağları iki katman ve 5 nörondan oluşmuştur. Şekil 9.51'deYSA modelinin genel yapısı gösterilmiştir.

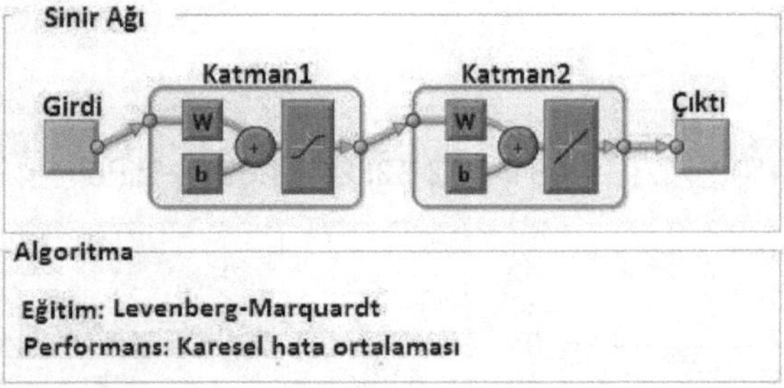

Şekil 9.51. Kesme kuvveti modellenmesi için geliştirilen yapay sinir ağı

YSA modeli yapıldıktan sonra tüm ağırlıklar elde edilmiştir. Bu ağırlıklar farklı aktivasyon fonksiyonlarını göz önüne alarak YSA matematiksel modelini geliştirir. Bu modelin aşağıda görüldüğü gibi birinci katmanda üç girdisi, gizli katmanda dört nöronu ve çıktı katmanda ise 1 nöronu vardır. Girdi katman ve gizli katman arasında Tansig fonksiyonu ve gizli katman ve çıktı katman arasında Purline fonksiyonu kullanılmıştır. Ayrıca girdi ve gizli katmanlar arasında nöronların birbirleri ile bağlantı kurması nedeniyle toplam 12 ağırlık ve gizli ve çıktı katmanı arasında 4 ağırlık meydana gelmiştir. Bias olarak, gizli katman nöronlarına ait 4 bias değeri ve çıktı nöronuna ait olan 1 bias değeri vardır (Şekil 9.52). Bu modelde tercih edilen aktivasyon fonksiyonlarının (tansig ve purline) elde ettiği sonuçlar -1 ile+1 arasında yerleşmektedir. Dolayısıyla, tüm girdilerin -1 ile+1 arasında normalize edilmesi gereklidir. Normalize eşitliği aşağıdaki şekilde yapılmıştır.

$$\acute{x} = \frac{x - x_{ortalama}}{x_{max} - x_{ortalama}} \qquad (9.34)$$

Yukarıda, x:değerlerin miktarın, $x_{ortalama}$: değerlerin ortalamasını, x_{max}: en büyük değeri ve $\acute{x}$ ise değerlerin normalize edilmiş miktarını göstermektedir. Çizelge 9.6, normalize edilmiş ve normalize edilmemiş değerleri göstermektedir.

Çizelge 9. 6. Kullanılan parametreler ve normalize edilmişkarşılıkları

V (*m/min*)	F (*mm/rev*)	D (*mm*)	F (*N*)
1	0	-1	-0,99038
0	0	-1	-0,88494
-1	0	-1	-0,78156
1	-1	-1	-0,99993
0	-1	-1	-0,97968
-1	-1	-1	-0,86017
1	1	-1	-0,70139
0	1	-1	-0,67228
-1	1	-1	-0,61633
1	1	0	-0,19733
0	1	0	-0,07885
-1	1	0	0,056993
1	-1	0	-0,59336
0	-1	0	-0,54506
-1	-1	0	-0,48065
1	0	0	-0,30999
0	0	0	-0,32509
-1	0	0	-0,06589
1	1	1	0,706014
0	1	1	0,85619
-1	1	1	1,000091
1	-1	1	-0,01922
0	-1	1	0,035304
-1	-1	1	0,085
1	0	1	0,521881
0	0	1	0,539276
-1	0	1	0,58831

V (*m/min*)	F (*mm/rev*)	D (*mm*)	F (*N*)
160	0,22	0,75	425,9883
135	0,22	0,75	476,577
110	0,22	0,75	526,1833
160	0,17	0,75	421,4034
135	0,17	0,75	431,1192
110	0,17	0,75	488,4654
160	0,27	0,75	564,6503
135	0,27	0,75	578,6208
110	0,27	0,75	605,465
160	0,27	1,25	806,5141
135	0,27	1,25	863,3643
110	0,27	1,25	928,5471
160	0,17	1,25	616,4863
135	0,17	1,25	639,6655
110	0,17	1,25	670,5688
160	0,22	1,25	752,4571
135	0,22	1,25	745,2126
110	0,22	1,25	869,5818
160	0,27	1,75	1239,967
135	0,27	1,75	1312,025
110	0,27	1,75	1381,074
160	0,17	1,75	891,9759
135	0,17	1,75	918,1398
110	0,17	1,75	941,9856
160	0,22	1,75	1151,614
135	0,22	1,75	1159,961
110	0,22	1,75	1183,489

Normalize edildikten sonra girdi ve gizli katmanı arasında tansig fonksiyonu uygulanarak tüm ağlar için sonuçlar aşağıdaki şekilde hesaplanmıştır.

$$I_1: Z_1 = \sum_{i=1}^{3} G_i \times w_i + b_i = \sum 0(-0{,}59) + 0(-2{,}93) + 0(1{,}75) + 1{,}6 = 1{,}6 \quad (9.35)$$

$$Çıktı = \quad p = \frac{2}{(1 + e^{(-2\times1{,}6)})} - 1 = 0{,}92 \quad (9.36)$$

$$I_2: Z_2 = \sum_{i=4}^{5} G_i \times w_i + b_i = \sum 0(2{,}58) + 0(1{,}44) + 0(-8{,}09) + 1{,}62 = 1{,}62 \quad (9.37)$$

$$Çıktı = \quad p = \frac{2}{(1 + e^{(-2\times1.62)})} - 1 = 0{,}92 \quad (9.38)$$

$$I_3: Z_1 = \sum_{i=6}^{9} G_i \times w_i + b_i = \sum 0(-0{,}03) + 0(0{,}23) + 0(0{,}32) - 0{,}4 = -0{,}4 \quad (9.39)$$

$$Çıktı = \quad p = \frac{2}{(1 + e^{(-2\times-0{,}4)})} - 1 = -0{,}37 \quad (9.40)$$

$$I_4: Z_2 = \sum_{i=10}^{12} G_i \times w_i + b_i = \sum 0(-1{,}3) + 0(-0{,}39) + 0(7{,}7) + 9{,}92 = 9{,}92 \quad (9.41)$$

$$Çıktı = R_1 = \frac{2}{(1 + e^{(-2\times9{,}92)})} - 1 = 1 \quad (9.42)$$

İkinci adımda gizli katmanı ve çıktı katmanı arasında purlin fonksiyonu kullanılarak sonuç şu şekilde elde edilmiştir:

$$O: Z_3 = \sum_{i=1}^{4} I_i \times w_i = \sum +0{,}92(0{,}137) + 0{,}92(-0{,}07) - 0{,}37(1{,}96) + 1(-0{,}07) + 0{,}52 = -0{,}213 \quad (9.43)$$

$$Çıktı = R_{21} = \begin{cases} 1 & v > 1 \\ v & -1 < v > 1 \\ -1 & v < -1 \end{cases} = -0{,}336 \quad (9.44)$$

Üçüncü adım olarak YSA sisteminden alınan sonuç aşağıdaki eşitlik dikkate alınarak normalize halinden çıkarılır.

$$x = -0{,}336 \times 479{,}83 + 901{,}2 = 798$$

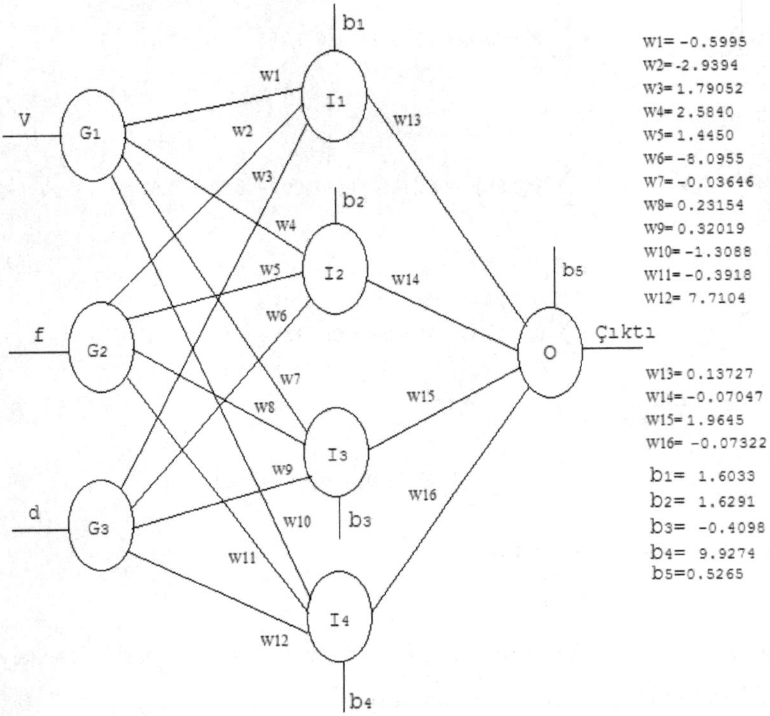

Şekil 9.52. Yeni uç kuvvetinin modellenmesi için YSA yapısı

Yukarıda görüldüğü gibi bu süreç, 4 nörona sahip olan bir YSA sisteminde, birçok karmaşık hesaplamaları gerektirir, hâlbuki bu çalışmada kullanılan birçok YSA modellerinin nöronları 20'den daha fazladır. Bu nedenle YSA matematiksel modelinin geliştirilmesi içinMATLAB yazılımında bir program hazırlanmıştır. Bu programda sadece girdiler istenilir ve ağırlıklar alınarak sonuç elde edilir (EK. 2).

Yukarıda matematiksel olarak geliştirilen YSA modeli, bir daha MATLAB'ın YSA çubuğu kullanılarak yapılmıştır. Önceki kısımlarda ifade edildiği gibi, bir yapay sinir ağları rastgele olarak ağırlıkları seçer ve bu ağırlıklar sistemden alınan sonuçların mukayesesi neticesinde incelenir ve onların arasında hatayı minimum yapmak için yeni ağırlıkları ayarlanır. Bu eğitim süresince hata değeri azalmaya doğru gider. Yapılan bu YSA sisteminde, Şekil 9.53, eğitim süresince hatanın değişimini göstermektedir.Bu YSA'da deneylerin %15'i doğrulama, %15'i test ve %70'i eğitim için seçilmiştir. Şekilde görüldüğü gibi test ve doğrulama grafiği eğitimle beraber değişmektedir.

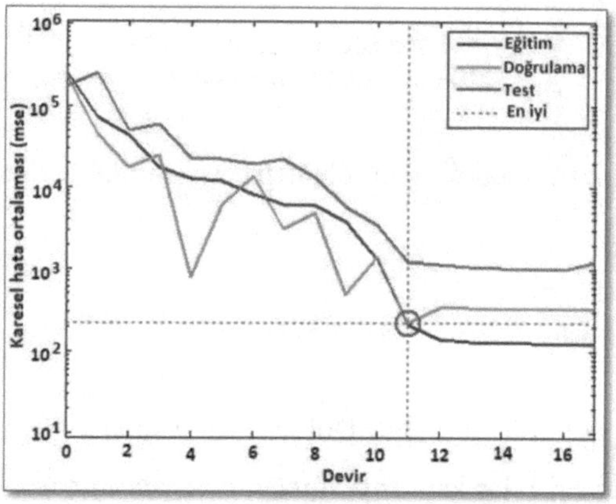

Şekil 9.53. Aşınmamış kesici takım modeli için yapay sinir ağları eğitim süresinin grafiksel gösterimi

Genel olarak, Şekil 9.54, geliştirilmiş sistemin sonuçlarının doğrulamasını göstermektedir. Eğitim, doğrulama ve test için çıkarılan karşılaştırma grafiğine göre R^2 miktarı 0,99 üzerinde bulunmuştur. Buna dayanarak yapılan yapay sinir ağları sistemi yüksek bir doğrulukla kesme kuvvetini tahmin etmektedir.

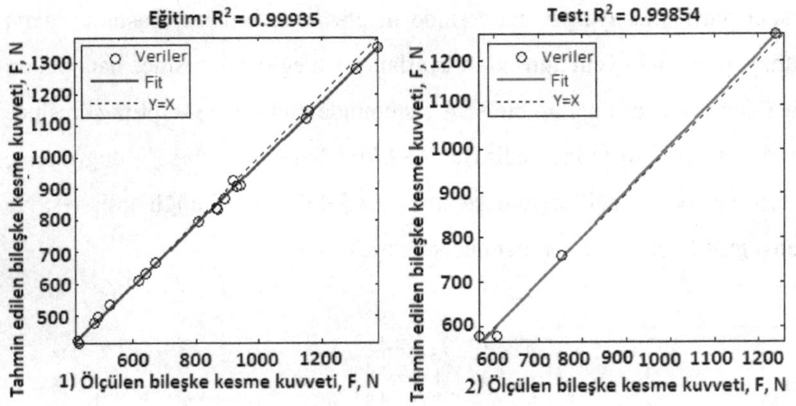

Şekil 9.54. Aşınmamış kesici takım modeli için ölçülen ve tahmin edilen sonuçların R^2 değerleri

9.3.2. Kuvvet ve zaman modellemesi

Talaş kaldırma süreci zamana bağlı bir süreçtir. Dolayısıyla, zamana bağlı olarak kesme kuvvetinin modellenmesi talaş kaldırma sürecinin benzetiminde ve adaptif kontrol geliştirmesinde birçok önem taşımaktadır. Bu kısımda da kesme kuvvetinin modellenmesi için, 'newfit' ağı kullanılmıştır. Ayrıca, sistemin eğitimi için 'Levenberg-Marquadt' algoritması uygulanmıştır. Geliştirilen sinir ağları iki katman ve 21 nörondan (20 nöron birinci katmanda ve 1 nöron ikinci katmanda) oluşmuştur. Bu sistemi modellemek için kesme parametreleri ve zaman değişkeni girdi olarak ve bileşke kesme kuvveti çıktı olarak sisteme sunulmuştur. Şekil 9.55'deYSA eğitim süreci gösterilmektedir.

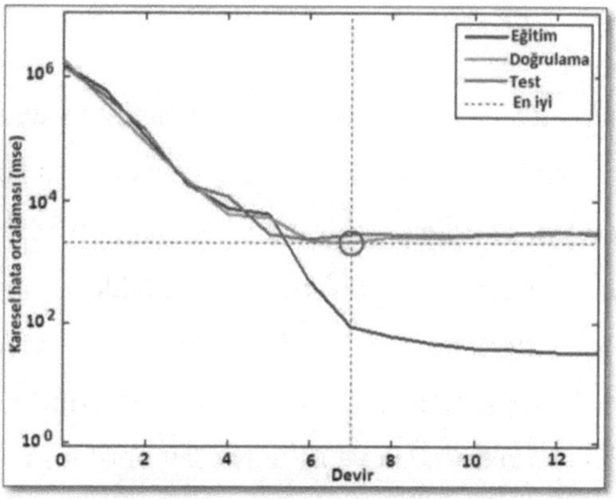

Şekil 9.55. Kuvvet ve zaman modeli için yapay sinir ağları eğitim süresinin grafiksel gösterimi

Şekil 9.56, sonuçların örtüşme grafiğini sergilemektedir. Tüm eğitim türleri; örneğin test, eğitim ve doğrulama için örtüşme işlemi yapılmıştır. En yüksek örtüşme, eğitimeaittir veR^2 değeri 0,99 olarak bulunmuştur ve test ve doğrulamak için R^2 değeri; 0,99 olarak tespit edilmiştir. Sonuçların tüm veriler için R^2 değerleri 0,99 olarakelde edilmiştir.

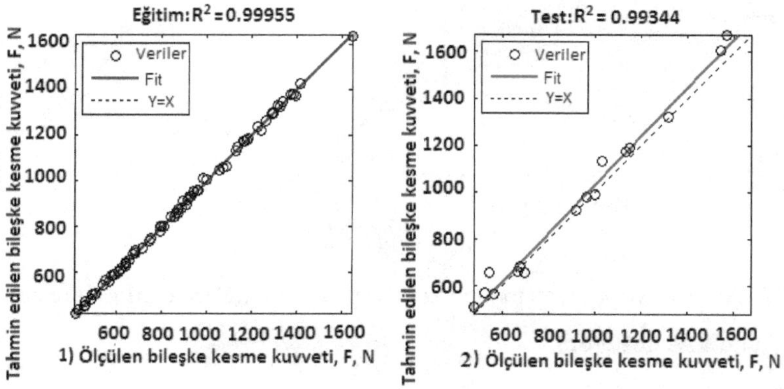

Şekil 9.56. Kuvvet ve zaman modeli için ölçülen ve tahmin edilen sonuçların R^2 değerleri

9.3.3. Aşınma ve kuvvet modeli

Bu bölümde kesme kuvveti kullanılarak, takım yanak aşınma tahmin modeli yapılmıştır. Yapay sinir ağlarının aşınma modelinin yapılmasında kesme parametreleri ve bileşke kesme kuvveti değişkeni girdi olarak ve takım yanak aşınması ise çıktı değerleri olarak bu sisteme verilmiştir. Bu modelde takım yanak aşınma tahmin sistemini kurmak için, ileri besleme bir ağ (newff) kullanılmıştır. Ayrıca, sistemin eğitimi için 'Levenberg-Marquadt' algoritması uygulanmıştır. Geliştirilen sinir ağları üç katmandan ve 21 nörondan oluşmuştur. Birinci katmanda 16 nöron, ikinci katmanda ise 4 nöron ve üçüncü katmanda 1 nöron seçilmiştir. Sinir ağlarının eğitimi için devir sayısı 1400 seçilmiştir. Şekil 9.57, eğitim süresince karesel hata ortalamasının değişimini devir sayısına bağlı olarak göstermektedir.

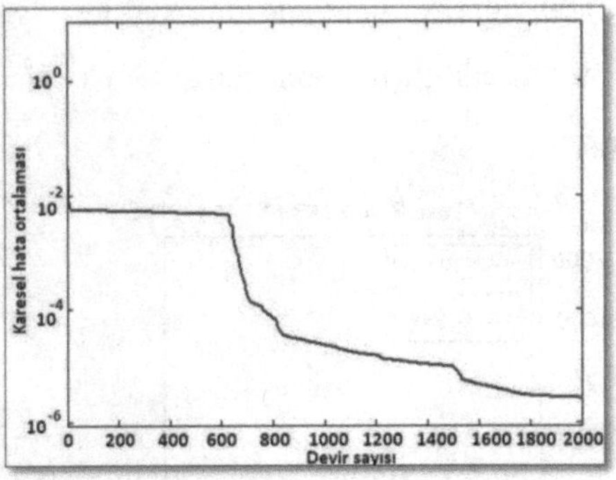

Şekil 9.57. Aşınma ve kuvvet modeli için yapay sinir ağları eğitim süresinin grafiksel gösterimi

Bileşke kesme kuvveti kullanılarak takım aşınmasının izlemesi ve tahmini bir güvenilir metot olarak talaşlı imalatta uygulanabilir. Bu gerçeği bir daha tespit etmek için, tüm deneylerdenoluşan uyum grafiği Şekil 9.58'de gösterilmiştir. Sistemin elde ettiği sonuçların R^2 değeri 0,99 olarak bulunmuştur.

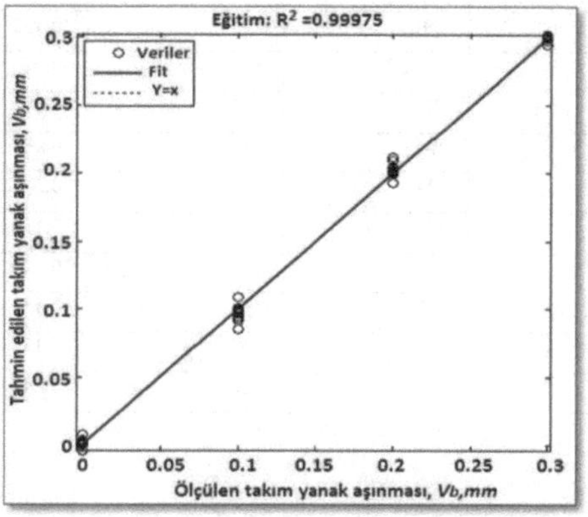

Şekil 9.58. Aşınma ve kuvvet modeli için ölçülen ve tahmin edilen sonuçların R^2 değerleri

YSA tahmin sistemi yapıldıktan sonra, tahmindehiç kullanılmayan testler göz önüne alınarak tahmin edilen ve ölçülen takım yanak aşınma sonuçları Çizelge. 9.7'de verilmiştir.

Çizelge 9.7. Tahmin sisteminde kullanılmayan parametrelerle yapılan test sonuçları

Test	Kesme Hızı *(m/min)*	İlerleme *(mm/rev)*	Talaş Derinliği (*mm*)	Kesme Kuvveti *(N)*	Ölçülen Aşınma (*mm)*	YSA *(mm)*
1	110	0,21	1,6	1180	0,1	0,11
2	132	0,22	1,4	1046	0,21	0,195
3	112	0,24	1,4	993,89	0,11	0,08
4	110	0,2	0,9	731	0,22	0,218
5	125	0,2	1	704	0,16	0,18
6	135	0,23	1	744	0,18	0,22
7	110	0,27	1,2	956	0,12	0,13
8	155	0,27	1,2	968	0,3	0,34
9	160	0,27	1,25	905	0,16	0,17
10	160	0,27	1,1	804	0,09	0,13
11	135	0,17	1,3	816	0,26	0,24
12	110	0.17	1,25	1050	0,49	0,58

9.3.4. Titreşim, kesme kuvveti ve takım aşınma modellemesi

Bu çalışmada kesme kuvveti dışında titreşim genliği de aşınma miktarının tahmini için ölçülmüştür. İki değişkenin aşınma tahmini için kullanılması, tahmin ve izleme işleminin daha sağlıklı ve güvenilir olduğunu garanti altına almak demektir. Titreşim de dahil olarak yapay sinir sisteminin yapılması için beş parametre girdi olarak sisteme verilmiştir. Girdilerin üçü kesme parametrelerinden (kesme hızı, ilerleme ve talaş derinliği) ve ikisi sürekli ölçülen değişkenlerden (Bileşke kesme kuvveti, titreşim genliği) oluşmaktadır. Bu sistemin yapılması için, üç katmanlı, ileri beslemeli bir ağ (newff) seçilmiştir. Eğitim için farklı algoritmalar denenmiş ve en uygunu'Levenberg-Marquadt' olarak tercih edilmiştir. Sisteme uygulanan tüm nöronlar 21 ve devir sayısı 1400 olarak dikkate alınmıştır. Birinci katmanda yerleşen nöron sayısı 14, ikincisi ise 6 ve üçüncü katmanda 1 yapılmıştır. Yapay sinir ağları tahmin ve izleme sisteminin yapısı Şekil 9.59'dagösterilmektedir.ANOVA analizinden faydalanarak deneylerin YSA modeli yapıldıktan önce, etkileri takım yanak aşınması üzerinde incelenmiştir. Çizelge 9.8'de görüldüğü gibi tüm girdilerin takım yanak aşınması üzerine etkileri tartışılabilir. Tüm girdiler için P-değerinin, 0,05'den az olması nedeniyle girdilerin anlamlı oldukları tespit edilmiştir. Ancak, kesme parametrelerin içinde en yüksek F-değeri ilerlemeye (92,76) ve değişkenler içinde en yüksek F-değeri kesme kuvvetine (67,39) ait olarak en etkili faktör olarak değerlendirilmişler.

Çizelge 9.8. Titreşim, kesme kuvveti ve aşınma modelinin, ANOVA etki testleri

Parametre	Nparm	DF	Kareler toplamı	F Oranı	Prob > F
Kesme hızı, *V, m/min*	1	1	0,03545450	18,4915	<0,0001
İlerleme, *f, mm/rev*	1	1	0,17786155	92,7646	<0,0001
Talaş derinliği, *d, mm*	1	1	0,14689249	76,6125	<0,0001
Bileşke kesme kuvveti, *F, N*	1	1	0,12922667	67,3988	<0,0001
Titreşim genliği, *a,* m/s^2	1	1	0,12594594	65,6877	<0,0001

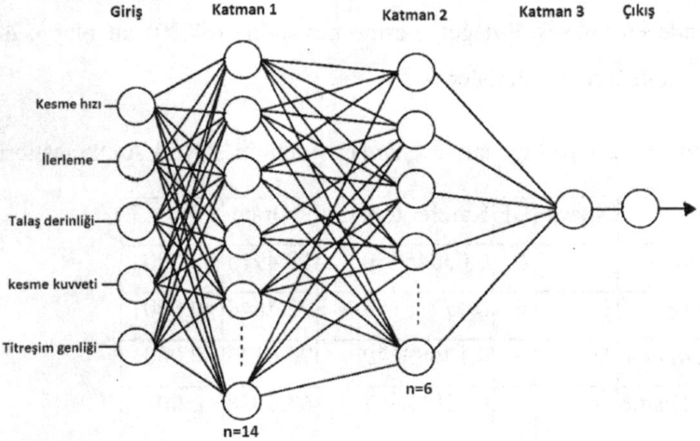

Şekil 9.59. Titreşim, kesme kuvveti ve takım aşınmasının modellemesi için tasarlanan yapay sinir ağı

YSA sisteminin eğitilmesinden sonra, sistem simüle blok diyagramına yansıtılmıştır (Şekil 9.60).

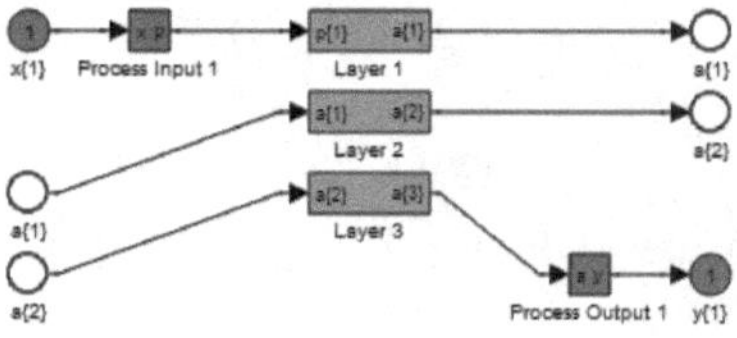

Şekil 9.60. Titreşim, kesme kuvveti ve takım aşınmasının modellemesi için, eğitilmiş YSA sisteminin katmanlarının blok diyagramı

Aynı zamanda, birinci katmanın ağırlıkları ve bias değerlerinin blok diyagramı Şekil 9.61.'de verilmiştir.

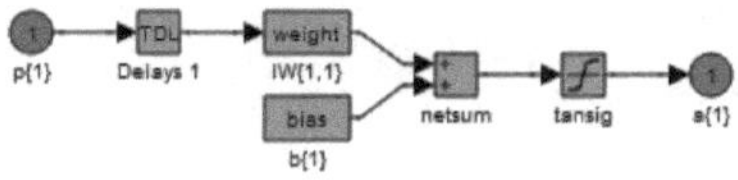

Şekil 9.61. Titreşim, kesme kuvveti ve takım aşınmasının modellemesi için, eğitilmiş YSA sisteminin birinci katman ağırlıklarının blok diyagramı

Şekil 9.62'de görüldüğü gibi birinci katmanın 14 nöronu olduğu için, 14 bias değerinesahip olmuştur.

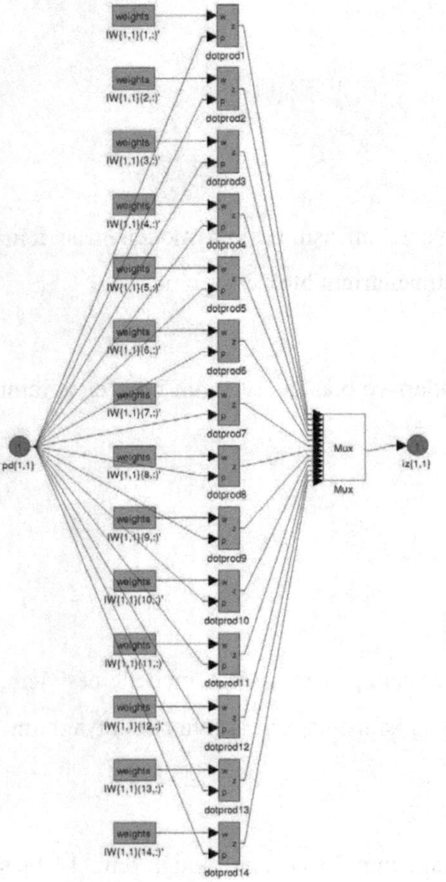

Şekil 9.62. Titreşim, kesme kuvveti ve takım aşınmasının modellemesi için, birinci katman ağırlıklarının blok diyagramı

Aynı zamanda tahmin sisteminin 5 girdi değerine sahip olması nedeniyle tüm ağırlıkların sayısı 70 olarak sonuçlanmıştır. Bu katmanın tüm ağırlıkları Çizelge 9.9'da ve tüm bias değerleri Çizelge 9.10'da verilmiştir:

Çizelge 9.9. Titreşim, kesme kuvveti ve takım aşınmasının modellemesi için, birinci katmanın ağırlıkları

Ağırlık	1	2	3	4	5
$w_{1,1}$	-1.97074177	18.3546981059298	0.0334895472648057	0.0013590785549760	-,1.944069036241
$w_{1,2}$	2.88914032	19.7055115697428	0.0391651527827321	0.0014170179388367	0.4999694573194
$w_{1,3}$	-1.77086886	-18.877158745686	0.0728794019676506	0.0003879983576415	-1.9587552527737
$w_{1,4}$	-3.4779353	0.79486056997682	-0.086904724119701	0.0054379373306922	2.4616544158284
$w_{1,5}$	1.59241309	-4.4059792586338	0.0024586022213639	-0.009561713654751 8	2.6309216664133
$w_{1,6}$	-0.65575505	-19.732238115851	-0.046961827356179	-0.0009893966123647	-3.1520155770673
$w_{1,7}$	-1.73035579	21.6751055971839	-0.097610509456990	0.0081464456259026	0.9672802099854
$w_{1,8}$	-2.69758207	28.1249098957808	0.0574501628469547	-0.0020104194798799	-1.3731700552428
$w_{1,9}$	-2.17063471	6.99520230121540	0.0200817137638607	0.0028928931160888	2.7061477430860
$w_{1,10}$	-0.92824786	-36.315619596745	0.0287517183324107	-0.0064612706451211	1.9261638427807
$w_{1,11}$	-3.61038965	-20.392373602904	-0.044040045145653	0.0053617773296879	-1.8614153299422
$w_{1,12}$	2.63746593	20.2416707237956	8.99905974557e-005	-0.0072943525986559	-1.8581084043978
$w_{1,13}$	-0.51526015	-21.935223301000	0.4510180492263223	-0.1218730340949915	2.8837186862469
$w_{1,14}$	-0.59471770	-15.192789805593	0.0106622343722436	0.0027952230927028	3.2082025479812

Çizelge 9.10. Titreşim, kesme kuvveti ve takım aşınmasının modellemesi için, birinci katmanın bias değerleri

Bias	Katman 1
B_1	-7.0789329969940793
B_2	2.5179018818487413
B_3	4.7485242378162704
B_4	6.6937787138683325
B_5	3.1640591505230589
B_6	18.628574291499405
B_7	-1.0110257151509474
B_8	-4.9142447720322169
B_9	-10.498695451961783
B_{10}	5.4051552263109226
B_{11}	13.852649299020378
B_{12}	4.5307357794522964
B_{13}	5.1769721889169595
B_{14}	-6.1287801118826621

Modelin ikinci katmanında altı adet nöron yer alması nedeniyle toplam 84 ağırlık değeri bulunmaktadır. İkinci katmanın ağırlıklarının blok diyagramı Şekil 9.63'de verilmiştir.

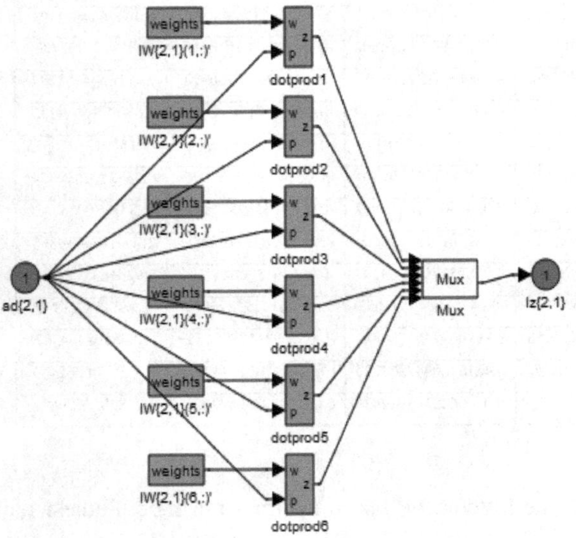

Şekil 9.63. Titreşim, kesme kuvveti ve takım aşınmasının modellemesi için, ikinci katman ağırlıklarının blok diyagramı

Bulunan tüm 84 ağırlığın değerleri, tahmin sisteminin yapılması için Çizelge 9.11'de verilmiştir. Aynı zamanda ağırlıklarla toplanması gereken bias değerleri Çizelge 9.12'de görülmektedir.

Çizelge 9.11. Titreşim, kesme kuvveti ve takım aşınmasının modellemesi için, ikinci katmanın ağırlıkları

Ağırlık	$w_{2,1}$	$w_{2,2}$	$w_{2,3}$	$w_{2,4}$	$w_{2,5}$	$w_{2,6}$
1	-0.249161	1.7165847141	1.51623360164	-0.160327461704	-0.553972842280	0.1148804747
2	-1.386316	0.0223005780	0.80393850731	-0.671652702282	0.3276705925057	0.1891440784
3	-0.447742	-0.756985057	-1.01702360063	-0.112111758000	0.7167586521491	-0.863314389
4	-0.685702	-0.078538124	-0.91098573606	-0.842465704700	0.2181940845534	0.9927338719
5	-0.207756	0.1093681865	-0.65271439051	0.2279751827289	-0.193874069576	1.2848288166
6	-0.761786	0.0248821859	-0.11074540659	-0.540133363614	-0.016166519042	-1.361348065
7	-0.824518	-0.304871896	-0.59492771273	0.5075889503368	-0.233226430791	1.1358160454
8	0.5495813	-0.048972786	1.86236362547	0.3216769985963	-0.008963779130	1.0877815214
9	-0.373099	0.4000200685	-1.38351256835	0.9121855468975	-0.444833258690	-0.628093320
10	1.6219110	0.0042583521	-0.85723804008	-0.744670482205	0.5054538646639	1.1993671841
11	0.5820378	0.1755388856	-1.00767355397	1.4699866632162	-0.503951268593	-0.533127176
12	0.0946864	0.2523338025	-0.36396884778	0.4435617981503	0.1535519729778	-2.003687298
13	-0.124563	0.4437133763	-1.12761881920	0.0994813607436	0.4269724928679	0.0599503575
14	0.5754625	0.0369025283	0.67921273499	-1.210346010927	0.0156948625931	-0.897582821

Çizelge 9. 12. Titreşim, kesme kuvveti ve takım aşınmasının modellemesi için, ikinci katman nöronlarının bias değerleri

Biaslar	Katman 2
B_1	-2.5385669124682031
B_2	-1.6659015715359653
B_3	-0.2173213072485988
B_4	0.8350923020399431 1
B_5	-0.8974604792356252 2
B_6	-1.7677705247849465

İkinci katmanın değerleri kullanılarak aktivasyon fonksiyonu uygulandıktan sonra nöronların değerleri bulunur ve son katmanda uygulanır. Son veya üçüncü katmanın ağırlık ve bias değerleri Çizelge 9.13'de verilmiştir.

Çizelge 9. 13. Titreşim, kesme kuvveti ve takım aşınmasının modellemesi için, üçüncü katmanın ağırlık ve bias değerleri

Ağırlıklar	$w_{3,1}$	Bias	Katman 3
1	0.018378636412932706		
2	-0.071468766806288497		
3	0.34486231546358831		
4	-0.15022510933066349	B_1	0.94136400108751483
5	-0.31887119866466068		
6	0.70814248154860204		

Eğitim süresinde amaç ve tahmin edilen değerleri arasında karesel hatanın düşme hızı Şekil 9.64'de gösterilmektedir. Şekle göre eğitim grafiği devir sayısının artışıyla değişmekte ve karesel hata ortalaması sıfıra doğru gitmektedir.

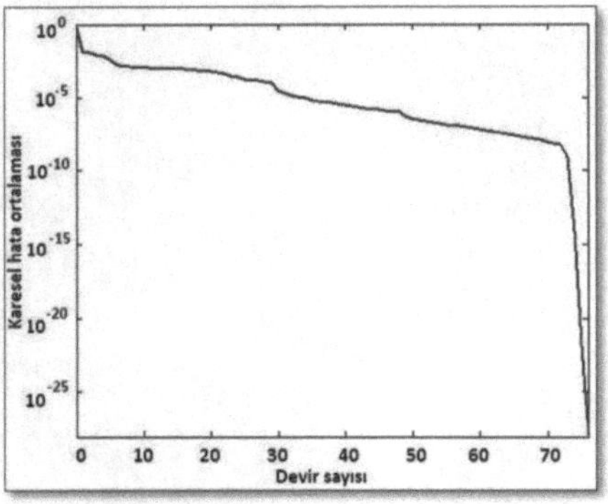

Şekil 9.64. Titreşim, kesme kuvveti ve takım aşınma modeli için yapay sinir ağları eğitim süresinin grafiksel gösterimi

Bir önceki bölümlerde, doğru bir yapay sinir ağları sisteminin kurulması için etkin girdilerin daha fazla olduğunun tercih edilmesi ifade edilmiştir. Bu geliştirilen sistemde girdilerin sayısı titreşim genliği olarak artmış ve beklenilen sonuç alınmıştır.

Tüm deneylerin girdilere göre tahmin edilen değerlerin uyum grafiği Şekil 9.65'de verilmiştir. Hataların daha düşük ve sıfıra yakın bir değerde olması bir kez daha şekilde tespit edilmiştir. Bu tahmin sistemi sonucunda değerler karşılaştırıldığında R^2 değeri 1 olarak elde edilmiştir.

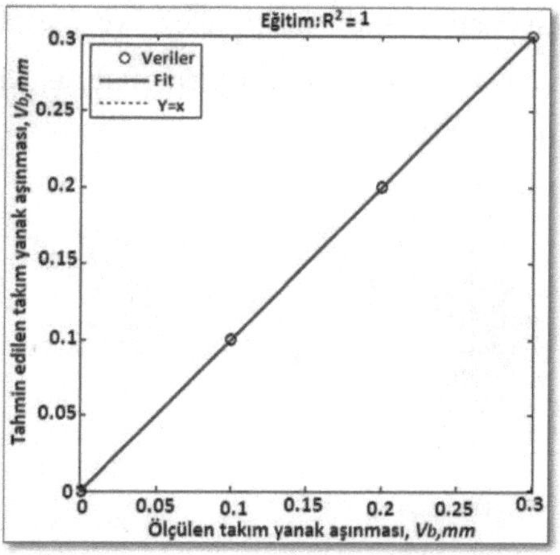

Şekil 9.65. Titreşim, kesme kuvveti ve takım aşınma modeli için ölçülen ve tahmin edilen sonuçların R^2 değerleri

9.3.5. Takım aşınma anlık izlemesi ve tahmini

Takım aşınması için yapay sinir ağları modeli yapıldıktan sonra, girdilerin bu sistem üzerinde denenmesi için benzetim sistemi kurulmuştur. Benzetim sistemi hem CNC takım tezgâhlarının sürücü sistemlerinin kurulması ve hem de anlık olarak yanak aşınmasının izlenmesi ve tahmini için kullanılabilir. Bu nedenle sinir ağları tahmin sisteminin blok diyagramı çıkarılmıştır. Şekil 9.66'da geliştirilmiş tahmin ve izleme sistemi anlık olarak takım yanak aşınmasını tahmin edebilir. Görüldüğü gibi tüm girdiler benzetim sistemine verilir ve sonuçlar değerlerşeklinde gösterilir. Benzetim süresince kesme parametreleri sabit tutulur ve algılayıcıdan alınan bileşke kesme kuvveti dördüncü girdi olarak sisteme aktarılır ve zaman boyunca takım aşınmasının gelişmesi lineer olmayan bir grafik yardımıyla gösterilir. Takım yanak aşınması kritik bir noktaya geldiğinde gereken takibat örneğin talaş kaldırma işleminin tamamlanması yapılır. Şekilde gösterilen girdilere göre sistemden alınan takım aşınma ve bileşke kesme kuvveti grafiği farklı zamanlarda Şekil 9.67 ve Şekil 9.68'deverilmiştir. Görüldüğü gibi aşınma ve kuvvet arasında olan ilişki nonlineer bir ilişki olarak tespit edilmiştir.

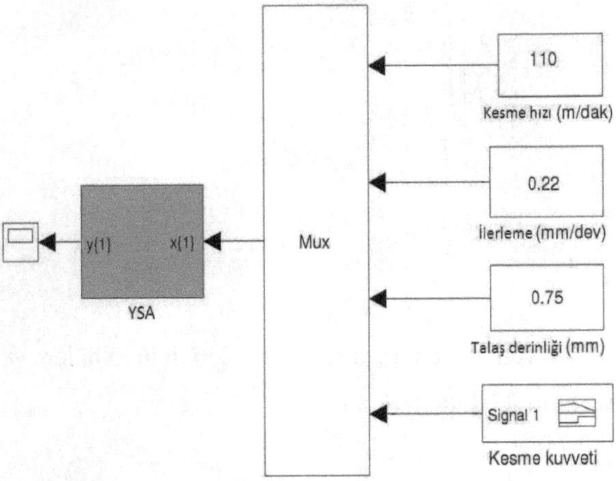

Şekil 9.66. Takım yanak aşınmasını izlemek ve tahmin etmek için geliştirilen benzetim blok diyagramı

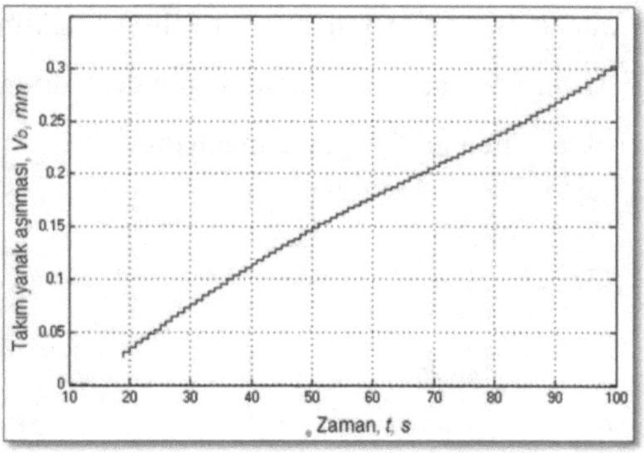

Şekil 9.67. Belirli kesme parametreleri ve kesme kuvveti için tahmin edilen takım aşınma grafiği: V=110m/min, f=0,22mm/rev ve d=0,75mm

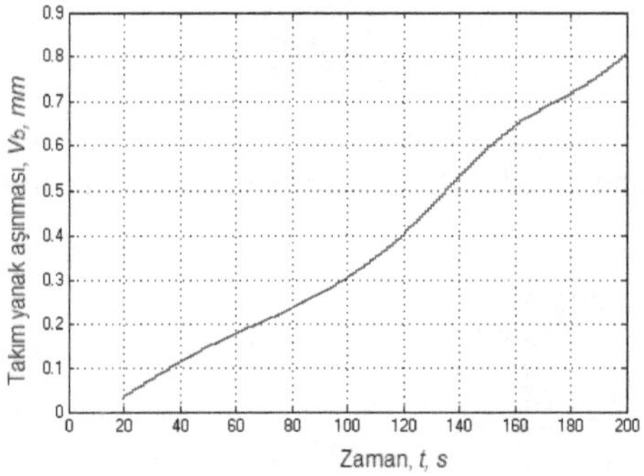

Şekil 9. 68. YSA sisteminden alınan takım aşınmasının, zaman boyunca gelişmesi: *V*=110 *m/dak*, *f*=0,22 *mm/dev*, *d*=0,75 *mm*

Yukarıda ifade edildiği gibi takım aşınmasının benzetim modeli, takım tezgahlarının kontrol sistemlerinde, adaptif kontrol da ve diğer araştırmalarda kullanılır. Bu nedenle aşağıda aşınma tahmin sisteminin kesme kuvvetinin belirlenmesi için, kuvvetin matematiksel modeli girdi olarak sisteme verilir. Aslında bu model, algılayıcı yerine kullanılır ve takım tezgâhları sürücü sisteminin modellemesine birçok fayda katabilir. Şekil 9.69'da görüldüğü gibi sadece kesme parametreleri girdi olarak benzetim sistemine verilir ve takım yanak aşınması yapay sinir ağları sisteminin sonucu olarak sistemden alınır. Şekil 9.70, benzetim modeli sonucu elde edilen grafiği göstermektedir.

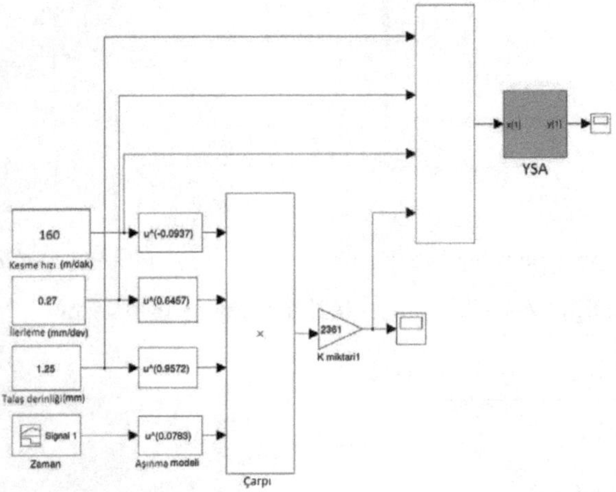

Şekil 9.69. Kuvvet matematiksel modelinedayalı, takım yanak aşınmasını izlemek ve tahmin etmek için geliştirilen benzetim blok diyagramı

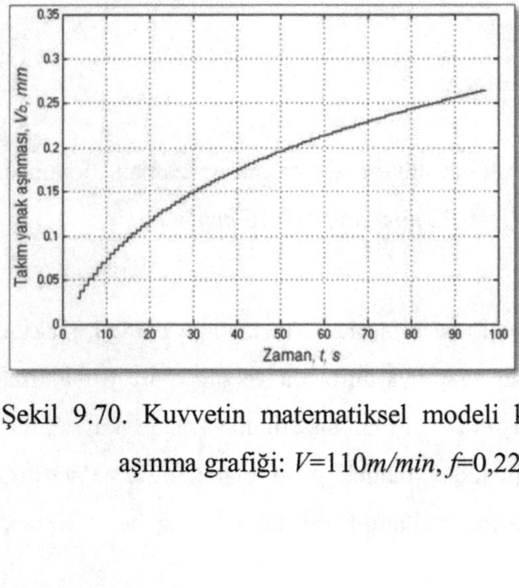

Şekil 9.70. Kuvvetin matematiksel modeli kullanılarak tahmin edilen takım aşınma grafiği: V=110*m/min*, f=0,22*mm/rev* ve d=0,75*mm*

İki algılayıcılı bir takım aşınma izleme ve tahmin etme sisteminde anlık olarak takım aşınmasının gelişme grafiğinin çıkarılması mümkündür. Şekil 9.71'de modellendiği gibi her iki algılayıcıdan bileşke kesme kuvveti ve titreşim genliği bilgileri alınarak aktarılır benzetim sistemine ve takımın aşınması sonuç olarak sistemden alınır. Bu sistemde CNC tezgâhı üzerinde kesme parametreleri belirlenerek talaş kaldırılma işlemi başlar ve aynı zamanda algılayıcılarda alınan veriler girdi olarak sisteme aktarılır. Bu modelde ölçülen algılayıcı bilgiler belli kesme parametreleri için sisteme verilmiştir ve bulanık mantık ve yapay sinir ağlarının sonuçları karşılaştırılmıştır. Şekil 9.72 ve Şekil 9.73, belli kesme parametreleri için sistemlerden alınan sonuçları göstermektedir.

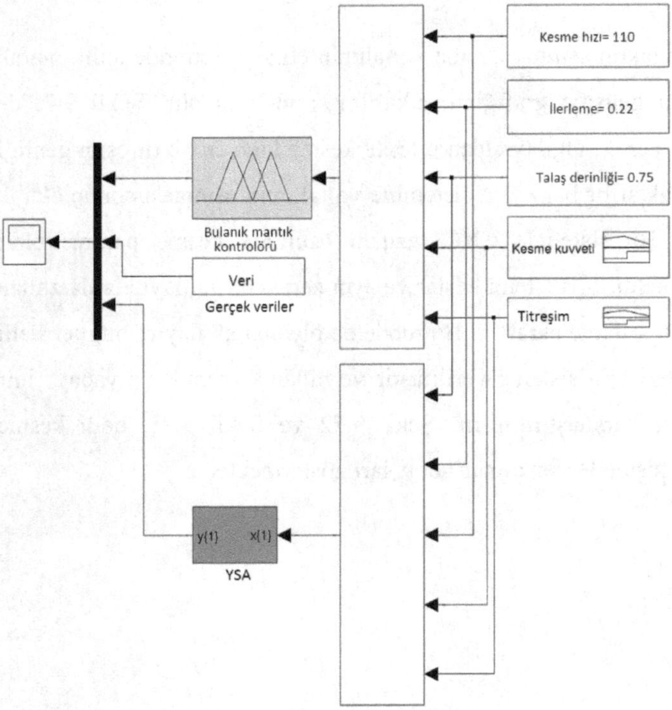

Şekil 9.71. Benzetim modeli kullanılarak bulanık mantık, yapay sinir ağları ve ölçüm verilerinin birbirleriyle karşılaştırılması

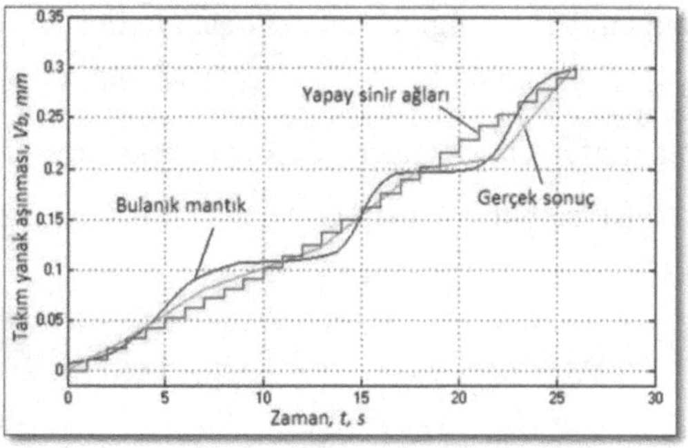

Şekil 9.72. Yapay sinir ağları ve bulanık mantık metodu için aşınma modellerigrafiği: V=160*m/min*, f=0,27*mm/rev*, d=1,75*mm*

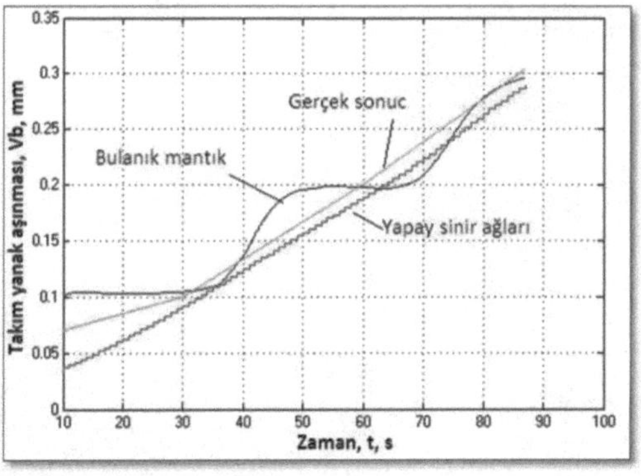

Şekil 9.73. Yapay sinir ağları ve bulanık mantık metodu için aşınma modelleri grafiği: V=110*m/min*, f=0,22*mm/rev*, d=0,75*mm*

Bu kısımda son olarak, takım aşınmasının tahmini için tüm yöntemlerin benzetimi yapılmış ve onların sonucu belli kesme parametreleri için karşılaştırılmıştır. Şekil 9.74'de görülen benzetim modelinde, bulanık mantık, yapay sinir ağları ve matematiksel modellerin performansları gösterilmiştir.

Modelin benzetimi için kesme parametreleri ve algılayıcıdan alınan veriler girdi olarak modele verilir ve sistemlerin sergiledikleri grafikler karşılaştırılır. Şekil 9.75'de görüldüğü gibi dört farklı grafik çıkarılmıştır. Ölçülen deneylere en yakın grafik, yapay sinir ağları, ikincisi ise bulanık mantık ve en son matematik modelleri olarak tespit edilmiştir.

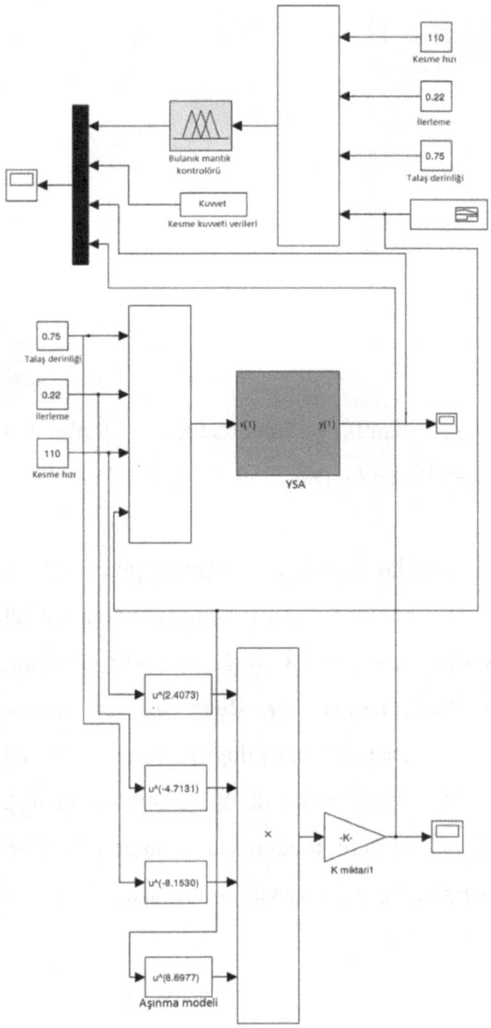

Şekil 9.74. Benzetim modeli kullanılarak bulanık mantık, yapay sinir ağları, matematiksel model ve ölçüm değerlerinin birbirleriyle karşılaştırılması

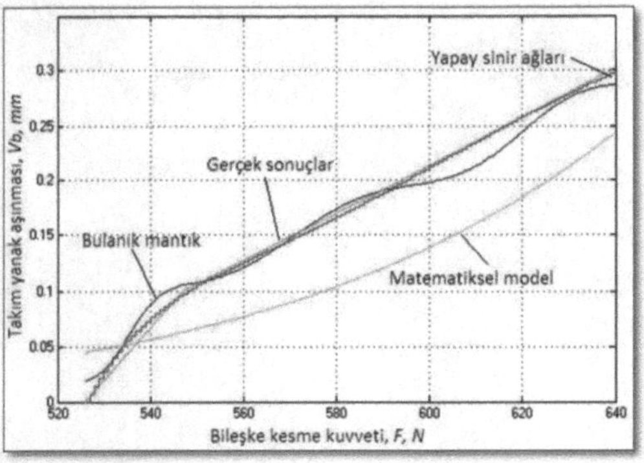

Şekil 9.75. Yapay sinir ağları, bulanık mantık ve matematiksel metodu için aşınma modelleri grafiği: V=110*m/min*, f=0,22*mm/rev*, d=0,75*mm*

YSA yaklaşımının en doğru tahmin sonuçlarına sahip olmasına rağmen, deney ve girdi sayısı sistemin sonuçlarını etkilemektedir. Aynı şekilde matematiksel modelin de doğruluğu deney sayısına bağlı olarak değişmektedir. Bulanık mantık ise deney sayısından fazla etkilenmemektedir. Buna rağmen bulanık mantık modellemesinde deney sayısının artışı, sistemin doğru tahmin etmesine katkı sağlar. Çizelge 9.14'deki deneyler dikkate alınarak, YSA, bulanık mantık ve matematiksel modellemesi yapılmış ve tüm modellerin sonuçları ölçülen değerlerle karşılaştırılmıştır. Bu tasarımda, kesme hızı sabit tutulmuştur.

Çizelge 9.14. Az deney sayısıyla yapılan farklı tahmin yöntemlerinin sonuçlarının karşılaştırılması

Test	Kesme Hızı (*m/min*)	İlerleme *mm/rev*	Talaş Derinliği (*mm*)	Kesme Kuvveti (*N*)	Ölçülen Aşınma (*mm*)	Tahmin modelleri (*mm*)		
						Matematiksel Model (*mm*)	YSA Modeli (*mm*)	Bulanık Mantık (*mm*)
1	110	0,22	0,75	526,18	0	0.0363	0,032	0,002
2	110	0,22	0,75	547,64	0,1	0.0,0578	0,08	0,098
3	110	0,22	0,75	594,017	0,2	0,1542	0,19	0,192
4	110	0,22	0,75	639,163	0,3	0.368	0,29	0,291
5	110	0,17	1,25	670,56	0	0,0253	0,025	0,015
6	110	0,17	1,25	711,5	0,1	0,0513	0,08	0,108
7	110	0,17	1,25	796,28	0,2	0,196	0,22	0,202
8	110	0,17	1,25	857,15	0,3	0,473	0,28	0,302
9	110	0,27	1.75	1381,07	0	0,0384	0,02	0,003
10	110	0,27	1.75	1460,15	0,1	0,074	0,105	0,101
11	110	0,27	1.75	1542,5	0,2	0,142	0,18	0,2
12	110	0.27	1,75	1643,35	0,3	0,3041	0,24	0,301

Çizelgede görüldüğü gibi deney sayısı düşük olduğunda bulanık mantık modelinin sonuçları YSA ve matematiksel modellerine göre daha yüksek doğruluğa sahiptir. Modellerin sonuçları, ölçülmüş sonuçlarla karşılaştırıldığında bulanık mantığın R^2 değeri; 0,99, YSA'nın R^2 değeri; 0,95 ve matematiksel modelin R^2 değeri ise 0,80 olarak bulunmuştur.

9.4. Motor akımı kullanılarak takım aşınmasının izlenmesi

Bölümün bu kısmında hiçbir akım algılayıcısı kullanmadan ve sadece kesme kuvveti bilgilerine dayanarak, motor akımının talaş kaldırma süresince grafiği çıkarılacaktır. Motor akımı takım aşınmasının tahmini değil sadece izlemesi için kullanılacaktır. İlerleme motoru ve mil motorunun çektiği akımı sensorsuz olarak ölçmek için tezgahın sürücü sisteminin benzetim blok diyagramının yapılması gerekmektedir. Bu amacın yakalanması için CNC tezgâhlarının sürücü sistemlerinin kontrol blok diyagramı, diferansiyel denklemleri modellemesiylehazırlanmıştır.

DC motorların hız değiştirmeleri akının, armatör direncinin ve armatör voltajının değiştirilmesiyle mümkündür. Bu metotlar motor hızı değiştirmesi için dünyada en çok tercih edilen metotlardır. Bu çalışmada akı miktarı sabit tutularak, armatör voltajının değiştirilmesiyle motor hızı değiştirilecektir. Bu DC motorların benzetimini yapmak için MATLAB programının SIMULINK kısmı kullanılmıştır. DC motorun modellemesi hem diferansiyel denklemler hem de elemanlar kullanılarak yapılmıştır. Modelleme işlemi yapıldıktan sonra bir PID kontrolörü devirin kontrolü için sisteme eklenmiştir. Mil motorunun akımının ölçmesi için kesme işleminden kaynaklanan moment değeri ve ilerleme motoru için talaş kaldırma boyunca ilerleme kuvveti düzenlenen blok diyagrama uygulanmıştır. Benzetim işlemi yapıldıktan sonra 'SERVO SYSTEM, INC' şirketine ait bir standart motorun özellikleri örneğin direnci, endüktansı ve ataleti sisteme girilmiş ve motorun boşta çalıştığında katalogunda verilen momentler için akım grafiği çıkarımıştır. Hız ve moment grafikleri girdi olarak blok diyagrama verilmiş ve akım diyagramı benzetimçıkış değeri olarak sistemden alınmıştır. Benzetim blok diyagramının kalibrasyonu için katalogda verilen akım diyagramı ve modelden alınan diyagram karşılaştırılmış ve benzer grafik elde edildikten sonra benzetim sistemi doğru olarak kabul edilmiştir. Kalibrasyon işlemi gerçekleştirildikten sonra,dinamometreden alınan moment işaretleri için akım grafiği çıkarılmıştır. DC motoru kontrol sisteminin blok diyagramı, elemanların ve dönüşüm fonksiyonlarının yardımıyla yapılmıştır. Şekil 9.76 ve Şekil 9.77'de yapılan iş mili motoru benzetim blok diyagramı gösterilmektedir. Şekil 9.76, elemanlardan ve Şekil 9.77, dönüşüm fonksiyonlarından faydalanarak yapılmıştır.

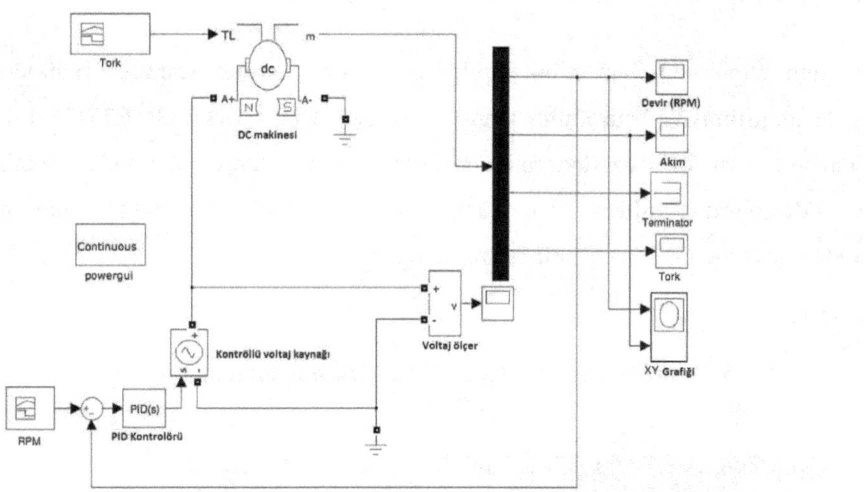

Şekil 9.76. Tahrik elemanlarını kullanarak CNC takım tezgâhlarının mil sürücü sisteminin benzetimi

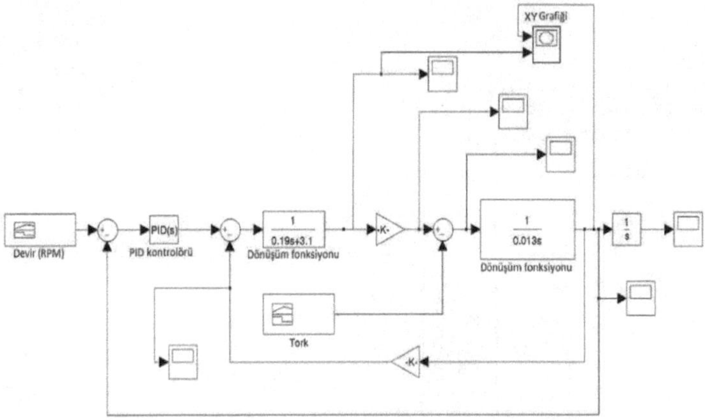

Şekil 9.77. Diferansiyel denklemlerini kullanarak CNC takım tezgâhlarının mil sürücü sisteminin benzetimi

İş mili motorunun benzetimi yapıldıktan sonra motorun kontrol özellikleri sisteme girilmiş ve benzetimin sonucu alınmıştır. Çizelge9.15, GMB75120-158 numaralı motor özelliklerini göstermektedir. Aynı zamanda Şekil 9.78'demotorun girdilere olan akım tepkisi verilmiştir. Bu grafik, motorun verilen yük altında çektiği akım şemasıdır.

Çizelge 9. 15. Benzetimi yapılan GMB75120-158 numaralı motor özellikleri

Power @ Max Speed (HP)	Speed, Max (RPM)	Cont. Stall Rating	
17.9	1500	1092 (lb-in)	61.2 (Amps)
Peak Stall Torque (lb-in)	Peak Stall Current (A)	KT (lb-in/A)	
3276	183.5	17.9	
KV (V/kRPM)	RA (Ohms)	LA (mH)	
158	0.19	3.1	
Static Friction (lb-in)		Rotor Inertia (lb-in-sec)	
13		0.1224	

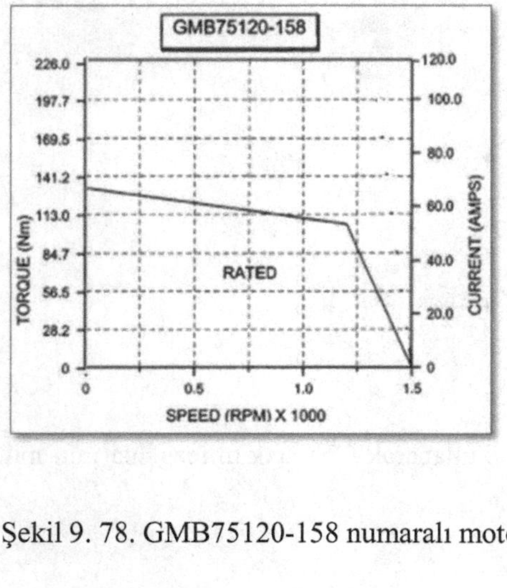

Şekil 9. 78. GMB75120-158 numaralı motorun akımının grafiği

Benzetim işleminin yapılması için moment ve devir sayısı diyagramları girdi olarak blok diyagrama verilmiştir. Bu girdi diyagramı 0 ile 1500 *rev/min* devir hızının arasında olarak değişmektedir. Şekil 9.79, motorun moment ve devir grafiğini göstermektedir.

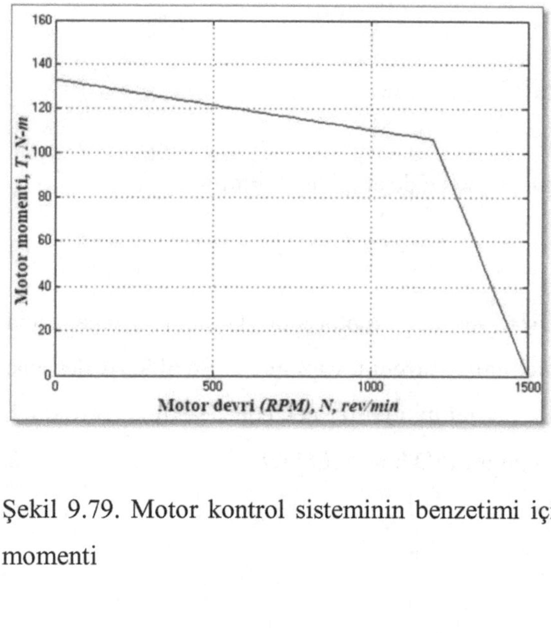

Şekil 9.79. Motor kontrol sisteminin benzetimi için girdi olarak verilen motor momenti

Motor modellemesi için yapılan blok diyagramın tüm özellikleri verildikten sonra benzetimi yapılmış ve Şekil 9.80'de görülen grafik çıkarılmıştır. Motorun katalogunun verdiği akım değişmesine göre benzetim sonucu kabul edilebilir ve motorun akım grafikleri birbirleriyle doğru bir şekilde örtüşmektedirler.

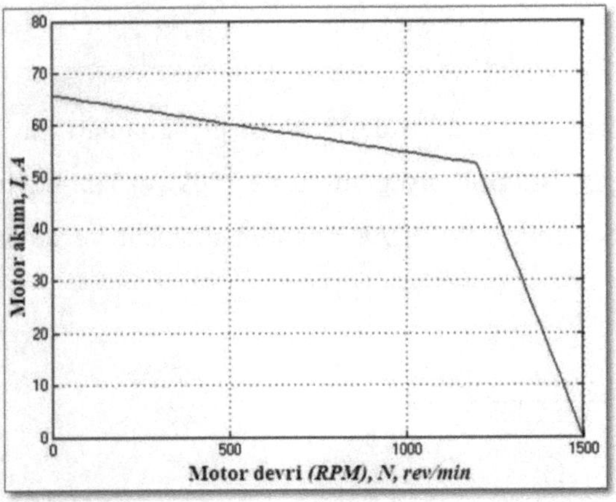

Şekil 9.80. Modelinin benzetimi sonucu elde ettiği akım grafiği

Talaş kaldırma işlemi boyunca, ilerleme motorunun akımını izlemek için ilerleme motorunun sürücü sisteminin benzetimi yapılmıştır. Şekil 9.81, ilerleme motorunun kontrol sisteminin benzetiminigöstermektedir. Şekilde görüldüğü gibi, sistemin hızının kontrolü için bir PID kontrolörü uygulanmıştır.

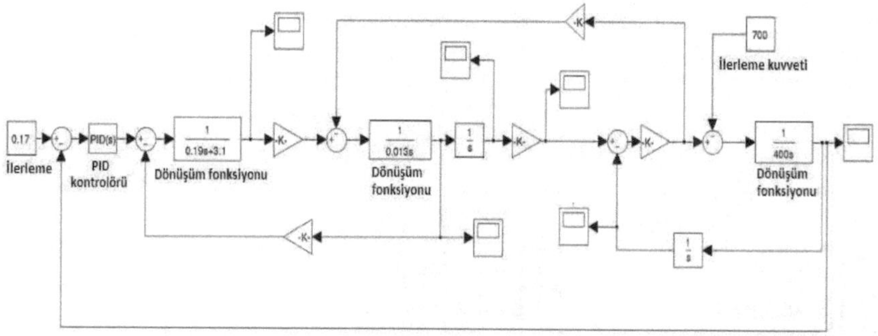

Şekil 9.81. Diferansiyel denklemlerini kullanarak CNC takım tezgâhlarının ilerleme sürücü sisteminin benzetimi

İlerleme motoru için, diğer bir standart motor seçilmiş ve motorun özelliklerinden faydalanarak, benzetimi yapılmıştır. Çizelge 9.16 ve Şekil 9.82sırasıyla motorun özelliklerini ve moment girdisine veren akım grafiği tepkisini göstermektedir.

Çizelge 9. 16. Benzetimi yapılan GM4060-41 numaralı motorun özellikleri

HP @ Max Speed	Cont. Stall Rating	Peak Stall Torque (lb-in)
2.83	51.2 lb-in - 14.9 Amps	256
KT (lb-in/A)	RA (Ohms)	LA (mH)
3.44	0.7	4.6
RPM (Max)	KV (V/kRPM)	Arm. Inertia (lb-in-sec)
3500	41	0.028

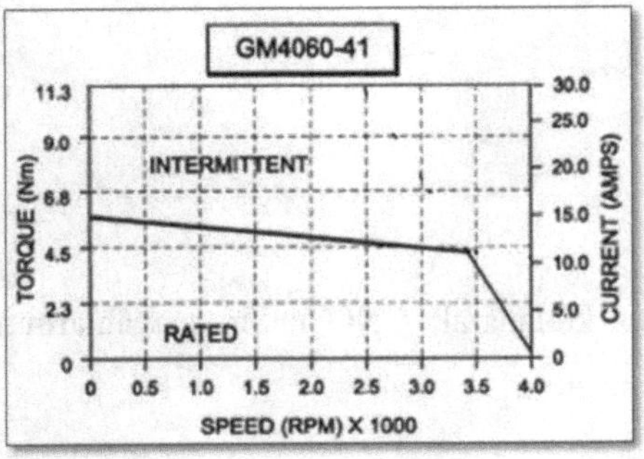

Şekil 9.82. GM4060-41 numaralı motorun akımının değişimi

Şekil 9.83, düzenlenen blok diyagramdanalınan motor momenti sinyallerini göstermektedir. Şekilde görüldüğü gibi, 0 ile 4000 *rev/min* arasında değişen motor devri, verilen moment miktarlarıyla beraber sisteme verilmiştir.

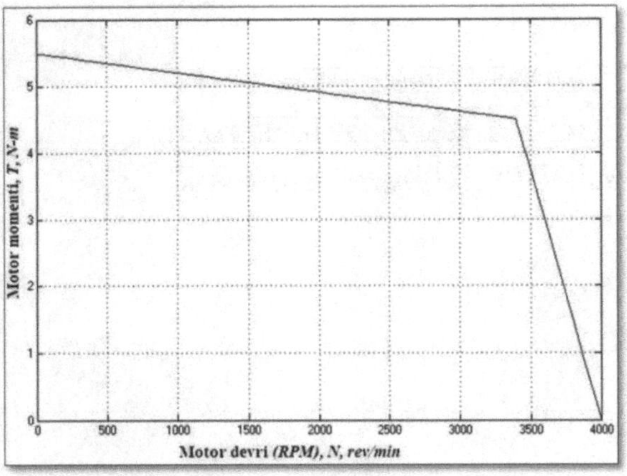

Şekil 9.83. Motor kontrol sisteminin benzetimi için girdi olarak verilen motor momenti

Sonuç olarak akım benzetiminin grafiği Şekil 9.84'de açıklanmıştır. Motorun katalogu diyagramıyla karşılaştırıldığında aynı akım değişimi görülmektedir. Motorun benzetim modelinin kalibrasyonu yapıldıktan sonra sisteme uygulanan gerçek deneylerle anlık olarak akım değişimi izlenilebilir.

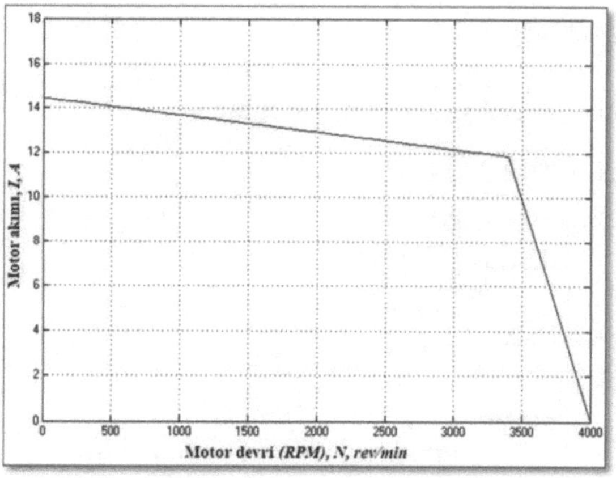

Şekil 9.84. Modelinin benzetimi sonucu elde ettiği akım grafiği

Şekil 9.85 ve Şekil 9.86'da AC motor tahrik sisteminin benzetimi yapılmıştır. Ancak AC motorlarının da benzetimları için birçok motor özelliklerinin çıkarılması gereklidir.

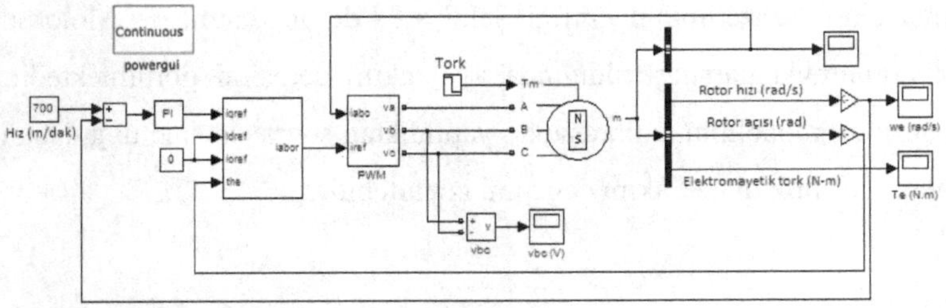

Şekil 9.85. AC motor için yapılan sürücü sistemi blok diyagramı

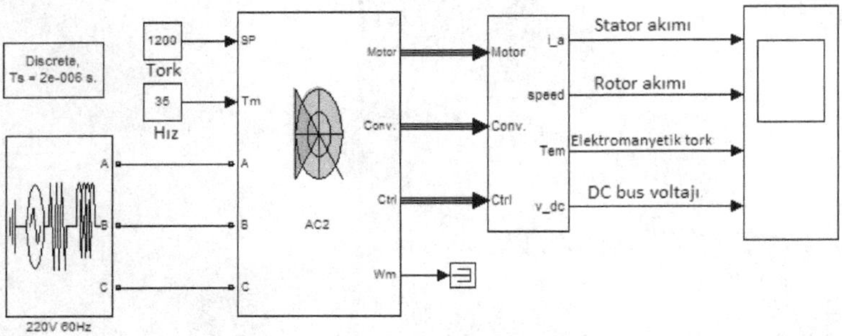

Şekil 9.86. AC motor için yapılan sürücü sistemi blok diyagramı

9.4.1. Sensörsüz takım aşınma izleme sistemi

Sensörsüz takım yanak aşınmasının geliştirilmesi için ilerleme ve mil motorlarının benzetiminin ayrı ayrı yapılması gerekmektedir. Bölümün bu kısmında dinamometreden alınan sinyal bu motorların modellerine bir parazit kuvvet olarak verilir ve akım sinyallerinin grafiği çıkarılır.

İlerleme sürücü sistemi modellemesi

Motorların benzetimleri ve kalibrasyon işlemleri yapıldıktan sonra, geliştirilmiş kesme kuvveti modelleri kullanılarak, talaş kaldırma boyunca motor akım değişiminin benzetimi yapılmıştır. İlerleme ve mil motorları için farklı kuvvet ve moment modeli geliştirilmiştir. İlerleme kuvvetinin matematiksel modeli aşağıdaki gibi ifade edilmektedir.

$$F = 936{,}0791\,.\,V^{-0{,}1318}.\,f^{0{,}4116}.\,d^{1{,}0669}.\,t^{0{,}0999} \tag{9.45}$$

Şekil 9.87'de,ilerleme sürücü sistemin modeli,GMB75120-158 numaralı motor için verilmiştir. Modele göre İlerleme miktarı hız girdisi olarak blok diyagram girdisine alınmıştır. Aynı zamanda yapılan deneyler üzerinden geliştirilen ilerleme kuvveti modeli parazit veya kuvvet girdisi olarak modele aktarılmıştır. Bu model zaman boyunca aşınmadan kaynaklanan ilerleme kuvvetinin de değişmesinikapsar ve anlık olarak ilerleme kuvvetinin değerini tahmin eder. Benzetim işleminin yapılması için sadece kesme parametreleri seçilir ve ilerleme hızı girdi olarak sürücü sistemi modeline ve aynı zamanda ilerleme kuvvetini tahmin etmek için kuvvet-aşınma modeline verilir. İlerleme kuvveti hesaplandıktan sonra parazit bir yük olarak sürücü sisteme aktarılır. Yükün zaman boyunca artışı, motoru fazla akım çekme mecburiyetinde bırakır. Böyle olduğunda işlemi yapmak için motoru çalıştıran motor akımı ilerleme kuvvetinin eğimiyle beraber artar. Aslında bu artış takımın aşınmasından kaynaklanmıştır. Bu aşınma iş parçasının kesilmesi için yüksek ilerleme kuvvetini gerektirir ve onun sonucu olarak akım isteği gittikçe yükselir.

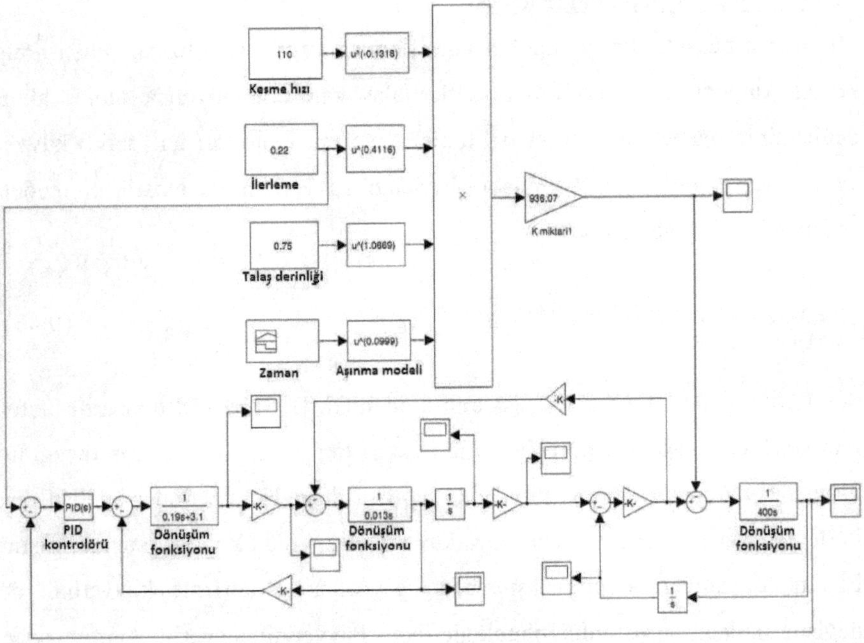

Şekil 9.87. Talaş kaldırma prosesinin motor akımı değerini elde etmek için yapılan ilerleme sürücü sistemblokdiyagramı

Şekil 9.88, sürücü sistemini etkileyen zaman boyunca değişen ilerleme kuvvetinin diyagramını göstermektedir.Şekil 9.89'da görüldüğü gibi sürücü sistemine uygulanan akım, grafiksel olarak belirlenmiştir. Bu akım diyagramı, Şekil 9.88'de verilen ilerleme kuvvetine benzer. Her iki grafiğin değişme oranı birbirleriyle benzerdir. Akım grafiği meydana geldiğinde aşınma ve ilerleme kuvvetine benzer diğer bir grafik sergilenmiştir. Bunları dikkate alarak takım aşınmasını güvenilir bir şekilde izlemek için, motor akımının izlenilmesi birçok önem taşımaktadır.

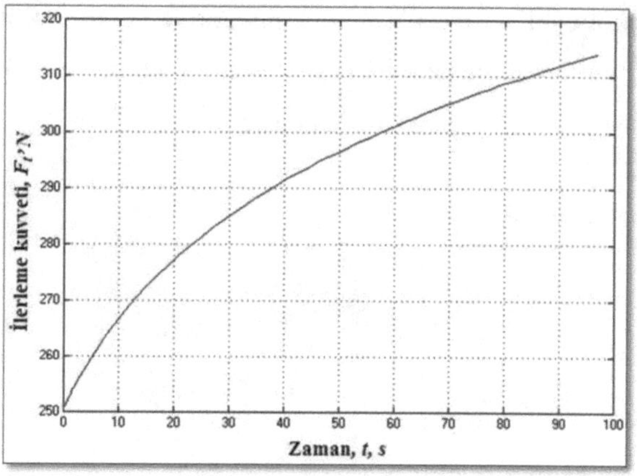

Şekil 9.88. Kuvvet ve aşınma modelinin tahmin ettiği ilerleme kuvvetini zaman boyunca değişimi

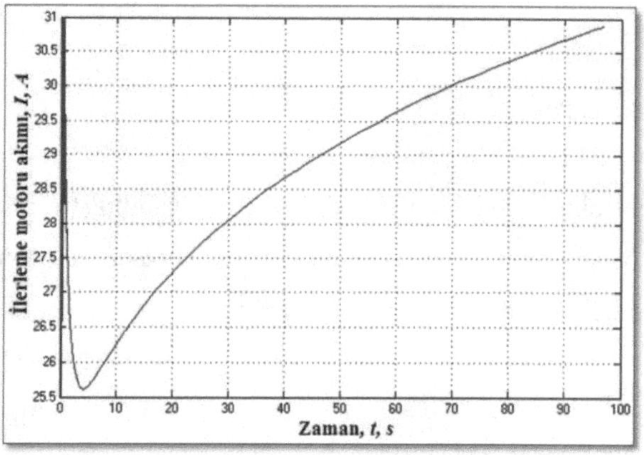

Şekil 9.89. Motor sürücü sisteminin benzetimi sonucunda elde edilen motor akımının diyagramı

Motorun hızının kontrolü için bir PID kontrolörü kullanılmıştır ve bu kontrolör girdi olarak verilen 0,22 *mm/rev* ilerleme miktarını sistemin çıktısı olarak sağlamıştır. Sonuçlanan değişme grafiği, Şekil 9.90'da gösterilmiştir.

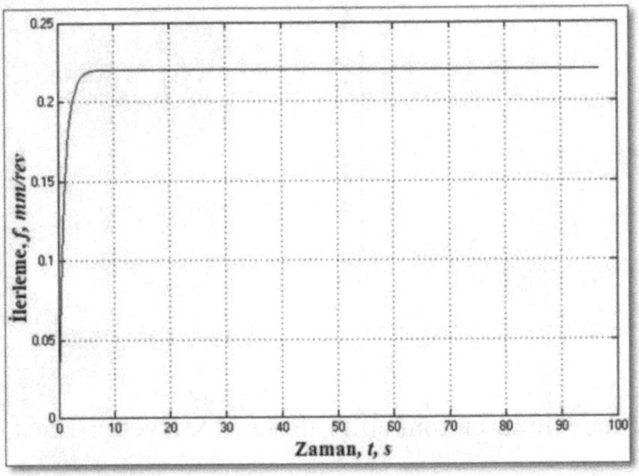

Şekil 9.90. Yapılan blok diyagramın verdiği 0,22 mm/rev ilerleme miktarı

<u>İş mili sürücü sistemi modellemesi</u>

İş mili motoru sürücü sisteminin modellemesi Şekil 9.91'de yapılmıştır. Bu modeli yapmak için önce momentdeğişkeninin matematiksel modeli çıkarılmıştır. Momentin modeli aşağıdaki şekilde ifade edilir.

$$M = 15712\,.\,V^{-0{,}0843}.\,f^{0{,}7337}.\,d^{0{,}9928}.\,t^{0{,}0670} \qquad (9.46)$$

Şekilde görüldüğü gibi sürücü sistemine kesme parametreleri ve kesme momenti girdi olarak verilmiş ve motor akımının benzetim grafiği yapılmıştır. Benzetim için motor milinin hızı sisteme girilmiş ve bu bir PID kontrolörü kullanılarak motor miline uygulanmıştır. Sistemin diğer bir girdisi olan kesme momenti, önceden yapılan moment-aşınma modeli üzerinden tahmin edilmiş ve blok diyagrama aktarılmıştır. Şekil 9.92'de motor miline uygulanan moment diyagramı verilmiş ve akım diyagramı benzetim sonucu olarak Şekil 9.93'deelde edilmiştir. Burada da yine her iki moment ve akım diyagramının değişme eğimi birbirlerine benzerdir.

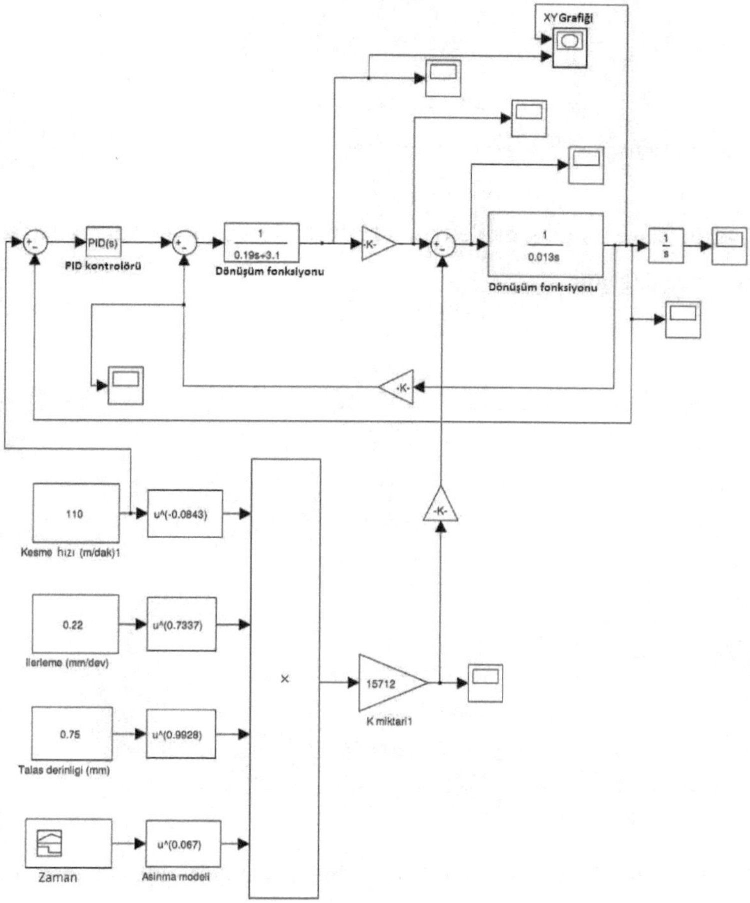

Şekil 9.91. Talaş kaldırma prosesinin motor akımı değerini elde etmek için yapılan mil sürücü sistem blokdiyagramı

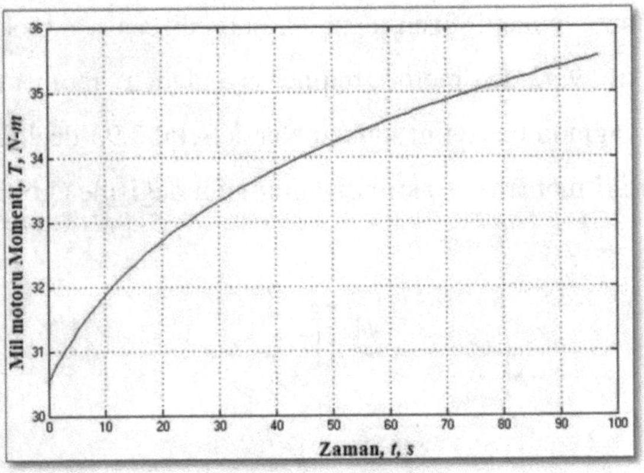

Şekil 9.92. Kuvvet ve aşınma modelinin tahmin ettiği kesme torkunun zaman boyunca değişimi

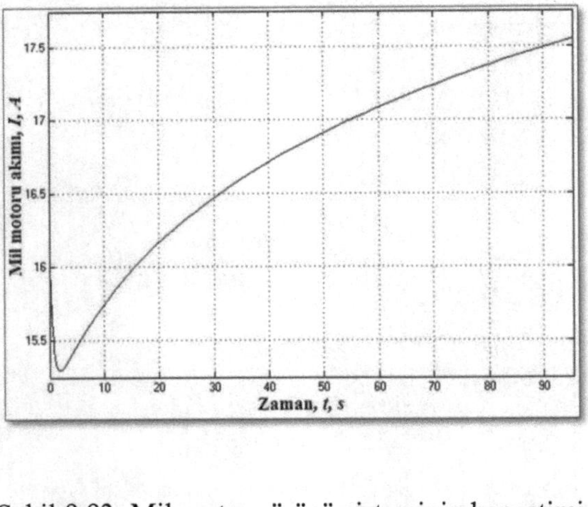

Şekil 9.93. Mil motor sürücü sisteminin benzetimi sonucunda elde edilen motor akımının diyagramı

Motorun hızının kontrolü için PID kontrolörü girdi olarak verilen 110*m/min* kesme hızı miktarını sistemin çıktısı olarak sağlamıştır. Sonuçlanan değişme grafiği, Şekil 9.94'de gösterilmiştir.

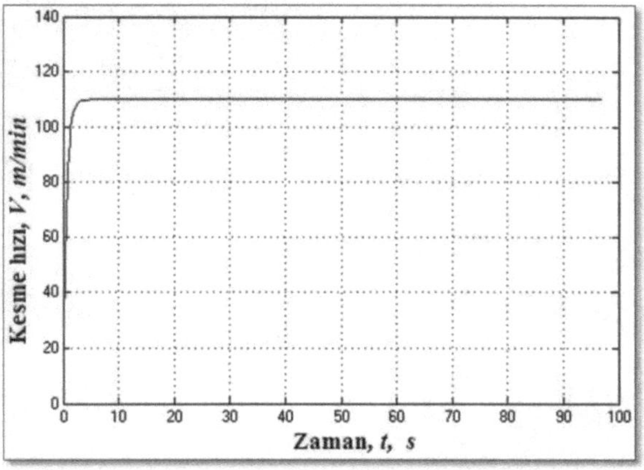

Şekil 9.94. Yapılan blok diyagramın verdiği 110*m/min* kesme hızı

10. SONUÇ VE ÖNERİLER

Bu çalışmanın amacı, kesintisiz talaş kaldırma işlemi gerçekleştiren CNC otomatik torna tezgâhlarında aşınmaya maruz kalan kesici uçların aşınma süreçlerinin izlenmesi ve anlık olarak takım yanak aşınmasının tahmini için kabul edilebilir sistematik yaklaşımlar önermesidir. Bu amaca ulaşmak için, titreşim ve bileşke kesme kuvveti doğrudan ve ilerleme ve mil motorunun akımı ise dolaylı değişkenler olarak göz önüne alınmıştır. Doğrusal metodun gerçekleştirilmesinde, takım yanak aşınmasının izlenmesi ve anlık olarak tahmin edilmesi için, hem klasik ve hem de güncel yaklaşımlar dikkate alınmıştır. Klasik yöntemin uygulaması için yapılan deneylerin matematiksel modelleri ve varyans analizleri değerlendirilmiştir. Ayrıca, güncel yöntemlerin uygulaması için bulanık mantık ve yapay sinir ağları modelleri geliştirilmiştir. Dolaylı değişkenlere dayalı ve literatürde de güncel değişkenlere dayalı bu çalışmada CNC takım tezgâhlarının tahrik sistemlerinin modelleme işlemleri hazırlanmış ve kontrol blok diyagramlarınınbenzetimiyapılmıştır. İlerleme ve iş mili kesme kuvvetleri bu blok diyagrama uygulandığında motorların akımı elde edilmiştir. Son olarak, bir otomasyon takım aşınma izleme ve tahmin sisteminin kurulması için tüm modellerin benzetim işlemleri yapılmış ve türetilen mantıklı ve kabul edilebilir modellerle bu otomasyon sistemi, sanal ortamda gerçekleştirilmiştir. Bu çalışmadan alınan sonuçlar aşağıda verilmiştir.

10.1. Algılayıcılarla İlgili Sonuçlar

- Takım yanak aşınmasının izlenmesi ve tahmini için, titreşim ve kesme kuvveti sinyalleri kullanılmış ve bu sinyallerle aşınma tahmininin verimli bir şekilde gerçekleştirilebileceği tespit edilmiştir.

- Takım durumunun izlenmesi ve aşınmanın tahmini için, kesme kuvveti, titreşim genliğine göre daha etkin olarak bulunmuştur. Başka bir ifadeyle kesme kuvvetleri dış etkilerden bağımsız kaldığı için takım yanak aşınmasının gelişme sürecini daha etkin olarak ifade edebildiği görülmüştür.
- Titreşim genliğinin doğru bir şekilde ölçülmesi için, ölçme ortamının muhtelif ses, gürültü ve ilave kirliliklerden uzak tutulmasının gerektiği tespit edilmiştir.
- Titreşim genliğinin doğru ölçülmesi için, deney tasarımı sürecinde seçilen kesme hızlarının yakın değerlerde alınmasının yararlı olduğu kanaati hasıl olmuştur.
- Yığıntı talaş oluşumunun titreşim sonuçlarının güvenilirliğinde, etkin bir rolü olduğu tespit edilmiştir. Dolayısıyla düşük hızlarda yığıntı talaş oluşması sonucunda titreşim genliğinin dramatik yükselmesinin engellenmesi için, deneylerin tekrarlanması tavsiye edilir.
- Sanayi ortamında titreşimin ölçülme işleminde izole bir ortamın gerekliliğinden hareketle, titreşim genliğinin takım durumunun izlenmesi için ve kesme kuvvetinin takım aşınmasının izlenmesi ve tahmini için yararlı oldukları ortaya çıkmıştır. Bu çalışmanın sonucu olarak titreşim birçok faktörlere hassas olduğu için takım durumunun izlenmesinde etkili bir metot olarak kullanılabilir. Ancak takım aşınmasının tahmini için laboratuar ortamında titreşim sinyalleri güvenilir şekilde kullanılabilir.

10.2. Takım Durumu İzleme Ve Tahmin Sistemiyle İlgili Sonuçlar

- Aşınmamış kesici uçlar için bileşke kesme kuvvetinin matematiksel tahmin modeli en küçük kareler metoduyla geliştirilmiş ve bu metodun takım aşınmasının modellenmesinde kullanılabilirliği ortaya çıkmıştır.

- Aşınmış kesici uç için kesme kuvveti modelleri, zamana ve aşınmaya bağlı olarak farklı türetilmiş sonuçların doğruluğu araştırılmış ve kesme parametrelerinin etkileri tartışılmıştır.
- Takım yanak aşınmasının matematiksel tahmin modeli, zamana ve bileşke kesme kuvvetine bağlı olarak elde edilmiş ve parametrelerin etkileri değerlendirilmiştir.
- Matematiksel modelinin yapılmasında en küçük kareler metodunun uygulaması için MATLAB yazılımı ortamında bir program geliştirilmiştir. Bu program, bir matematiksel modelin türetilmesinde; malzeme, kesici vb. değişkenlerden deneysel çalışmaların geneli için geçerli ve güvenilir şekilde ve kullanılabilir yapıda hazırlanmıştır.
- Anlık bir takım yanak aşınma tahmin sisteminin geliştirilmesi için tüm matematiksel modeller bir benzetim sistemine yansıtılarak tartışılmıştır.
- Farklı parametrelerin farklı değişkenler üzerine bıraktığı etki oranlarının çıkartılması ve anlamlılık derecelerinin tartıştırılması için tüm modellerin varyans analizi yapılmıştır.
- Aşınmamış kesici uç kesme kuvvetlerinin modelleme işlemleri bulanık mantık sistemiyle yapılmıştır.
- Takım yanak aşınmasının zamana, bileşke kesme kuvvetine ve titreşime bağlı olarak tahmin sistemi, bulanık mantık metodu kullanılarak tasarlanmış ve sonuçlar değerlendirilmiştir.
- Tahmin sisteminin, bulanık mantık matematiksel modelinden elle türetilen sonuçlar MATLAB paketinde var olan bulanık mantık modelinden türetilen sonuçlar karşılaştırılmış, sonuçların birbirleri ile oldukça yakın olduğu görülmüştür.
- Bulanık mantık sisteminin verimliliği, hem sistem tasarımında uygulanan deneyler ve hem kullanılmayan parametrelerin ve girdilerin sonuçlarının karşılaştırılmasıyla tespit edilmiştir. Bunun nedeni, model ve test sonuçlarının

ölçülen değerlerle karşılaştırıldığında, R^2 değerinin 0,99 olarak elde edilmesine atfedilmiştir.

- YSA sistemi kullanılarak, aşınmamış kesici takımın ve aşınmış kesici takımın bileşke kesme kuvvetinin tahmin sistemleri geliştirilmiş ve sonuçların doğrulukları R^2 değerine ve hata dağılımı grafiğine bakılarak tartışılmıştır.
- YSA sistemi kullanılarak takım yanak aşınmasın tahmin sistemi, zaman, bileşke kesme kuvveti ve titreşime bağlı olarak, geliştirilmiş, sonuçların ölçülen sonuçlarla örtüşmesi incelenmiştir.
- Eğitim süresince elde edilen ağırlıklar ve bias değerleri göz önüne alınarak, YSA sisteminin matematiksel modeli elde edilmiştir.
- YSA matematiksel modelinin elde edilmesinde genel bir sistem hazırlama amacıyla MATLAB ortamında bir program yazılmıştır (EK. 3). Bu program, tüm YSA matematiksel modelleri için geçerli yapıda tasarlanmıştır.
- Bu çalışmada tercih edilen üç tahmin yöntemlerinin sonuçları bir birleri ile karşılaştırılmış ve verimlilikleri tartışılmıştır.
- Matematiksel modeller kullanılarak bileşke kesme kuvvetlerinin tahmin modelleri, takım yanak aşınması tahmin modellerine göre başarılı bulunmuştur. Bu, kesme kuvvetleri modellerinin sonuçlarının R^2 değerinin 0,97 üzerinde olmasından ve aşınma modelinin ise R^2 değerinin 0,83 üzerinde olmasından kaynaklanmıştır. Dolayısıyla, matematiksel modellerinin takım aşınmasında daha doğru sonuç sergilemesi için, aşınma aralıklarının azaltılması bir öneri olarak getirilmiştir.
- Matematiksel modellere tam ters olarak, bulanık mantık modellemesinde kesme kuvvetinin tahmin modelinin (R^2= 0,92 üzerinde), takım aşınma tahmin modeline (R^2= 0,99 üzerinde) nazaren düşük doğruluğa sahip olduğu görülmüştür. Bunun nedeni bulanık mantık sisteminin çıkarımlarına bağlı olmasına atfedilmiştir. Bulanık mantık sistemi, matematiksel ve YSA sistemlerine göre az sayıda deneyler kullanarak yüksek derecede sonuçlar elde

etmeye dayanmaktadır. Az sayıda modelleme işlemlerinin yapılmasında elde edilen sonuçlar açısından karşılaştırma yapıldığında bulanık mantık, YSA ve matematiksel modeller için bulunan R^2 değerleri sırasıyla 0,99; 0,95 ve 0,80'dir. Dolayısıyla bireysel, uygulamalı, maliyetsiz ve doğruluğu yüksek bir takım aşınma ve takım durumunu izleme sisteminin geliştirilmesi için tercih edilebilir model olarak bulanık mantık prosedürünün etkin olacağı tespit edilmiştir.

- YSA modelinin hem kesme kuvveti hem de takım aşınmasının tahmininde yüksek doğruluğa sahip olduğu görülmüştür. Bunun nedeni her iki model için elde edilen R^2 değerinin 0,99 üzerinde olmasındandır. Ancak, takım aşınma modelinin sonuçlarında hata oranının %4,kesme kuvveti modelinin sonuçlarındaki hata oranının %8'in altında kalmasından dolayı takım aşınma modelinin daha yüksek doğruluğa sahip olduğu görülmüştür. Aynı zamanda, YSA modelinin kapsamlılık derecesi, bulanık mantık ve matematiksel modellere nazaran daha yüksektir. Diğer taraftan, YSA modelinin yüksek doğrulukla bir sonuç tahmin etmesi için deney sayısının fazla olması da gerekmektedir. Bu nedenler göz önüne alınarak genel, maliyetli, doğruluğu yüksek ve otomasyon sistemlerinde kullanılabilen bir takım aşınması ve kesme kuvveti modelinin oluşturulması için tercih edilebilir modelin YSA aracılığıyla elde edileceği tespit edilmiştir.
- Kesme kuvvetlerinin tahmininde çok sayıda deney yapılması halinde matematiksel modeller yüksek R^2 (R^2: 0,97 üzerinde) değerlerine sahip olması dolayısıyla tercih edilebilir. Ancak, matematiksel modellerden faydalanarak takım aşınma durumunun izlenmesinin bu modellerle tahmin yapılmasına nazaran daha doğru olduğu tespit edilmiştir. Yukarıdaki nedenler göre özet olarak, maliyetli, otomasyona uygun ve yüksek doğruluğa sahip olmayan bir takım aşınma tahmin sisteminin kurulmasında matematiksel modeller tercih edilebilir.

- Takım aşınmasının tahmininde ve izlenmesinde, otomasyon sisteminin kurulması ve CNC takım tezgahlarında adaptif kontrol sistemine zemin hazırlanması için tüm tahmin modelleri benzetim ortamına taşınmıştır. Bu benzetim modeli aslında CNC takım tezgahını ve talaş kaldırma işlemini sanal bir ortamda göstermektedir. Bu ortamda, modeller algılayıcılar ve sürücü sistemleri tezgâhları temsil etmektedir.
- İlave dış algılayıcıların gerekmediği ve iş mili tahrik sistemi motoru akımının dikkate alındığı ilave bir çalışma yapılmıştır. Modelin kalibresi için gerçek ilerleme ve mil motorları kullanılmıştır. CNC takım tezgâhının sürücü sisteminin blok diyagramı yapıldıktan sonra bir PID (Proportional integration differential) kontrolü uygulanarak benzetimi gerçekleştirilmiştir. Kesme kuvveti modellerinden alınan ilerleme ve mil kuvveti sürücü sistem blok diyagramına girdi olarak verilmiş ve motorların akım değişmeleri gösterilmiştir. Takımın yanak aşınmasının artmasıyla motorların akımının artması tespit edilmiştir. Böylece takım durumunun izlenmesi için motor akımının izlenilmesinin doğru bir yaklaşım olacağı tespit edilmiştir.
- Yapılan çalışmanın esasını "Takım Aşınma Tahmin Sistemi" geliştirilmesi oluşturduğu için literatürde bu çalışmada kullanılana benzer malzeme ve benzer kesici takım gerekliliğinde uzak bir işlem elde edilmiştir.
- Bu çalışma kapsamında geliştirilen anlık izleme ve tahmin blok diyagramı hiçbir çalışmada rastlanılmamıştır. Aşınma üzerinde geliştirilen tüm yöntemler benzetime yansıtılmıştır ve bu benzetim yansıtımı gelecekte talaşlı imalatın önemli araştırma konularından birisi olacaktır.
- Takım aşınması için matematiksel metotları, bulanık mantık ve yapay sinir ağlarını bir arada değerlendiren ve aynı zamanda bu yöntemlerin verimli olup olmadığını inceleyen bir araştırmaya literatürde rastlanılmamıştır.
- Yapılan çalışma, takım yanak aşınmasının tahmin için bir prosedür ve altyapı hazırlamaktadır. Bu prosedür esnasında sanayi ortamında da kullanılabilen

modeller çıkarılmıştır. Ancak bu modellerin doğrudan sanayi ortamında kullanılması mümkün değildir. Bu yüzden geliştirilen bu prosedür ve elde edilen veya tercih edilen modeller bir arayüz ortamına aktarıldığında ve bu arayüz CNC takım tezgahınayüklendiğinde, takım aşınması anlık olarak her talaşlı üretim yapılan ortamda tahmin edilebilmektedir. Bu çalışmanın en önemli genel sonuçlarından biri,geliştirilebilen arayüzün tüm altyapısının hazırlanmış olmasıdır.

10.3.Parametrelerle İlgili Sonuçlar

- Kesme parametrelerinin, takım yanak aşınması ve bileşke kesme kuvveti üzerine olan etkileri, tüm modeller kullanılarak tartışılmıştır.
- Aşınmamış bir kesici uç için, yapılan varyans analizinin P değerlerinin 0,05'in üstünde oldukları için bileşke kesme kuvvetinin tahminindetüm parametreler anlamlı olarak görülmüştür. Ancak kesme hızının artması, bileşke kesme kuvvetinin düşmesine sebep olmuştur. Aynı zamanda ilerleme ve talaş derinliği arttığında bileşke kesme kuvveti artmaktadır. Kesme kuvvetinin değişmesinde en etkili faktörün talaş derinliği, daha sonra ilerleme ve son olarak da kesme hızı olarak tespit edilmiştir.
- Aşınmış kesici uç için, zaman-kuvvet ve aşınma-kuvvet modellerinde, varyans analizin F değerine göre kesme kuvvetinin değişmesi için en etkili faktör talaş derinliği olarak görülmüştür. Bir sonraki sırada ilerleme ve kesme hızı tespit edilmiştir. Ancak zaman-kuvvet modeli için kesme hızının etkisi düşük olduğu için vazgeçilebilir olması ortaya çıkmıştır.
- Aşınma-kuvvet modelleri için, sırasıyla, kesme hızı, ilerleme ve talaş derinliği en etkin faktörlere sahiptir.

10.4. Yapılan takım yanak aşınma tahmin sisteminin literatürle karşılaştırılması

Takım yanak aşınması sonucunda, elde edilen modeller ve sonuçlar bazı literatür çalışmaları ile karşılaştırılmıştır. Tüm parametrelerin birbirleri üzerine bıraktığı etkilerinin mukayesesi için literatürde üç boyutlu grafikler fazla olmamasına rağmen birkaç çalışma sonuçlarıyla karşılaştırılmıştır.

Attanasio, A., ve diğerleri[117], takım yanak aşınmasının izlemesi için, AISI 1045 malzemesinden bir iş parçası hazırlayarak, üç kesme hızı, üç ilerleme ve bir talaş derinliği şartlarına dayanarak deneyleri yapmış ve tahmin için bir YSA sistemini dikkate almıştır. Bu çalışmada, kesme parametreleri ve takım aşınması arasında yapılan üç boyutlu grafik Şekil 10.1'de verilmiştir.

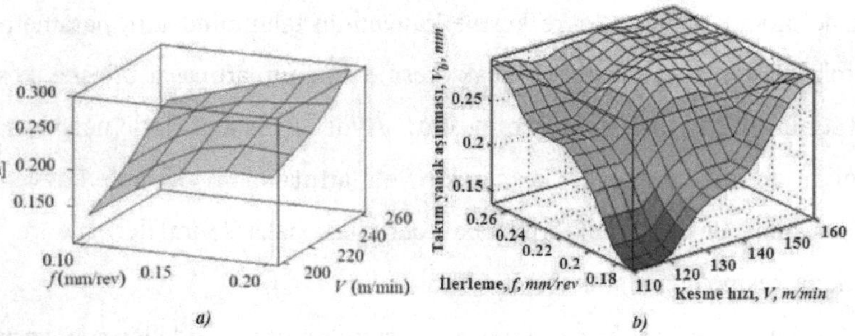

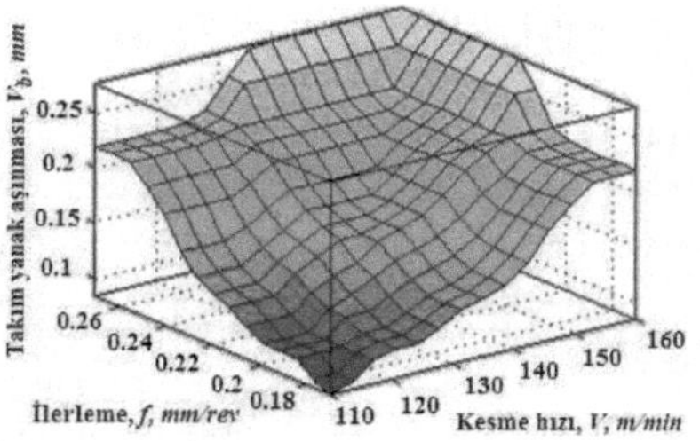

c)

Şekil 10. 1. Çalışma sonuçlarının literatürle üç boyutlu karşılaştırılması; a) literatürden alınan1,5 mm talaş derinliğinde 7 dakika talaş kaldırma sonrası [117]; b) 1,25 mm talaş derinliğinde 73,5 saniye talaş kaldırma sonrası; c) 1 *mm* talaş derinliğinde 45 saniye

Şekilde görüldüğü gibi, ilerleme, kesme hızı ve takım yanak aşınmasının üç boyutlu grafikleri benzer şekilde kalmaktadır. Farklı zaman süresince talaş kaldırma işlemi yapıldıktan sonra hazırlanan bu grafiklerde kesme hızı ve ilerleme arttığında, yanak aşınması artmıştır. Farklı kesme parametreleri, farklı malzeme ve farklı kesici ucun kullanıldığı bu iki modellerin elde ettiği sonuçlar aynı miktarda olmamaktadır. Ancak takım yanak aşınması tahmin modeli için parametrelerin benzer şekilde değişmesi modelin doğru bir şekilde geliştirildiğini göstermektedir.

Diğer bir çalışmada [12], yumuşak çelik malzemesi dikkate alınarak, takım yanak aşınmasının tahmini için 5 farklı kesme hızı, üç farklı ilerleme ve bir talaş derinliği göz önüne alınarak deneyler yapılmıştır. Zamana göre takım yanak aşınmasının değişme grafiği Şekil 10.2'de verilmiştir.

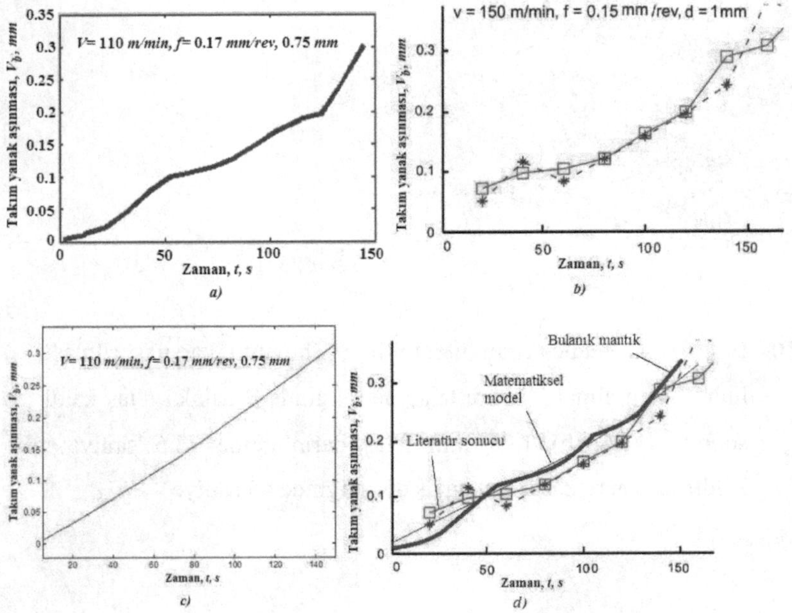

Şekil 10. 2. Talaş kaldırma esnasında zamana bağlı olarak takım yanak aşınmasınıngelişme grafiği; *a*) bu çalışmaya dayalı bulanık mantık grafiği; *b*) literatürden alınan YSA modeli[12]; *c*) bu çalışmaya dayalı matematiksel modelin grafiği; *d*) tüm modellerin üst üste bindirilmişi

Şekil 10.2'de görüldüğü gibi, benzer zaman aralıklarında takım yanak aşınmasının gelişmesi verilmiştir. Sabit kesme parametreleri değerlerinde verilen aşınma grafikleri zamana bağlı olarak benzer şekilde devam etmektedir. Bu grafiklerin aynı olmaması farklı malzeme ve farklı kesici uçlarının kullanılmasından kaynaklanmaktadır. Elde edilen matematiksel ve bulanık mantık modellerin farklı kesme parametrelerindeki sonuçlar literatür sonucuyla karşılaştırıldığında zamana bağlı olarak aşınma grafiğinin değişimi ortak anlamlı olarak Şekil 10.2. *d*)'de verilmiştir.

Şekil 10.3. *b*'de verilen matematiksel bir çalışma [119] modeli sonucu aynı ölçekte olarak bu çalışmanın bulanık mantık modeli ile (Şekil 10.3. *c*) karşılaştırılmış ve aşınmaya bağlı olarak grafiğin benzer şekilde değişimi gösterilmiştir. Görüldüğü gibi her iki çalışmada aşınma grafiği zamana bağlı olarak doğrusal olmayan şekilde gelişmektedir.

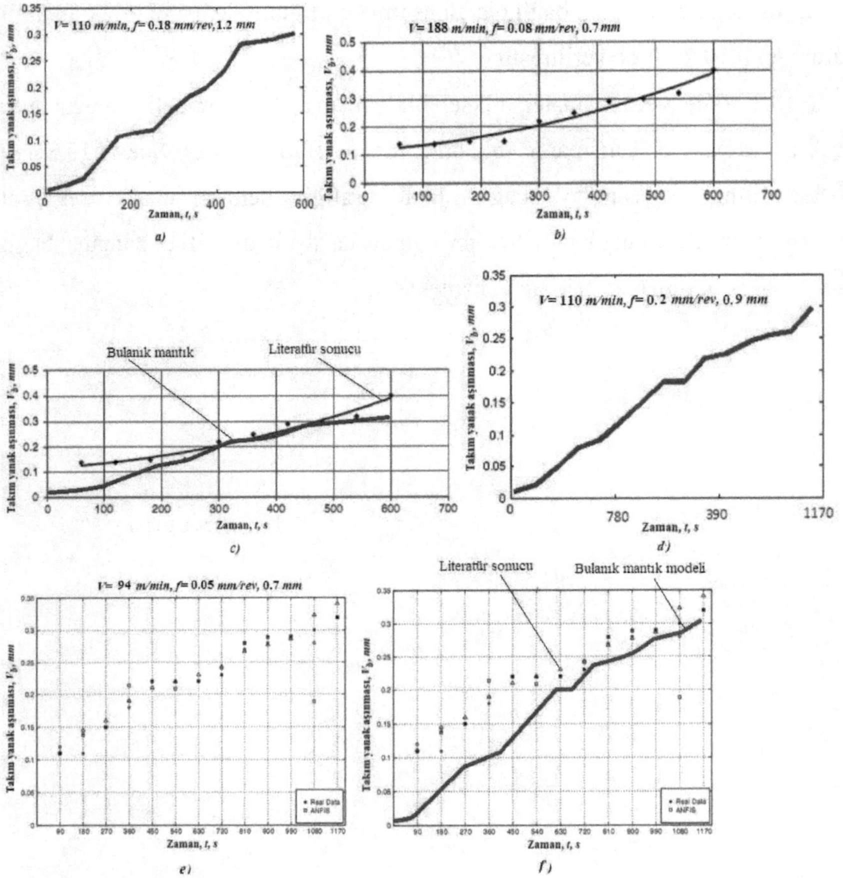

Şekil 10. 3. Aynı ölçekte zamana bağlı olarak takım yanak aşınmasının gelişme grafiği; a) bu çalışmaya dayalı bulanık mantık grafiği; *b*) literatürden alınan ANFIS model[119]; c) *a* ve *b* grafiklerinin üst üste bindirilmişi; *d*) bu çalışmaya dayalı bulanık mantık modeli grafiği; *e*) literatürden alınan YSA modeli[118] ; *f*) *d* ve *e* grafiklerinin üst üste bindirilmişi

Bu çalışmadan alınan grafik (Şekil 10.3.*d*) ve literatür bölümünde detayları verilen diğer bir çalışmadan alınan grafik (Şekil 10.3.*e*)) [118], karşılaştırılarak, zamana göre takım yanak aşınmasının gelişim durumu karşılaştırılmış ve benzer bir grafiğin yakalandığı tespit edilmiştir. Aynı ölçekte ve aynı zeminde karşılaştırılan bu grafikler yine doğrusal olmayan bir değişim yanak aşınma fonksiyonunu sergilemektedirler.

Matematiksel modeller kullanılarak bileşke kesme kuvveti, ilerleme ve takım yanak aşınmasının literatürden (Şekil 10.4. *b*) [116]ve bu çalışmadan (Şekil 10.4.*a*) alınan üç boyutlu grafikleri karşılaştırılmıştır. Görüldüğü gibi her iki grafikte de kesme kuvveti ve takım yanak aşınması arasında doğrusal bir ilişki vardır. Ancak farklı kesme parametreleri ve farklı malzemeler dikkate alındığındabenzer ancak farklı biçimde üç boyutlu ilişki grafikleri elde edileceği ortadadır. Kesme kuvveti arttığında takım yanak aşınmasınındoğrusal olmayacak şekilde arttığı, ilerleme değerinin artmasının, kesme kuvveti etkisi altında kaldığı için takım aşınmasının düşmesine sebep olduğu görülmektedir (Şekil 10.4).

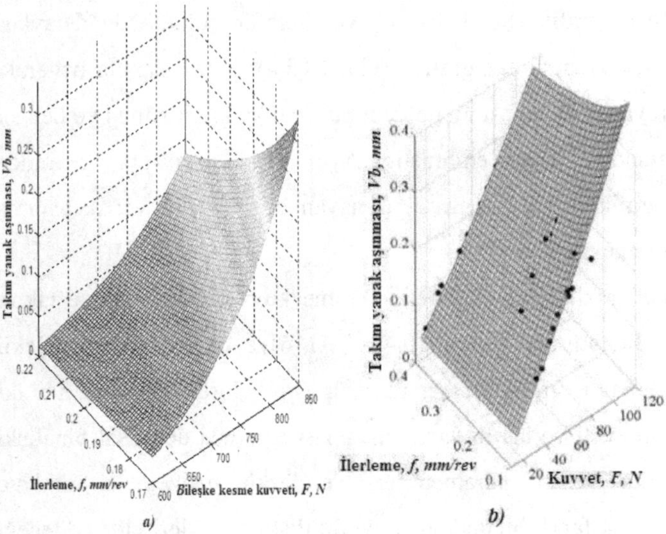

Şekil 10. 4. Takım yanak aşınması, ilerlemeve kesme kuvvetinin karşılaştırılması; *a)* 160*m/min* ve 1,25 mm kesme şartlarında bu çalışmadan alınan grafik; *b)* 700 *m/min* ve 0,5 *mm* kesme şartlarında literatürden alınan grafik [116]

10.5.Öneriler

Takım aşınmasının anlık tahmin sistemi kurulmasındansonra yapılacak çalışmalar için;

- Bu çalışmadan elde edilen altyapı kullanılarak modellerin sanayiciye hizmet eder hale dönüştürülmesi için bir arayüzünün geliştirilmesi,

- Tahmin edilen takım aşınması miktarı kullanılarak, parça boyutlarının doğru üretilmesi için bir adaptif kontrol yapılarak aşınma miktarı hatasının takıma aktarılması,

- Kaliteli bir yüzeyin elde edilmesi göz önüne alınarak, kesme kuvvetinin sabit miktarla yürütülmesi için bir adaptif kontrol sisteminin uygulanması,
- Talaş kaldırma alanında araştırmacılara kolaylık sağlamak için, diğer takım tezgâhlarının ve diğer kesme işlemlerinin bilgisayar ortamında benzetimi,
- Görüntülü modeller geliştirerek takım durumunun verimli olarak izlenmesi ve tahminiönerilmiştir.

KAYNAKLAR

1. Teti, R., Jemielniak, K., O'Donnell, G., Dornfeld, D. (2010). Advanced monitoring of machining operations. *Cirp Annals-Manufacturing Technology*, 59 (2),717-739.

2. Liang, SY., Hecker, RL., Landers, RG. (2004). Machining process monitoring and control: The state-of-the-art. *Journal of Manufacturing Science and Engineering-Transactions of the Asme*, 126 (2),297-310.

3. Franco-Gasca, LA., Jesús Romero-Troncoso, R., Herrera-Ruiz, G., Rocío Peniche-Vera, R. (2008). FPGA based failure monitoring system for machining processes. *The International Journal of Advanced Manufacturing Technology*, 40 (7-8),676-686.

4. Guyon, I., Andr., #233., Elisseeff. (2003). An introduction to variable and feature selection. *J Mach Learn Res*, 3,1157-1182.

5. Shi, D., Axinte, D., Gindy, N. (2007). Development of an online machining process monitoring system: a case study of the broaching process. *The International Journal of Advanced Manufacturing Technology*, 34 (1),34-46.

6. Lee, DE., Hwang, I., Valente, CMO., Oliveira, JFG., Dornfeld, DA. (2006). Precision manufacturing process monitoring with acoustic emission. *International Journal of Machine Tools and Manufacture*, 46 (2),176-188.

7. Chen, B., Chen, X., Li, B., He, Z., Cao, H., Cai, G. (2011). Reliability estimation for cutting tools based on logistic regression model using

vibration signals. *Mechanical Systems and Signal Processing*, 25 (7),2526-2537.

8. Heinemann, R., Hinduja, S. (2012). A new strategy for tool condition monitoring of small diameter twist drills in deep-hole drilling. *International Journal of Machine Tools and Manufacture*, 52 (1),69-76.

9. Qin, F., Hu, J., Chou, YK., Thompson, RG. (2009). Delamination wear of nano-diamond coated cutting tools in composite machining. *Wear*, 267 (5-8),991-995.

10. Arul, S., Vijayaraghavan, L., Malhotra, S. (2007). Online monitoring of acoustic emission for quality control in drilling of polymeric composites. *Journal of Materials Processing Technology*, 185 (1-3),184-190.

11. Binsaeid, S., Asfour, S., Cho, S., Onar, A. (2009). Machine ensemble approach for simultaneous detection of transient and gradual abnormalities in end milling using multisensor fusion. *Journal of Materials Processing Technology*, 209 (10),4728-4738.

12. Deiab, I., Assaleh, K., Hammad, F. (2009). On modeling of tool wear using sensor fusion and polynomial classifiers. *Mechanical Systems and Signal Processing*, 23 (5),1719-1729.

13. Jemielniak, K., Arrazola, P. (2008). Application of AE and cutting force signals in tool condition monitoring in micro-milling. *CIRP Journal of Manufacturing Science and Technology*, 1 (2),97-102.

14. Jemielniak, K., Bombiński, S., Aristimuno, PX. (2008). Tool condition monitoring in micromilling based on hierarchical integration of signal measures. *CIRP Annals - Manufacturing Technology*, 57 (1),121-124.

15. Marinescu, I., Axinte, DA. (2008). A critical analysis of effectiveness of acoustic emission signals to detect tool and workpiece malfunctions in milling operations. *International Journal of Machine Tools and Manufacture*, 48 (10),1148-1160.

16. Cao, H., Chen, X., Zi, Y., Ding, F., Chen, H., Tan, J., He, Z. (2008). End milling tool breakage detection using lifting scheme and Mahalanobis distance. *International Journal of Machine Tools and Manufacture*, 48 (2),141-151.

17. Marinescu, I., Axinte, D. (2009). A time–frequency acoustic emission-based monitoring technique to identify workpiece surface malfunctions in milling with multiple teeth cutting simultaneously. *International Journal of Machine Tools and Manufacture*, 49 (1),53-65.

18. Brezak, D., Majetic, D., Udiljak, T., Kasac, J. (2010). Tool wear estimation using an analytic fuzzy classifier and support vector machines. *Journal of Intelligent Manufacturing*.

19. Kaya, B., Oysu, C., Ertunc, HM. (2011). Force-torque based on-line tool wear estimation system for CNC milling of Inconel 718 using neural networks. *Advances in Engineering Software*, 42 (3),76-84.

20. Ren, Q., Balazinski, M., Baron, L., Jemielniak, K. (2011). TSK fuzzy modeling for tool wear condition in turning processes: An experimental study. *Engineering Applications of Artificial Intelligence*, 24 (2),260-265.

21. Tansel, IN., Demetgul, M., Bickraj, K., Kaya, B., Ozcelik, B. (2011). Basic computational tools and mechanical hardware for torque-based diagnostic of machining operations. *Journal of Intelligent Manufacturing*.

22. Uros, Z., Franc, C., Edi, K. (2009). Adaptive network based inference system for estimation of flank wear in end-milling. *Journal of Materials Processing Technology*, 209 (3),1504-1511.

23. Zhu, K., Wong, YS., Hong, GS. (2009). Multi-category micro-milling tool wear monitoring with continuous hidden Markov models. *Mechanical Systems and Signal Processing*, 23 (2),547-560.

24. Li, H., Zeng, H., Chen, X. (2006). An experimental study of tool wear and cutting force variation in the end milling of Inconel 718 with coated carbide inserts. *Journal of Materials Processing Technology*, 180 (1-3),296-304.

25. Bhattacharyya, P., Sengupta, D., Mukhopadhyay, S. (2007). Cutting force-based real-time estimation of tool wear in face milling using a combination of signal processing techniques. *Mechanical Systems and Signal Processing*, 21 (6),2665-2683.

26. Ghosh, N., Ravi, YB., Patra, A., Mukhopadhyay, S., Paul, S., Mohanty, AR., Chattopadhyay, AB. (2007). Estimation of tool wear during CNC milling using neural network-based sensor fusion. *Mechanical Systems and Signal Processing*, 21 (1),466-479.

27. Huang, SN., Tan, KK., Wong, YS., de Silva, CW., Goh, HL., Tan, WW. (2007). Tool wear detection and fault diagnosis based on cutting force monitoring. *International Journal of Machine Tools and Manufacture*, 47 (3-4),444-451.

28. Wang, M., Wang, J. (2011). CHMM for tool condition monitoring and remaining useful life prediction. *The International Journal of Advanced Manufacturing Technology*.

29. Purushothaman, S. (2009). Tool wear monitoring using artificial neural network based on extended Kalman filter weight updation with transformed input patterns. *Journal of Intelligent Manufacturing*, 21 (6),717-730.

30. Scheffer, C., Kratz, H., Heyns, PS., Klocke, F. (2003). Development of a tool wear-monitoring system for hard turning. *International Journal of Machine Tools and Manufacture*, 43 (10),973-985.

31. Cakir, M., Isik, Y. (2005). Detecting tool breakage in turning aisi 1050 steel using coated and uncoated cutting tools. *Journal of Materials Processing Technology*, 159 (2),191-198.

32. Luo, X., Cheng, K., Holt, R., Liu, X. (2005). Modeling flank wear of carbide tool insert in metal cutting. *Wear*, 259 (7-12),1235-1240.

33. Li, W., Gong, W., Obikawa, T., Shirakashi, T. (2005). A method of recognizing tool-wear states based on a fast algorithm of wavelet transform. *Journal of Materials Processing Technology*, 170 (1-2),374-380.

34. Panda, SS., Chakraborty, D., Pal, SK. (2008). Flank wear prediction in drilling using back propagation neural network and radial basis function network. *Applied Soft Computing*, 8 (2),858-871.

35. Kim, DW., Lee, YS., Park, MS., Chu, CN. (2009). Tool life improvement by peck drilling and thrust force monitoring during deep-micro-hole drilling of steel. *International Journal of Machine Tools and Manufacture*, 49 (3-4),246-255.

36. Sanjay, C., Neema, M., Chin, C. (2005). Modeling of tool wear in drilling by statistical analysis and artificial neural network. *Journal of Materials Processing Technology*, 170 (3),494-500.

37. Rawat, S., Attia, H. (2009). Wear mechanisms and tool life management of WC–Co drills during dry high speed drilling of woven carbon fibre composites. *Wear*, 267 (5-8),1022-1030.

38. Tsao, C., Hocheng, H. (2007). Effect of tool wear on delamination in drilling composite materials. *International Journal of Mechanical Sciences*, 49 (8),983-988.

39. Panda, S., Singh, A., Chakraborty, D., Pal, S. (2006). Drill wear monitoring using back propagation neural network. *Journal of Materials Processing Technology*, 172 (2),283-290.

40. Remadna, M., Rigal, J. (2006). Evolution during time of tool wear and cutting forces in the case of hard turning with CBN inserts. *Journal of Materials Processing Technology*, 178 (1-3),67-75.

41. Özel, T., Karpat, Y. (2005). Predictive modeling of surface roughness and tool wear in hard turning using regression and neural networks. *International Journal of Machine Tools and Manufacture*, 45 (4-5),467-479.

42. Kilundu, B., Dehombreux, P., Chiementin, X. (2011). Tool wear monitoring by machine learning techniques and singular spectrum analysis. *Mechanical Systems and Signal Processing*, 25 (1),400-415.

43. Ding, F., He, Z. (2011). Cutting tool wear monitoring for reliability analysis using proportional hazards model. *The International Journal of Advanced Manufacturing Technology*, 57 (5-8),565-574.

44. Orhan, S., Er, A., Camuscu, N., Aslan, E. (2007). Tool wear evaluation by vibration analysis during end milling of AISI D3 cold work tool steel with 35 HRC hardness. *NDT & E International*, 40 (2),121-126.

45. Alonso, FJ., Salgado, DR. (2008). Analysis of the structure of vibration signals for tool wear detection. *Mechanical Systems and Signal Processing*, 22 (3),735-748.

46. Salgado, DR., Alonso, FJ. (2006). Tool wear detection in turning operations using singular spectrum analysis. *Journal of Materials Processing Technology*, 171 (3),451-458.

47. Sevilla-Camacho, PY., Herrera-Ruiz, G., Robles-Ocampo, JB., Jáuregui-Correa, JC. (2010). Tool breakage detection in CNC high-speed milling based in feed-motor current signals. *The International Journal of Advanced Manufacturing Technology*, 53 (9-12),1141-1148.

48. Li, X., Ouyang, G., Liang, Z. (2008). Complexity measure of motor current signals for tool flute breakage detection in end milling. *International Journal of Machine Tools and Manufacture*, 48 (3-4),371-379.

49. Choi, YJ., Park, MS., Chu, CN. (2008). Prediction of drill failure using features extraction in time and frequency domains of feed motor current. *International Journal of Machine Tools and Manufacture*, 48 (1),29-39.

50. Pal, S., Heyns, PS., Freyer, BH., Theron, NJ., Pal, SK. (2009). Tool wear monitoring and selection of optimum cutting conditions with progressive tool wear effect and input uncertainties. *Journal of Intelligent Manufacturing*, 22 (4),491-504.

51. Salgado, DR., Alonso, FJ. (2007). An approach based on current and sound signals for in-process tool wear monitoring. *International Journal of Machine Tools and Manufacture*, 47 (14),2140-2152.

52. Patra, K., Pal, SK., Bhattacharyya, K. (2007). Artificial neural network based prediction of drill flank wear from motor current signals. *Applied Soft Computing*, 7 (3),929-935.

53. Du, R., Yeung, K. (2006). Fuzzy transition probability: A new method for monitoring progressive faults. Part 2: Application examples. *Engineering Applications of Artificial Intelligence*, 19 (2),145-155.

54. Cakan, A. (2010). Real-time monitoring of flank wear behavior of ceramic cutting tool in turning hardened steels. *The International Journal of Advanced Manufacturing Technology*, 52 (9-12),897-903.

55. Dinakaran, D., Sampathkumar, S., Sivashanmugam, N. (2009). An experimental investigation on monitoring of crater wear in turning using ultrasonic technique. *International Journal of Machine Tools and Manufacture*, 49 (15),1234-1237.

56. Verl, A., Heisel, U., Walther, M., Maier, D. (2009). Sensorless automated condition monitoring for the control of the predictive maintenance of machine tools. *CIRP Annals - Manufacturing Technology*, 58 (1),375-378.

57. Rivero, A., Lopezdelacalle, L., Penalva, M. (2008). Tool wear detection in dry high-speed milling based upon the analysis of machine internal signals. *Mechatronics*, 18 (10),627-633.

58. Franco-Gasca, LA., Herrera-Ruiz, G., Peniche-Vera, R., Romero-Troncoso, RdJ., Leal-Tafolla, W. (2006). Sensorless tool failure monitoring system for drilling machines. *International Journal of Machine Tools and Manufacture*, 46 (3-4),381-386.

59. Silva, RG. (2009). Condition monitoring of the cutting process using a self-organizing spiking neural network map. *Journal of Intelligent Manufacturing*, 21 (6),823-829.

60. Boutros, T., Liang, M. (2007). Mechanical fault detection using fuzzy index fusion. *International Journal of Machine Tools and Manufacture*, 47 (11),1702-1714.

61. Jurkovic, J., Korosec, M., Kopac, J. (2005). New approach in tool wear measuring technique using CCD vision system. *International Journal of Machine Tools and Manufacture*, 45 (9),1023-1030.

62. Wang, WH., Wong, YS., Hong, GS. (2006). 3D measurement of crater wear by phase shifting method. *Wear*, 261 (2),164-171.

63. Wang, W., Wong, Y., Hong, G. (2005). Flank wear measurement by successive image analysis. *Computers in Industry*, 56 (8-9),816-830.

64. Lüthje, H., Bandorf, R., Biehl, S., Stint, B. (2004). Thin film sensor for wear detection of cutting tools. *Sensors and Actuators A: Physical*, 116 (1),133-136.

65. Byrne, G., Dornfeld, D., Inasaki, I., Ketteler, G., König, W., Teti, R. (1995). Tool Condition Monitoring (TCM) - The Status of Research and Industrial Application. *CIRP Annals - Manufacturing Technology*, 44 (2),541-567.

66. Oliveira, JFG., Ferraz Jr, F., Coelho, RT., Silva, EJ. (2008). Architecture for machining process and production monitoring based in open computer

numerical control. *Proceedings of the Institution of Mechanical Engineers, Part B: Journal of Engineering Manufacture*, 222 (12),1605-1612.

67. Pritschow, G., Kramer, C. (2005). Open System Architecture for Drives. *CIRP Annals - Manufacturing Technology*, 54 (1),375-378.

68. Axinte, D., Gindy, N. (2004). Assessment of the effectiveness of a spindle power signal for tool condition monitoring in machining processes. *International Journal of Production Research*, 42 (13),2679-2691.

69. Stein, JL., Wang, C-H. (1990). Analysis of Power Monitoring on AC Induction Drive Systems. *Journal of Dynamic Systems, Measurement, and Control*, 112 (2),239-248.

70. Dong, J., Subrahmanyam, KVR., Wong, YS., Hong, GS., Mohanty, AR. (2006). Bayesian-inference-based neural networks for tool wear estimation. *International Journal of Advanced Manufacturing Technology*, 30 (9-10),797-807.

71. Ertekin, YM., Kwon, Y., Tseng, T-L. (2003). Identification of common sensory features for the control of CNC milling operations under varying cutting conditions. *International Journal of Machine Tools and Manufacture*, 43 (9),897-904.

72. Chen, S-L., Jen, YW. (2000). Data fusion neural network for tool condition monitoring in CNC milling machining. *International Journal of Machine Tools and Manufacture*, 40 (3),381-400.

73. Liu, Y., Wang, C. (1999). Neural network based adaptive control and optimization in the milling process. *International Journal of Advanced Manufacturing Technology*, 15 (11),791-795.

74. Yusuf, A. (1988). In-process detection of tool breakages using time series monitoring of cutting forces. *International Journal of Machine Tools and Manufacture*, 28 (2),157-172.

75. Zhang, J., Chen, J. (2007). The development of an in-process surface roughness adaptive control system in end milling operations. *The International Journal of Advanced Manufacturing Technology*, 31 (9),877-887.

76. Benardos, PG., Vosniakos, GC. (2002). Prediction of surface roughness in CNC face milling using neural networks and Taguchi's design of experiments. *Robotics and Computer-Integrated Manufacturing*, 18 (5-6),343-354.

77. Azouzi, R., Guillot, M. (1997). On-line prediction of surface finish and dimensional deviation in turning using neural network based sensor fusion. *International Journal of Machine Tools and Manufacture*, 37 (9),1201-1217.

78. El Ouafi, A., Guillot, M., Bedrouni, A. (2000). Accuracy enhancement of multi-axis CNC machines through on-line neurocompensation. *Journal of Intelligent Manufacturing*, 11 (6),535-545.

79. Byrne, G., Dornfeld, D., Denkena, B. (2003). Advancing Cutting Technology. *CIRP Annals - Manufacturing Technology*, 52 (2),483-507.

80. Aknouche, H., Outahyon, A., Nouveau, C., Marchal, R., Zerizer, A., Butaud, JC. (2009). Tool wear effect on cutting forces: In routing process of Aleppo pine wood. *Journal of Materials Processing Technology*, 209 (6),2918-2922.

81. Cakir, MC., Isik, Y. (2005). Detecting tool breakage in turning aisi 1050 steel using coated and uncoated cutting tools. *Journal of Materials Processing Technology*, 159 (2),191-198.

82. Jang, DY., Choi, Y-G., Kim, H-G., Hsiao, A. (1996). Study of the correlation between surface roughness and cutting vibrations to develop an on-line roughness measuring technique in hard turning. *International Journal of Machine Tools and Manufacture*, 36 (4),453-464.

83. Chen, JC., Huang, LH., Lan, AX., Lee, S. (1999). Analysis of an effective sensing location for an in-process surface recognition system in turning operations. *Journal of Industrial Technology*, 15 (3).

84. Abburi, NR., Dixit, US. (2006). A knowledge-based system for the prediction of surface roughness in turning process. *Robotics and Computer-Integrated Manufacturing*, 22 (4),363-372.

85. Abouelatta, OB., Mádl, J. (2001). Surface roughness prediction based on cutting parameters and tool vibrations in turning operations. *Journal of Materials Processing Technology*, 118 (1-3),269-277.

86. Lee, S., Chen, J. (2003). On-line surface roughness recognition system using artificial neural networks system in turning operations. *The International Journal of Advanced Manufacturing Technology*, 22 (7),498-509.

87. Tsai, Y-H., Chen, JC., Lou, S-J. (1999). An in-process surface recognition system based on neural networks in end milling cutting operations. *International Journal of Machine Tools and Manufacture*, 39 (4),583-605.

88. Aliustaoglu, C., Ertunc, HM., Ocak, H. (2009). Tool wear condition monitoring using a sensor fusion model based on fuzzy inference system. *Mechanical Systems and Signal Processing*, 23 (2),539-546.

89. Bahr, B., Motavalli, S., Arfi, T. (1997). Sensor fusion for monitoring machine tool conditions. *International Journal of Computer Integrated Manufacturing*, 10 (5),314-323.

90. Davies, MA., Ueda, T., M'Saoubi, R., Mullany, B., Cooke, AL. (2007). On The Measurement of Temperature in Material Removal Processes. *CIRP Annals - Manufacturing Technology*, 56 (2),581-604.

91. Kurada, S., Bradley, C. (1997). A review of machine vision sensors for tool condition monitoring. *Computers in Industry*, 34 (1),55-72.

92. Ryabov, O., Mori, K., Kasashima, N., Uehara, K. (1996). An In-Process Direct Monitoring Method for Milling Tool Failures Using a Laser Sensor. *CIRP Annals - Manufacturing Technology*, 45 (1),97-100.

93. Mannan, MA., Kassim, AA., Jing, M. (2000). Application of image and sound analysis techniques to monitor the condition of cutting tools. *Pattern Recognition Letters*, 21 (11),969-979.

94. Shinno, H., Hashizume, H., Sato, H. (1997). In-Process Monitoring Method for Machining Environment Based on Simultaneous Multiphenomena Sensing. *CIRP Annals - Manufacturing Technology*, 46 (1),53-56.

95. Abu-Zahra, NH., Yu, G. (2000). Analytical model for tool wear monitoring in turning operations using ultrasound waves. *International Journal of Machine Tools and Manufacture*, 40 (11),1619-1635.

96. Nayfeh, TH., Eyada, OK., Duke Jr, JC. (1995). An integrated ultrasonic sensor for monitoring gradual wear on-line during turning operations. *International Journal of Machine Tools and Manufacture*, 35 (10),1385-1395.

97. Abellan-Nebot, J., Romero Subirón, F. (2010). A review of machining monitoring systems based on artificial intelligence process models. *The International Journal of Advanced Manufacturing Technology*, 47 (1),237-257.

98. Hong, GS., Rahman, M., Zhou, Q. (1996). Using neural network for tool condition monitoring based on wavelet decomposition. *International Journal of Machine Tools and Manufacture*, 36 (5),551-566.

99. Teti, R., Jemielniak, K., O'Donnell, G., Dornfeld, D. (2010). Advanced monitoring of machining operations. *CIRP Annals - Manufacturing Technology*, 59 (2),717-739.

100. Prickett, PW., Johns, C. (1999). An overview of approaches to end milling tool monitoring. *International Journal of Machine Tools and Manufacture*, 39 (1),105-122.

101. Xiaoli, L. (2002). A brief review: acoustic emission method for tool wear monitoring during turning. *International Journal of Machine Tools and Manufacture*, 42 (2),157-165.

102. Scheffer, C., Heyns, PS. (2001). Wear monitoring in turning operations using vibration and strain measurements. *Mechanical Systems and Signal Processing*, 15 (6),1185-1202.

103. Axinte, DA., Gindy, N. (2003). Tool condition monitoring in broaching. *Wear*, 254 (3–4),370-382.

104. Lee, JM., Choi, DK., Kim, J., Chu, CN. (1995). Real-Time Tool Breakage Monitoring for NC Milling Process. *CIRP Annals - Manufacturing Technology*, 44 (1),59-62.

105. Lee, D., Kim, S., Ahn, J. (2004). Breakage detection of small-diameter tap using vision system in high-speed tapping machine with open architecture controller. *Journal of Mechanical Science and Technology*, 18 (7),1055-1061.

106. Kim, HY., Ahn, JH., Kim, SH., Takata, S. (2002). Real-time drill wear estimation based on spindle motor power. *Journal of Materials Processing Technology*, 124 (3),267-273.

107. Govekar, E., Gradišek, J., Grabec, I. (2000). Analysis of acoustic emission signals and monitoring of machining processes. *Ultrasonics*, 38 (1),598-603.

108. Kim, H-Y., Ahn, J-H. (2002). Chip disposal state monitoring in drilling using neural network based spindle motor power sensing. *International Journal of Machine Tools and Manufacture*, 42 (10),1113-1119.

109. Teti, R., Jawahir, IS., Jemielniak, K., Segreto, T., Chen, S., Kossakowska, J. (2006). Chip form monitoring through advanced processing of cutting force sensor signals. *CIRP Annals - Manufacturing Technology*, 55 (1),75-80.

110. Mezentsev, OA., Zhu, R., DeVor, RE., Kapoor, SG., Kline, WA. (2002). Use of radial forces for fault detection in tapping. *International Journal of Machine Tools and Manufacture*, 42 (4),479-488.

111. Dragoş A, A. (2006). Approach into the use of probabilistic neural networks for automated classification of tool malfunctions in broaching. *International Journal of Machine Tools and Manufacture*, 46 (12–13),1445-1448.

112. Kamarthi, SV., Kumara, SRT., Cohen, PH. (2000). Flank Wear Estimation in Turning Through Wavelet Representation of Acoustic Emission Signals. *Journal of Manufacturing Science and Engineering*, 122 (1),12-19.

113. Bukkapatnam, STS., Kumara, SRT., Lakhtakia, A. (2000). Fractal Estimation of Flank Wear in Turning. *Journal of Dynamic Systems, Measurement, and Control*, 122 (1),89-94.

114. Bukkapatnam, STS., Kumara, SRT., Lakhtakia, A., Srinivasan, P. (2002). The neighborhood method and its coupling with the wavelet method for signal separation of chaotic signals. *Signal Processing*, 82 (10),1351-1374.

115. Palanisamy, P., Rajendran, I., Shanmugasundaram, S. (2008). Prediction of tool wear using regression and ANN models in end-milling operation. *The International Journal of Advanced Manufacturing Technology*, 37 (1-2),29-41.

116. Lin, JT., Bhattacharyya, D., Kecman, V. (2003). Multiple regression and neural networks analyses in composites machining. *Composites Science and Technology*, 63 (3–4),539-548.

117. Attanasio, A., Ceretti, E., Giardini, C., Cappellini, C. (2013). Tool Wear in Cutting Operations: Experimental Analysis and Analytical Models. *Journal of Manufacturing Science and Engineering*, 135 (5),051012-051012.

118. Gajate, A., Haber, R., del Toro, R., Vega, P., Bustillo, A. (2012). Tool wear monitoring using neuro-fuzzy techniques: a comparative study in a turning process. *Journal of Intelligent Manufacturing*, 23 (3),869-882.

119. Sharma, V., Sharma, SK., Sharma, A. (2008). Cutting tool wear estimation for turning. *Journal of Intelligent Manufacturing*, 19 (1),99-108.

120. Achiche, S., Balazinski, M., Baron, L., Jemielniak, K. (2002). Tool wear monitoring using genetically-generated fuzzy knowledge bases. *Engineering Applications of Artificial Intelligence*, 15 (3-4),303-314.

121. R.J, K. (2000). Multi-sensor integration for on-line tool wear estimation through artificial neural networks and fuzzy neural network. *Engineering Applications of Artificial Intelligence*, 13 (3),249-261.

122. Jemielniak, K., Bombiński, S. (2006). Hierarchical strategies in tool wear monitoring. *Proceedings of the Institution of Mechanical Engineers, Part B: Journal of Engineering Manufacture*, 220 (3),375-381.

123. Çakır, C (2006) Modern Talaşlı İmalatın Esasları. Nobel Teknik Bilimler ve Mühendislik Dizisi, Ankara.

124. Altıntaş (2000) Manufacturing Automation. Cambridge University Pres, Vancouver.

125. TAYLAN, F (2009) Sert Malzemelerin Frezelenmesinde Takım Aşınma Davranışlarının Belirlenmesi. Tez, Süleyman Demirel Üniversitesi Sparta.

126. S.K. Choudhury , KKK. (2000). Tool wear measurement in turning using force ratio. *International Journal of Machine Tools & Manufacture*, 40, 899–909.

127. Boothroyd, G (2005) Fundamentals of Metal Machining and Machine Tools. McGraw-Hill Inc, New York.

128. Szakovits, RJ., D'Souza, AF. (1976). Metal Cutting Dynamics With Reference to Primary Chatter. *Journal of Manufacturing Science and Engineering*, 98 (1),258-264.

129. Şahin, Y (2000) Talaş kaldırma prensipleri I. Nobel Yayın Dağıtım, Ankara.

130. Altıntaş, Y (2000) Manufacturing Automation. Cambridge University Pres. Vancouver.

131. Akkurt, M (2000) Talaş Kaldırma Yöntemleri ve Takım Tezgahları. Birsen Yayınevi ltd.şti., İstanbul.

132. A. H. Redford, BM (1983) Machinability of Engineering Materials. Elsevier, New York.

133. Şeker, U (1997) TAL 408 Takım Tasarımı Ders Notları. Gazi Üniversitesi Teknik Eğitim Fakültesi, Ankara.

134. Marinov, V (2010) Manufacturing Processes for Metal Products. Kendall Hunt Publishing Company.

135. Trent, EM (1989) Metal cutting. Butterworths Press, London.

136. Astakhov, VP. (2004). The assessment of cutting tool wear. *International Journal of Machine Tools and Manufacture*, 44 (6),637-647.

137. Ertuğrul, i. (2005). bulanik hedef programlama ve bir tekstil firmasinda uygulama örneği. *Eskişehir Osmangazi Üniversitesi Sosyal Bilimler Dergisi*, 6 (2).

138. Zadeh, LA. (1965). Fuzzy Sets. *Information and Control* (8),338-353.

139. Elmas, Ç (2003) Bulanık Mantık Denetleyiciler(Kuram,Uygulama. Sinirsel Bulanık Mantık). Seçkin yayıncılık, Ankara.

140. BAYKAL, N, BEYAN, T. (2004) Bulanık Mantık İlke ve Temelleri. Bıçaklar Kitapevi.

141. Kasko, B (1991) Neutral Networks and Fuzzy Systems. Prentice Hall.

142. Jamshidi, M. (1997). Large Scale Systems, Modeling, Control and Fuzzy Logic. *New Jersey, Prentice Hall,*,497.

143. Bezdek, J. (1993). Fuzzy Models-What Are They, and Why. *IEEE Trans Fuzzy Syst*,1-5.

144. Hans, Z (1993) Fuzzy Sets, Decision Making and Expert Systems. Kluwer Academic Publishers, Boston.

145. Lefteri, HT, Robert, E (1997) Fuzzy and Neural Approaches ın Engineering. John Wiley&Sons, New York.

146. Zadeh, LA (1987) "Outline of a New Approach to the Analysis of Complex Systems and Decision Process", Fuzzy Sets and Applications. John Willey&Sons, New York.

147. Lin, C, ve Lee, G. (1996) Neural Fuzzy Systems, A Neuro-Fuzzy Synergism to Intelligent System. Prentice Hall, New Jersey.

148. Natick, TMW (2011) Fuzzy logic toolbaxTM Users Guide. MA, US.

149. Şen, Z (2001) Bulanık Mantık ve Mühendislik Uygulamaları. Su Vakfı Yayınları, Ankara.

150. Sugeno, M. (1985). An introductory survey of fuzzy control. *Inf Sci*, 36,59-83.

151. Lee, C. (1990). Fuzzy Logic in Control Systems. *IEEE Trans Syst, Man & Cybern*, 20,404-435.

152. E., Ö (2003) Yapay Sinir Ağları. Papatya Yayıncılık, İstanbul.

153. Livingstone, DJ (2008) Artificial Neural Networks: Methods and Applications. Humana Press, ChemQuest, Sandown, UK.

154. Rojas, Ru (1996) Neural Networks A Systematic Introduction. Springer-Verlag, Berlin.

155. David Kriesel (2005) A Brief Introduction to Neural Networks.

156. Avicennasis (2013) Artificial Neural Networks.

157. Fuzzy logic toolbaxTM Users Guide (2011). Natick, MA, US, The Math Works.

158. Suzuki, K (2013) Artificial Neural Networks - Architectures and Applications.

159. Claudio Urrea, aJK. (2011). A New Model for Analog Servo Motors. Simulations and Experimental Results. *Canadian Journal on Automation, Control and Intelligent Systems*, 2 (2),29-38.

160. Makableh, Y (2011) Efficient Control of DC Servomotor Systems Using Backpropagation Neural Networks. Georgia Southern University, STATESBORO, GEORGIA.

161. Ebrahimi, M., Whalley, R. (2000). Analysis, modeling and simulation of stiffness in machine tool drives. *Computers & Industrial Engineering*, 38 (1),93-105.

EKLER

EK-1.Aşınmış kesici uç resimleri

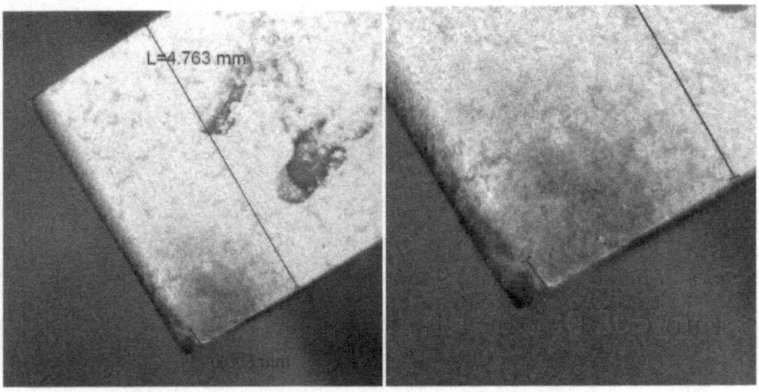

Şekil. 1.1. Kesici uçlarla 110 m/min kesme hızı ve 0,17 mm/rev ilerlemehızında ve 0.75 mm talaş derinliğinde yapılan deneyde elde edilen aşınma fotoğrafı

Şekil. 1.2. Kesici uçlarla 135 m/min kesme hızı ve 0,27 mm/rev ilerlemehızında ve 0.75 mm talaş derinliğinde yapılan deneyde elde edilen aşınma fotoğrafı

Şekil. 1.3. Kesici uçlarla 160 m/min kesme hızı ve 0,22 mm/rev ilerlemehızında ve 0.75 mm talaş derinliğinde yapılan deneyde elde edilen aşınma fotoğrafı

Şekil. 1.4. Kesici uçlarla 110 m/min kesme hızı ve 0,22 mm/rev ilerlemehızında ve 1.25 mm talaş derinliğinde yapılan deneyde elde edilen aşınma fotoğrafı

Şekil. 1.5. Kesici uçlarla 135 m/min kesme hızı ve 0,17 mm/rev ilerlemehızında ve 1.25 mm talaş derinliğinde yapılan deneyde elde edilen aşınma fotoğrafı

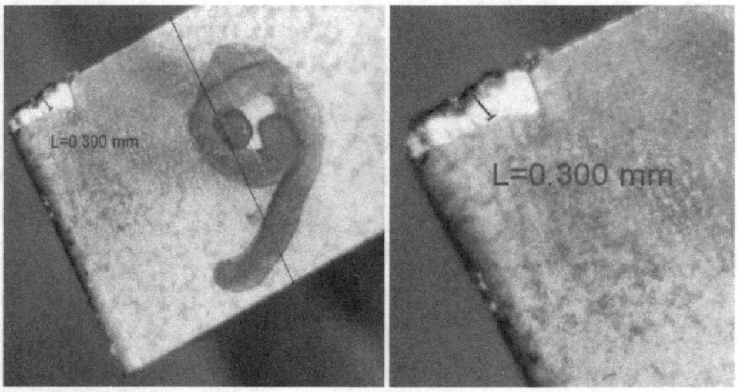

Şekil. 1.6. Kesici uçlarla 160 m/min kesme hızı ve 0,27 mm/rev ilerlemehızında ve 1.25 mm talaş derinliğinde yapılan deneyde elde edilen aşınma fotoğrafı

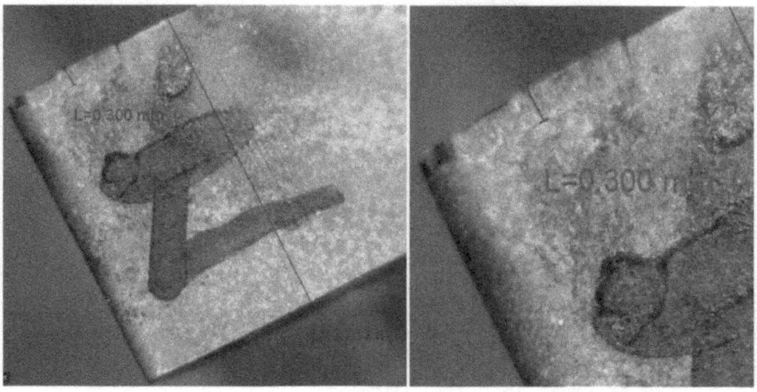

Şekil. 1.7. Kesici uçlarla 110 m/min kesme hızı ve 0,27 mm/rev ilerlemehızında ve 1.75 mm talaş derinliğinde yapılan deneyde elde edilen aşınma fotoğrafı

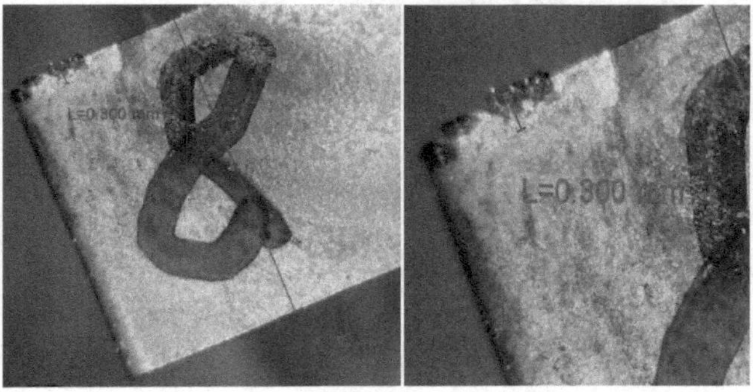

Şekil. 1.8. Kesici uçlarla 135 m/min kesme hızı ve 0,22 mm/rev ilerlemehızında ve 1.75 mm talaş derinliğinde yapılan deneyde elde edilen aşınma fotoğrafı

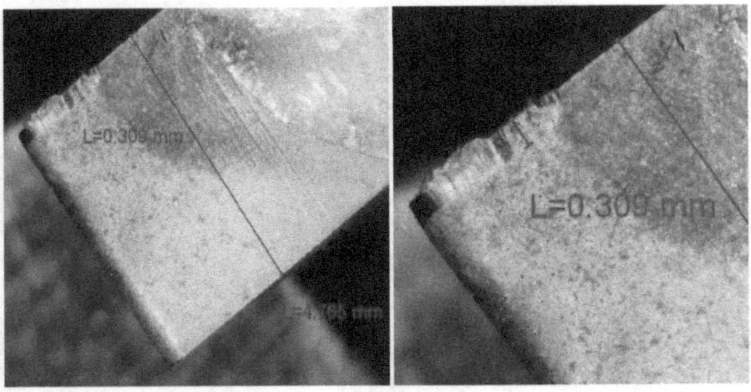

Şekil. 1.9. Kesici uçlarla 160 m/min kesme hızı ve 0,17 mm/rev ilerlemehızında ve 1.75 mm talaş derinliğinde yapılan deneyde elde edilen aşınma fotoğrafı

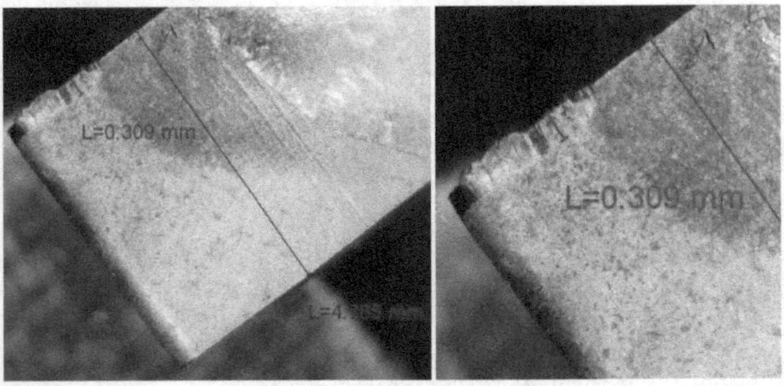

Şekil. 1.10. Kesici uçlarla 110 m/min kesme hızı ve 0,17 mm/rev ilerlemehızında ve 1.75 mm talaş derinliğinde yapılan deneyde elde edilen aşınma fotoğrafı

Şekil. 1.11. Kesici uçlarla 110 m/min kesme hızı ve 0,22 mm/rev ilerlemehızında ve 1.75 mm talaş derinliğinde yapılan deneyde elde edilen aşınma fotoğrafı

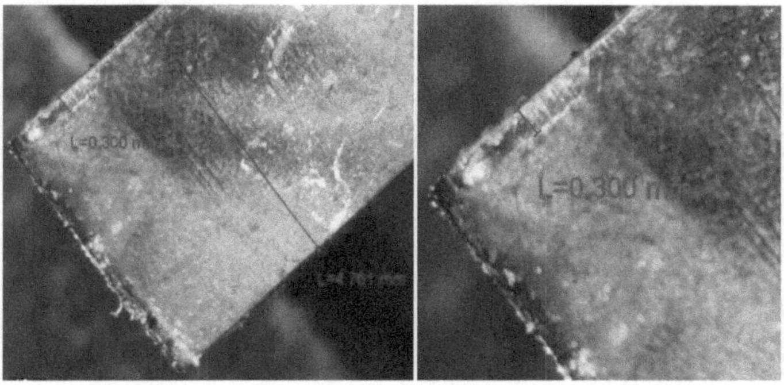

Şekil. 1.12. Kesici uçlarla 135 m/min kesme hızı ve 0,17 mm/rev ilerlemehızında ve 1.75 mm talaş derinliğinde yapılan deneyde elde edilen aşınma fotoğrafı

Şekil. 1.13. Kesici uçlarla 135 m/min kesme hızı ve 0,27 mm/rev ilerlemehızında ve 1.75 mm talaş derinliğinde yapılan deneyde elde edilen aşınma fotoğrafı

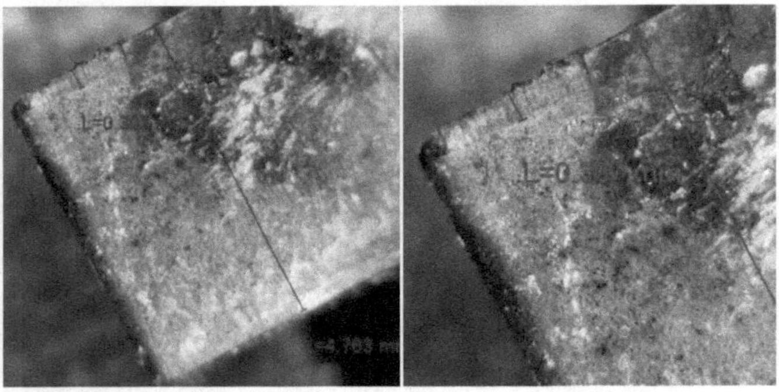

Şekil. 1.14. Kesici uçlarla 160 m/min kesme hızı ve 0,22 mm/rev ilerlemehızında ve 1.75 mm talaş derinliğinde yapılan deneyde elde edilen aşınma fotoğrafı

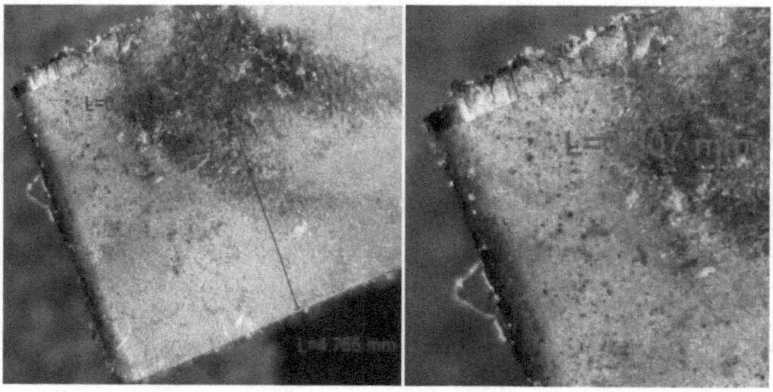

Şekil. 1.15. Kesici uçlarla 160 m/min kesme hızı ve 0,27 mm/rev ilerlemehızında ve 1.75 mm talaş derinliğinde yapılan deneyde elde edilen aşınma fotoğrafı

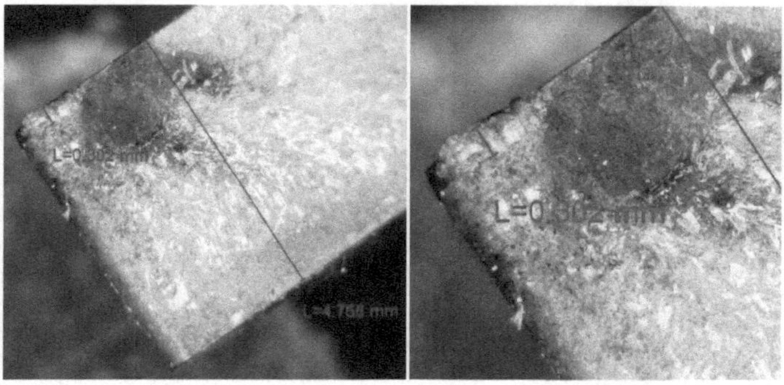

Şekil. 1.16. Kesici uçlarla 110 m/min kesme hızı ve 0,17 mm/rev ilerlemehızında ve 1.25 mm talaş derinliğinde yapılan deneyde elde edilen aşınma fotoğrafı

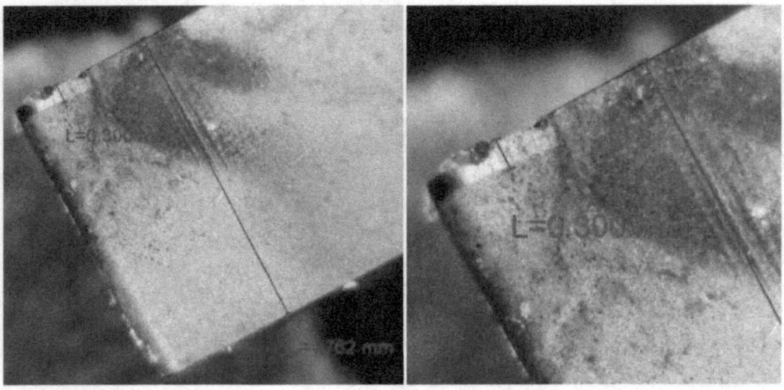

Şekil. 1.17. Kesici uçlarla 110 m/min kesme hızı ve 0,27 mm/rev ilerlemehızında ve 1.25 mm talaş derinliğinde yapılan deneyde elde edilen aşınma fotoğrafı

Şekil. 1.18. Kesici uçlarla 135 m/min kesme hızı ve 0,22 mm/rev ilerlemehızında ve 1.25 mm talaş derinliğinde yapılan deneyde elde edilen aşınma fotoğrafı

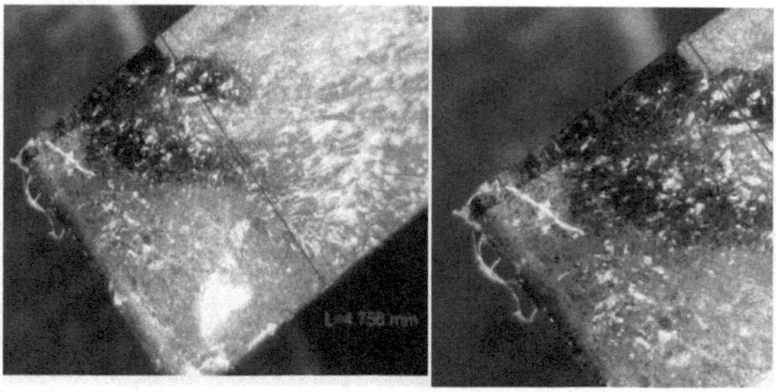

Şekil. 1.19. Kesici uçlarla 135 m/min kesme hızı ve 0,27 mm/rev ilerlemehızında ve 1.25 mm talaş derinliğinde yapılan deneyde elde edilen aşınma fotoğrafı

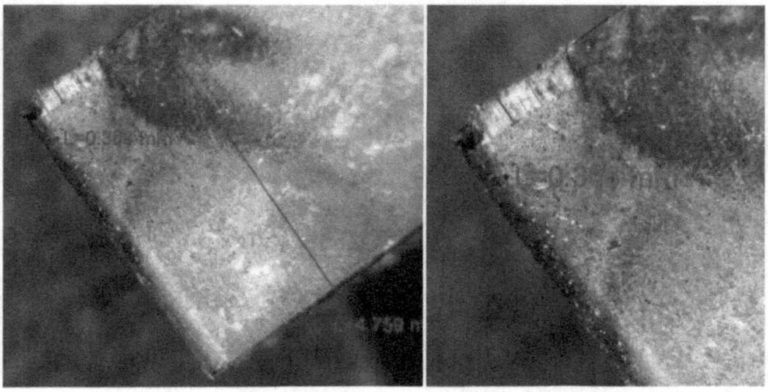

Şekil. 1.20. Kesici uçlarla 160 m/min kesme hızı ve 0,17 mm/rev ilerlemehızında ve 1.25 mm talaş derinliğinde yapılan deneyde elde edilen aşınma fotoğrafı

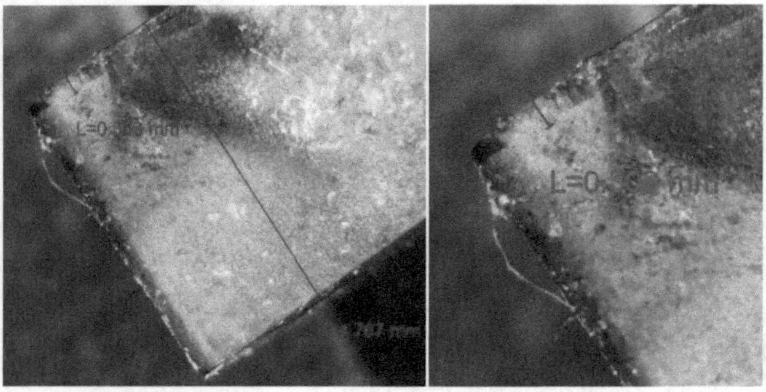

Şekil. 1.21. Kesici uçlarla 160 m/min kesme hızı ve 0,22 mm/rev ilerlemehızında ve 1.25 mm talaş derinliğinde yapılan deneyde elde edilen aşınma fotoğrafı

Şekil. 1.22. Kesici uçlarla 110 m/min kesme hızı ve 0,22 mm/rev ilerlemehızında ve 0.75 mm talaş derinliğinde yapılan deneyde elde edilen aşınma fotoğrafı

Şekil. 1.23. Kesici uçlarla 110 m/min kesme hızı ve 0,27 mm/rev ilerlemehızında ve 0.75 mm talaş derinliğinde yapılan deneyde elde edilen aşınma fotoğrafı

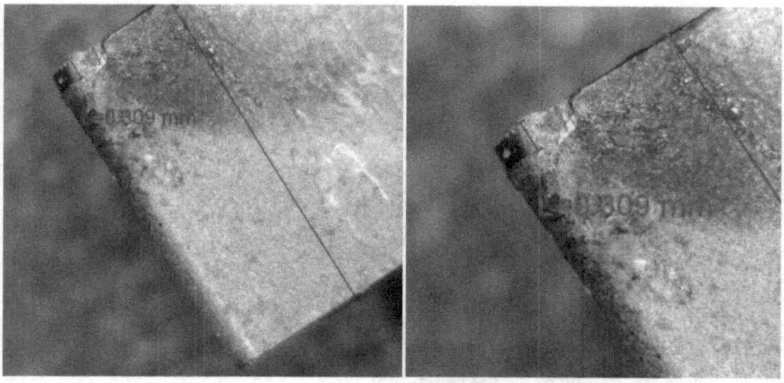

Şekil. 1.24. Kesici uçlarla 135 m/min kesme hızı ve 0,17 mm/rev ilerlemehızında ve 0.75 mm talaş derinliğinde yapılan deneyde elde edilen aşınma fotoğrafı

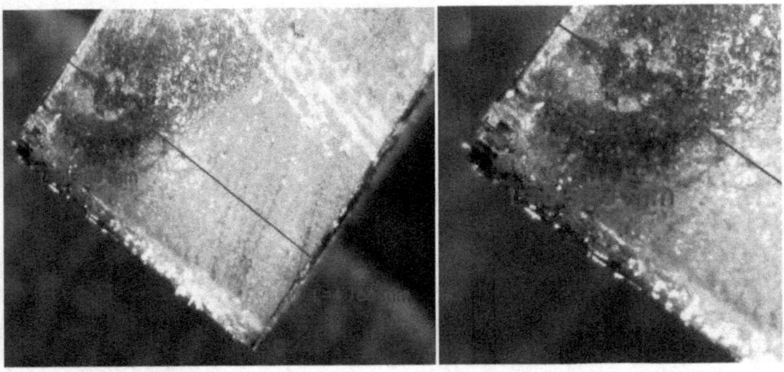

Şekil. 1.25. Kesici uçlarla 135 m/min kesme hızı ve 0,22 mm/rev ilerlemehızında ve 0.75 mm talaş derinliğinde yapılan deneyde elde edilen aşınma fotoğrafı

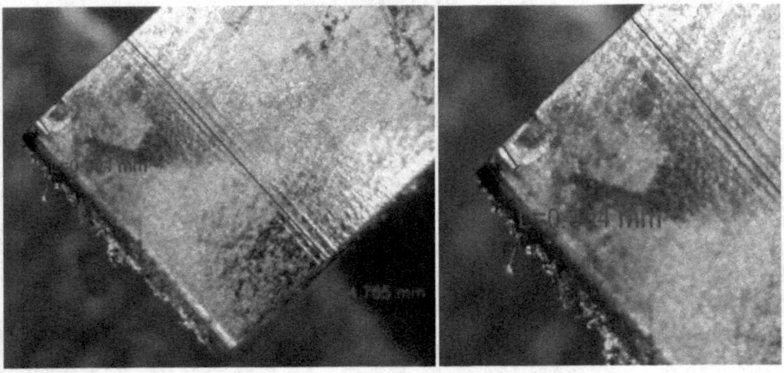

Şekil. 1.26. Kesici uçlarla 160 m/min kesme hızı ve 0,17 mm/rev ilerlemehızında ve 0.75 mm talaş derinliğinde yapılan deneyde elde edilen aşınma fotoğrafı

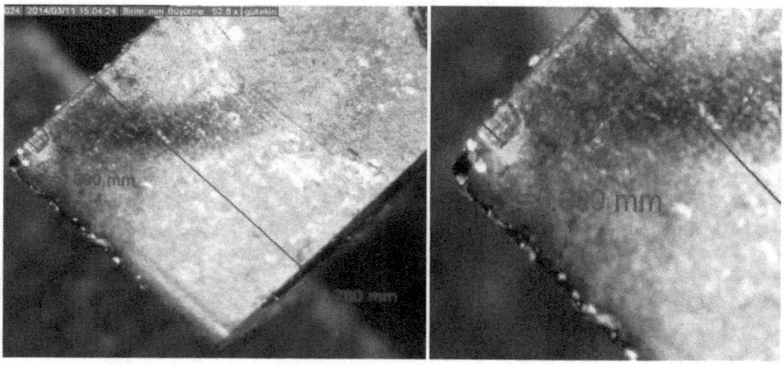

Şekil. 1.27. Kesici uçlarla 160 m/min kesme hızı ve 0,27 mm/rev ilerlemehızında ve 0.75 mm talaş derinliğinde yapılan deneyde elde edilen aşınma fotoğrafı

EK- 2. Matematiksel modelleri için program

En küçük kareler metoduyla matematiksel modelin sabitlerinin hesaplanması için, MATLAB yazılımında yazılan program aşağıda verilmiştir..

```
function matrix
% calculate constants by least square method
n =input('n:');
%% ***** input A *****
for i=1
   for j=1:n
      v(i,j)=input('velocity');
   end
end
%% **** input B *****
for i=1
   for j=1:n
  f(i,j)=input('feed');
   end
end

for i=1
   for j=1:n
  d(i,j)=input('depth');
   end
end
for i=1
   for j=1:n
```

```
  t(i,j)=input('time');
   end
end

for i=1
   for j=1:n
  F(i,j)=input('Force');
   end
end

for i=1
    for j=1:n
        c1(i,j)=log(v(i,j))
        c2(i,j)=log(f(i,j))
        c3(i,j)=log(d(i,j))
        c4(i,j)=log(t(i,j))
        c5(i,j)=(log(v(i,j)))^2
        c6(i,j)=log(f(i,j))*(log(v(i,j)))
        c7(i,j)=log(d(i,j))*(log(v(i,j)))
        c8(i,j)=log(t(i,j))*(log(v(i,j)))
        c9(i,j)=(log(f(i,j)))^2
        c10(i,j)=log(d(i,j))*(log(f(i,j)))
        c11(i,j)=log(t(i,j))*(log(f(i,j)))
        c12(i,j)=(log(d(i,j)))^2
        c13(i,j)=log(t(i,j))*(log(d(i,j)))
        c14(i,j)=(log(t(i,j)))^2
        c15(i,j)=(log(F(i,j)))*(log(v(i,j)))
        c16(i,j)=log(F(i,j))*(log(f(i,j)))
```

```
        c17(i,j)=log(F(i,j))*(log(d(i,j)))
        c18(i,j)=log(F(i,j))*(log(t(i,j)))
        c19(i,j)=log(F(i,j))
    end
end

a1=sum(c1)
a2=sum(c2)
a3=sum(c3)
a4=sum(c4)
a5=sum(c5)
a6=sum(c6)
a7=sum(c7)
a8=sum(c8)
a9=sum(c9)
a10=sum(c10)
a11=sum(c11)
a12=sum(c12)
a13=sum(c13)
a14=sum(c14)
a15=sum(c15)
a16=sum(c16)
a17=sum(c17)
a18=sum(c18)
a19=sum(c19)
k=[n a1 a2 a3 a4;a1 a5 a6 a7 a8;a2 a6 a9 a10 a11;a3 a7 a10 a12 a13;a4 a8 a11
a13 a14]
m=[a19;a15;a16;a17;a18]
```

```
disp(k)
disp(m)
N=k\m
```

EK- 3. YSAmodelinin programı

YSA, matematiksel modelinin geliştirmesi için MATLAB yazılımında bir program aşağıdaki şekilde hazırlanmıştır.

```
function param
% calculate matrix
n =input('n:');
w1 =input('w1:');
w2 =input('w2:');
w3 =input('w3:');
w4 =input('w4:');

%% ***** input A *****
for i=1
   for j=1:n
      IN(i,j)=input('Girdiler')

   end
end
%% **** input B *****
for i=1
   for j=1:w1
      %W1(i,j)=input('Ağırlıklar1')
      W1=[-0.59956010232931456,-
2.9394386801249794,1.7905257865516058];
   end
end
```

```
for i=1
   for j=1:w2
      %W2(i,j)=input('Ağırlıklar2')
      W2=[2.5840330437547143,1.4450374780245774,-8.0955670239451223]
   end
end
for i=1
   for j=1:w3
      %W3(i,j)=input('Ağırlıklar3')
      W3=[-
0.036468154501911265,0.23154623776584646,0.32019531307138344]
   end
end
for i=1
   for j=1:w4
      %W4(i,j)=input('Ağırlıklar4')
      W4=[-1.3088984100225483,-0.3918308157968825,7.7104541199041154]
   end
end

for i=1
   for j=1:n
      c1(i,j)=IN(i,j)*W1(i,j)
   end
end
a1=sum(c1)+1.6033107061123908
for i=1
   for j=1:n
```

```
        c2(i,j)=IN(i,j)*W2(i,j)
    end
end
a2=sum(c2)+1.6291603935074643
for i=1
    for j=1:n
        c3(i,j)=IN(i,j)*W3(i,j)
    end
end
a3=sum(c3)-0.40980046606293408
for i=1
    for j=1:n
        c4(i,j)=IN(i,j)*W4(i,j)
    end
end
a4=sum(c4)+9.9274503204111362

I1=(2/(1+exp(-2*a1)))-1
I2=(2/(1+exp(-2*a2)))-1
I3=(2/(1+exp(-2*a3)))-1
I4=(2/(1+exp(-2*a4)))-1
O=(0.13727695731778336*I1)+(-
0.070475479561258964*I2)+(1.9645556407665004*I3)+(I4*-
0.073223089528813748)+0.52650137956552168

cikti=479.83*(O)+901.2
```

EK- 4. YSA matematiksel model programı

YSA modelinin geliştirmesine modellerin biri için MATLAB ortamında yapılan program

```
%%YSA modeli programi
p=[0.750000000000000    0.750000000000000    0.750000000000000
0.750000000000000    0.750000000000000    0.750000000000000
0.750000000000000    0.750000000000000    0.750000000000000
0.750000000000000    0.750000000000000    0.750000000000000
0.750000000000000    0.750000000000000    0.750000000000000
0.750000000000000    0.750000000000000    0.750000000000000
0.750000000000000    0.750000000000000    0.750000000000000
0.750000000000000    0.750000000000000    0.750000000000000
0.750000000000000    0.750000000000000    0.750000000000000
0.750000000000000    0.750000000000000    0.750000000000000
0.750000000000000    0.750000000000000    0.750000000000000
0.750000000000000    0.750000000000000    0.750000000000000
1.25000000000000 1.25000000000000 1.25000000000000 1.25000000000000
1.25000000000000 1.25000000000000 1.25000000000000 1.25000000000000
1.25000000000000 1.25000000000000 1.25000000000000 1.25000000000000
1.25000000000000 1.25000000000000 1.25000000000000 1.25000000000000
1.25000000000000 1.25000000000000 1.25000000000000 1.25000000000000
1.25000000000000 1.25000000000000 1.25000000000000 1.25000000000000
1.25000000000000 1.25000000000000 1.25000000000000 1.25000000000000
1.25000000000000 1.25000000000000 1.25000000000000 1.25000000000000
1.25000000000000 1.25000000000000 1.25000000000000 1.25000000000000
1.75000000000000 1.75000000000000 1.75000000000000 1.75000000000000
```

1.75000000000000 1.75000000000000 1.75000000000000 1.75000000000000
1.75000000000000 1.75000000000000 1.75000000000000 1.75000000000000
1.75000000000000 1.75000000000000 1.75000000000000 1.75000000000000
1.75000000000000 1.75000000000000 1.75000000000000 1.75000000000000
1.75000000000000 1.75000000000000 1.75000000000000 1.75000000000000
1.75000000000000 1.75000000000000 1.75000000000000 1.75000000000000
1.75000000000000 1.75000000000000 1.75000000000000 1.75000000000000
1.75000000000000 1.75000000000000 1.75000000000000
1.75000000000000;0.220000000000000 0.220000000000000
0.220000000000000 0.220000000000000 0.220000000000000
0.220000000000000 0.220000000000000 0.220000000000000
0.220000000000000 0.220000000000000 0.220000000000000
0.220000000000000 0.170000000000000 0.170000000000000
0.170000000000000 0.170000000000000 0.170000000000000
0.170000000000000 0.170000000000000 0.170000000000000
0.170000000000000 0.170000000000000 0.170000000000000
0.170000000000000 0.270000000000000 0.270000000000000
0.270000000000000 0.270000000000000 0.270000000000000
0.270000000000000 0.270000000000000 0.270000000000000
0.270000000000000 0.270000000000000 0.270000000000000
0.270000000000000 0.270000000000000 0.270000000000000
0.270000000000000 0.270000000000000 0.270000000000000
0.270000000000000 0.270000000000000 0.270000000000000
0.270000000000000 0.270000000000000 0.270000000000000
0.270000000000000 0.170000000000000 0.170000000000000
0.170000000000000 0.170000000000000 0.170000000000000
0.170000000000000 0.170000000000000 0.170000000000000
0.170000000000000 0.170000000000000 0.170000000000000

0.170000000000000 0.220000000000000 0.220000000000000
0.220000000000000 0.220000000000000 0.220000000000000
0.220000000000000 0.220000000000000 0.220000000000000
0.220000000000000 0.220000000000000 0.220000000000000
0.220000000000000 0.270000000000000 0.270000000000000
0.270000000000000 0.270000000000000 0.270000000000000
0.270000000000000 0.270000000000000 0.270000000000000
0.270000000000000 0.270000000000000 0.270000000000000
0.270000000000000 0.170000000000000 0.170000000000000
0.170000000000000 0.170000000000000 0.170000000000000
0.170000000000000 0.170000000000000 0.170000000000000
0.170000000000000 0.170000000000000 0.170000000000000
0.170000000000000 0.220000000000000 0.220000000000000
0.220000000000000 0.220000000000000 0.220000000000000
0.220000000000000 0.220000000000000 0.220000000000000
0.220000000000000 0.220000000000000 0.220000000000000
0.220000000000000;110 110 110 110 135 135 135 135 160 160 160 160 110 110 110 110 135 135 135 135 160 160 160 160 110 110 110 110 135 135 135 135 160 160 160 160 110 110 110 110 135 135 135 135 160 160 160 160 110 110 110 110 135 135 135 135 160 160 160 160 110 110 110 110 135 135 135 135 160 160 160 160 110 110 110 110 135 135 135 135 160 160 160 160 110 110 110 110 135 135 135 135 160 160 160 160 110 110 110 110 135 135 135 135 160 160 160 160;526.183286982778 547.647492279477 594.017792157777 639.163255749265 476.576954226702 507.906422975729 549.670740807622 607.831781745575 425.988262749104 461.368616184500 494.435031121380 550.764014801258 488.465356089866 542.451693148800 590.805452412213 619.571496116469 431.119169603951 457.529607020136 505.419084522933 542.479913545193 421.403387860136 461.418259825075

513.673899473197 566.257976279363 605.464956046178 670.732135058400
679.272239753694 681.426443279097 578.620773909821 609.437445518406
641.880830061157 662.480188383019 564.650255645032 585.649137709602
626.927826627595 653.833392922081 928.547126213850 956.338508845064
1000.90230467314 1054.14766636368 863.364301613172 921.222952493043
967.020716117292 1000.43655086167 806.514104030426 871.291570026934
925.307516450612 962.111220181950 670.568752105256 711.504291202801
796.287871752421 857.154741805702 639.665537605396 697.551431795534
795.348351353041 841.850936924109 616.486257673275 681.869671564882
792.029859601265 830.876765952689 869.581751763456 918.613458534111
1071.06014191548 1105.85786356114 745.212638714616 796.409200223101
870.696490173241 911.052574114140 752.457092065720 793.741509938847
888.317020606945 914.868025345733 1381.07385754709 1460.15101958667
1542.51677462516 1643.35023655945 1312.02548927222 1390.79995459448
1472.30203891729 1570.53505000684 1239.96653160479 1318.34427131156
1373.11280024621 1413.59327237363 941.985552861614 1030.02121580092
1133.15866488325 1178.00053514419 918.139841527422 1023.88861669617
1128.23568517398 1164.43033192201 891.975896535327 983.514107677160
1089.08264149237 1133.88050516798 1183.48870674798 1291.05110487540
1337.68427410955 1353.69741615326 1159.96063053881 1241.58741456250
1290.81064990184 1326.51685285186 1151.61392436875 1224.68561378012
1260.99069231299 1287.31628032896;1.89000000000000 2.18000000000000
2.36000000000000 2.52000000000000 1.91000000000000 2.03000000000000
2.22000000000000 2.41000000000000 1.92000000000000 2.10000000000000
2.31000000000000 2.49000000000000 1.87000000000000 2.11000000000000
2.29000000000000 2.40000000000000 1.89000000000000 2.01000000000000
2.19000000000000 2.38000000000000 1.88000000000000 2.03000000000000
2.22000000000000 2.39000000000000 1.91000000000000 2.21000000000000

2.39000000000000 2.58000000000000 1.91000000000000 2.09000000000000
2.28000000000000 2.48000000000000 1.94000000000000 2.15000000000000
2.33000000000000 2.53000000000000 1.93000000000000 2.09000000000000
2.45000000000000 2.64000000000000 1.96000000000000 2.09000000000000
2.26000000000000 2.56000000000000 1.96000000000000 2.17000000000000
2.36000000000000 2.57000000000000 1.89000000000000 2.03000000000000
2.34000000000000 2.51000000000000 1.91000000000000 2.03000000000000
2.21000000000000 2.41000000000000 1.92000000000000 2.11000000000000
2.33000000000000 2.51000000000000 1.91000000000000 2.06000000000000
2.38000000000000 2.59000000000000 1.94000000000000 2.06000000000000
2.22000000000000 2.49000000000000 1.98000000000000 2.16000000000000
2.39000000000000 2.61000000000000 1.97000000000000 2.12000000000000
2.51000000000000 2.75000000000000 2.01000000000000 2.13000000000000
2.31000000000000 2.61000000000000 2.01000000000000 2.22000000000000
2.51000000000000 2.72000000000000 1.92000000000000 2.06000000000000
2.41000000000000 2.60000000000000 1.92000000000000 2.08000000000000
2.23000000000000 2.50000000000000 1.94000000000000 2.16000000000000
2.39000000000000 2.60000000000000 1.95000000000000 2.07000000000000
2.45000000000000 2.73000000000000 1.99000000000000 2.11000000000000
2.28000000000000 2.55000000000000 1.97000000000000 2.19000000000000
2.43000000000000 2.68000000000000;]

%p=[0.750000000000000,0.750000000000000,0.750000000000000,0.7500000 00000000,0.750000000000000,0.750000000000000,0.750000000000000,0.750 000000000000,0.750000000000000,0.750000000000000,0.750000000000000,0 .750000000000000,0.750000000000000,0.750000000000000,0.7500000000000 00,0.750000000000000,0.750000000000000,0.750000000000000,0.750000000 000000,0.750000000000000,0.750000000000000,0.750000000000000,0.75000 0000000000,0.750000000000000,0.750000000000000,0.750000000000000,0.7

50000000000000,0.750000000000000,0.750000000000000,0.75000000000000
0,0.750000000000000,0.750000000000000,0.750000000000000,0.7500000000
00000,0.750000000000000,0.750000000000000,1.25000000000000,1.2500000
0000000,1.25000000000000,1.25000000000000,1.25000000000000,1.2500000
0000000,1.25000000000000,1.25000000000000,1.25000000000000,1.2500000
0000000,1.25000000000000,1.25000000000000,1.25000000000000,1.2500000
0000000,1.25000000000000,1.25000000000000,1.25000000000000,1.2500000
0000000,1.25000000000000,1.25000000000000,1.25000000000000,1.2500000
0000000,1.25000000000000,1.25000000000000,1.25000000000000,1.2500000
0000000,1.25000000000000,1.25000000000000,1.25000000000000,1.2500000
0000000,1.25000000000000,1.25000000000000,1.25000000000000,1.2500000
0000000,1.25000000000000,1.25000000000000,1.75000000000000,1.7500000
0000000,1.75000000000000,1.75000000000000,1.75000000000000,1.7500000
0000000,1.75000000000000,1.75000000000000,1.75000000000000,1.7500000
0000000,1.75000000000000,1.75000000000000,1.75000000000000,1.7500000
0000000,1.75000000000000,1.75000000000000,1.75000000000000,1.7500000
0000000,1.75000000000000,1.75000000000000,1.75000000000000,1.7500000
0000000,1.75000000000000,1.75000000000000,1.75000000000000,1.7500000
0000000,1.75000000000000,1.75000000000000,1.75000000000000,1.7500000
0000000,1.75000000000000,1.75000000000000,1.75000000000000,1.7500000
0000000,1.75000000000000,1.75000000000000;0.220000000000000,0.220000
000000000,0.220000000000000,0.220000000000000,0.220000000000000,0.22
0000000000000,0.220000000000000,0.220000000000000,0.220000000000000,
0.220000000000000,0.220000000000000,0.220000000000000,0.170000000000
000,0.170000000000000,0.170000000000000,0.170000000000000,0.17000000
0000000,0.170000000000000,0.170000000000000,0.170000000000000,0.1700
00000000000,0.170000000000000,0.170000000000000,0.170000000000000,0.
270000000000000,0.270000000000000,0.270000000000000,0.270000000000

00,0.270000000000000,0.270000000000000,0.270000000000000,0.270000000
000000,0.270000000000000,0.270000000000000,0.270000000000000,0.27000
0000000000,0.270000000000000,0.270000000000000,0.270000000000000,0.2
70000000000000,0.270000000000000,0.270000000000000,0.27000000000000
0,0.270000000000000,0.270000000000000,0.270000000000000,0.2700000000
00000,0.270000000000000,0.170000000000000,0.170000000000000,0.170000
000000000,0.170000000000000,0.170000000000000,0.170000000000000,0.17
0000000000000,0.170000000000000,0.170000000000000,0.170000000000000,
0.170000000000000,0.170000000000000,0.220000000000000,0.220000000000
000,0.220000000000000,0.220000000000000,0.220000000000000,0.22000000
0000000,0.220000000000000,0.220000000000000,0.220000000000000,0.2200
00000000000,0.220000000000000,0.220000000000000,0.270000000000000,0.
270000000000000,0.270000000000000,0.270000000000000,0.2700000000000
00,0.270000000000000,0.270000000000000,0.270000000000000,0.270000000
000000,0.270000000000000,0.270000000000000,0.270000000000000,0.17000
0000000000,0.170000000000000,0.170000000000000,0.170000000000000,0.1
70000000000000,0.170000000000000,0.170000000000000,0.17000000000000
0,0.170000000000000,0.170000000000000,0.170000000000000,0.1700000000
00000,0.220000000000000,0.220000000000000,0.220000000000000,0.220000
000000000,0.220000000000000,0.220000000000000,0.220000000000000,0.22
0000000000000,0.220000000000000,0.220000000000000,0.220000000000000,
0.220000000000000;110,110,110,110,135,135,135,135,160,160,160,160,110,11
0,110,110,135,135,135,135,160,160,160,160,110,110,110,110,135,135,135,135,
160,160,160,160,110,110,110,110,135,135,135,135,160,160,160,160,110,110,1
10,110,135,135,135,135,160,160,160,160,110,110,110,110,135,135,135,135,16
0,160,160,160,110,110,110,110,135,135,135,135,160,160,160,160,110,110,110,
110,135,135,135,135,160,160,160,160,110,110,110,110,135,135,135,135,160,1
60,160,160;526.183286982778,547.647492279477,594.017792157777,639.163

255749265,476.576954226702,507.906422975729,549.670740807622,607.831
781745575,425.988262749104,461.368616184500,494.435031121380,550.764
014801258,488.465356089866,542.451693148800,590.805452412213,619.571
496116469,431.119169603951,457.529607020136,505.419084522933,542.479
913545193,421.403387860136,461.418259825075,513.673899473197,566.257
976279363,605.464956046178,670.732135058400,679.272239753694,681.426
443279097,578.620773909821,609.437445518406,641.880830061157,662.480
188383019,564.650255645032,585.649137709602,626.927826627595,653.833
392922081,928.547126213850,956.338508845064,1000.90230467314,1054.14
766636368,863.364301613172,921.222952493043,967.020716117292,1000.43
655086167,806.514104030426,871.291570026934,925.307516450612,962.111
220181950,670.568752105256,711.504291202801,796.287871752421,857.154
741805702,639.665537605396,697.551431795534,795.348351353041,841.850
936924109,616.486257673275,681.869671564882,792.029859601265,830.876
765952689,869.581751763456,918.613458534111,1071.06014191548,1105.85
786356114,745.212638714616,796.409200223101,870.696490173241,911.052
574114140,752.457092065720,793.741509938847,888.317020606945,914.868
025345733,1381.07385754709,1460.15101958667,1542.51677462516,1643.35
023655945,1312.02548927222,1390.79995459448,1472.30203891729,1570.53
505000684,1239.96653160479,1318.34427131156,1373.11280024621,1413.59
327237363,941.985552861614,1030.02121580092,1133.15866488325,1178.00
053514419,918.139841527422,1023.88861669617,1128.23568517398,1164.43
033192201,891.975896535327,983.514107677160,1089.08264149237,1133.88
050516798,1183.48870674798,1291.05110487540,1337.68427410955,1353.69
741615326,1159.96063053881,1241.58741456250,1290.81064990184,1326.51
685285186,1151.61392436875,1224.68561378012,1260.99069231299,1287.31
628032896;]

t=[0 0.1 0.2 0.3 0 0.1 0.2 0.3]

%t=[12 25 36 45 52 12 18 17 19 52];

%p=[110 135 160 110 135 160 110 135 160 110 135 160 110 135 160 110 135 160 110 135 160 110 135 160 110 135 160;0.220000000000000 0.220000000000000 0.220000000000000 0.170000000000000 0.170000000000000 0.170000000000000 0.270000000000000 0.270000000000000 0.270000000000000 0.270000000000000 0.270000000000000 0.270000000000000 0.170000000000000 0.170000000000000 0.170000000000000 0.220000000000000 0.220000000000000 0.220000000000000 0.270000000000000 0.270000000000000 0.270000000000000 0.170000000000000 0.170000000000000 0.170000000000000 0.220000000000000 0.220000000000000 0.220000000000000;0.750000000000000 0.750000000000000 0.750000000000000 0.750000000000000 0.750000000000000 0.750000000000000 0.750000000000000 0.750000000000000 0.750000000000000 1.25000000000000 1.25000000000000 1.25000000000000 1.25000000000000 1.25000000000000 1.25000000000000 1.25000000000000 1.25000000000000 1.25000000000000 1.75000000000000 1.75000000000000 1.75000000000000 1.75000000000000 1.75000000000000 1.75000000000000 1.75000000000000 1.75000000000000 1.75000000000000]

%t=[526.183286982778 476.576954226702 425.988262749104 488.465356089866 431.119169603951 421.403387860136 605.464956046178 578.620773909821 564.650255645032 928.547126213850 863.364301613172

```
806.514104030426 670.568752105256 639.665537605396 616.486257673275
869.581751763456 745.212638714616 752.457092065720 1381.07385754709
1312.02548927222 1239.96653160479 941.985552861614 918.139841527422
891.975896535327 1183.48870674798 1159.96063053881 1151.61392436875]
%t=[12 25 36 45 52 12 18 17 19 52];
%net = newfit(p,t,20);
%%%%net= newlin(p,t,7)
%net=newff([minmax(p)],[20,2,1],{'tansig','purlin','purlin'}12
);(newss is used for
%propagation networkkkkkk)
net=newff([minmax(p)],[14,6,1],{'tansig','tansig','purelin'},'trainlm');
ep=input('Epoch number...');
net.trainparam.epochs=ep
%%net=newff([minmax(p)],[3,1],{'tansig','purelin'});
net=train(net,p,t);
gensim(net)
y=sim(net,p)
figure(2)
plot(p,t,p,y,'bd')
error=sqrt(power((abs(t-y)),2))
figure(3)
text(10,10,'error')
plot(error)
text(10,10,'error')
mse(t-y)
figure(4)
hold on
z=1:108;
```

```
plot(z,t,'-',z,y,'-')
figure(5)
a=[526.183286982778            547.647492279477            594.017792157777
639.163255749265 476.576954226702 507.906422975729 549.670740807622
607.831781745575 425.988262749104 461.368616184500 494.435031121380
550.764014801258 488.465356089866 542.451693148800 590.805452412213
619.571496116469 431.119169603951 457.529607020136 505.419084522933
542.479913545193 421.403387860136 461.418259825075 513.673899473197
566.257976279363 605.464956046178 670.732135058400 679.272239753694
681.426443279097 578.620773909821 609.437445518406 641.880830061157
662.480188383019 564.650255645032 585.649137709602 626.927826627595
653.833392922081 928.547126213850 956.338508845064 1000.90230467314
1054.14766636368 863.364301613172 921.222952493043 967.020716117292
1000.43655086167 806.514104030426 871.291570026934 925.307516450612
962.111220181950 670.568752105256 711.504291202801 796.287871752421
857.154741805702 639.665537605396 697.551431795534 795.348351353041
841.850936924109 616.486257673275 681.869671564882 792.029859601265
830.876765952689 869.581751763456 918.613458534111 1071.06014191548
1105.85786356114 745.212638714616 796.409200223101 870.696490173241
911.052574114140 752.457092065720 793.741509938847 888.317020606945
914.868025345733 1381.07385754709 1460.15101958667 1542.51677462516
1643.35023655945 1312.02548927222 1390.79995459448 1472.30203891729
1570.53505000684 1239.96653160479 1318.34427131156 1373.11280024621
1413.59327237363 941.985552861614 1030.02121580092 1133.15866488325
1178.00053514419 918.139841527422 1023.88861669617 1128.23568517398
1164.43033192201 891.975896535327 983.514107677160 1089.08264149237
1133.88050516798 1183.48870674798 1291.05110487540 1337.68427410955
1353.69741615326 1159.96063053881 1241.58741456250 1290.81064990184
```

```
1326.51685285186 1151.61392436875 1224.68561378012 1260.99069231299
1287.31628032896]
tri = delaunay(a,b);
trisurf(tri,a,b,y)
figure(6)
```

More Books!

yes

I want morebooks!

Buy your books fast and straightforward online - at one of the world's fastest growing online book stores! Environmentally sound due to Print-on-Demand technologies.

Buy your books online at

www.get-morebooks.com

Kaufen Sie Ihre Bücher schnell und unkompliziert online – auf einer der am schnellsten wachsenden Buchhandelsplattformen weltweit!
Dank Print-On-Demand umwelt- und ressourcenschonend produziert.

Bücher schneller online kaufen

www.morebooks.de

OmniScriptum Marketing DEU GmbH
Heinrich-Böcking-Str. 6-8
D - 66121 Saarbrücken
Telefax: +49 681 93 81 567-9

info@omniscriptum.com
www.omniscriptum.com

FSC
www.fsc.org
MIX
Papier | Fördert
gute Waldnutzung
FSC® C083411

Kolibri 360 GmbH
Ferdinand-Jühlke-Straße 7
99095 Erfurt, Deutschland
produktsicherheit@kolibri360.de

Druck:
CPI Druckdienstleistungen GmbH
im Auftrag der
Kolibri 360 GmbH
Ferdinand-Jühlke-Str. 7
99095 Erfurt